21世纪高等学校规划教材

ZIDONG KONGZHI YUANLI

自动控制原理及应用

主　编　侯卓生

副主编　马会贤　张　萍

编　写　孙　娜　燕林滋　吴　楠　张彦迪　顾凌云

主　审　王福平

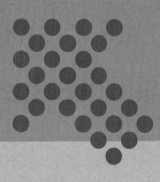

中国电力出版社
CHINA ELECTRIC POWER PRESS

内 容 提 要

本书为 21 世纪高等学校规划教材。

本书共分为七章，主要内容包括自动控制的基本概念、系统的数学模型、控制系统的时域分析、控制系统的根轨迹分析、控制系统的频域分析、控制系统的校正、采样控制系统分析。

本书可作为高等院校自动化专业教材，也可作为高职高专及函授教育相关专业教材，同时可供工程技术人员参考。

图书在版编目（CIP）数据

自动控制原理及应用/侯卓生主编. —北京：中国电力出版社，2013.5（2018.7重印）

21 世纪高等学校规划教材

ISBN 978 - 7 - 5123 - 4386 - 3

Ⅰ.①自… Ⅱ.①侯… Ⅲ.①自动控制理论－高等学校－教材 Ⅳ.①TP13

中国版本图书馆 CIP 数据核字（2013）第 086221 号

中国电力出版社出版、发行

（北京市东城区北京站西街 19 号　100005　http：//www.cepp.sgcc.com.cn）

北京建宏印刷有限公司印刷

各地新华书店经售

＊

2013 年 5 月第一版　　2018 年 7 月北京第三次印刷

787 毫米×1092 毫米　16 开本　11.5 印张　277 千字

定价 **36.00** 元

版 权 专 有　侵 权 必 究

本书如有印装质量问题，我社发行部负责退换

前　言

随着现代科学技术的迅速发展，自动控制技术已广泛应用于农业、交通、航空航天及制造业等行业，自动控制理论得到了不断地发展和完善，自动控制原理的应用课程也越来越受到社会各界的重视。本课程不仅对自动控制系统的分析和设计具有指导作用，而且对培养学生理论联系实际、综合分析和解决问题的能力，都具有重要的作用。

本书全面阐述了自动控制的基本理论知识，力求做到既保持自动控制理论系统的完整性，又要少而精，尽量用简明的语言介绍书中的专业知识。同时，本书注重基本概念和原理的阐述，突出工程应用方法，理论严谨，系统性强，便于读者自学。

全书共分七章，由银川能源学院的侯卓生教授主编、马会贤和张萍副主编，北方民族大学王福平教授主审。第一章由孙娜编写，第二章由燕林滋编写，第三章由马会贤编写，第四章由吴楠编写，第五章由张彦迪编写，第六章由顾凌云编写，第七章由张萍编写。

由于编者水平所限，书中难免有不妥之处，恳请读者批评指正。

编　者

2013 年 5 月

目　录

第一章　自动控制的基本概念

　　自动控制作为一种技术手段已经广泛地应用于工业、农业、国防乃至日常生活和社会科学许多领域。在科学技术飞速发展的今天，自动控制技术也得到了迅猛的发展，并且已经成为现代社会不可缺少的组成部分。无论是在航空航天领域、军事领域还是民用领域、工业领域，自动控制技术所取得的成就都是惊人的。自动控制技术的应用不仅使生产过程实现自动化，提高了劳动生产率和产品质量，降低了生产成本，提高了经济效益，改善了劳动条件，使人们从繁重的体力劳动和单调重复的脑力劳动中解放出来，而且在人类征服大自然，探索新能源，发展空间技术和创造人类社会文明等方面都具有十分重要的意义。自动控制技术的理论基础是自动控制理论，而自动控制技术的发展反过来又促进了自动控制理论的进一步完善。

　　本章主要介绍自动控制的基本原理、自动控制系统的分类、对控制系统的基本要求等内容。

第一节　自动控制的基本原理

一、自动控制与自动控制系统的概念

　　所谓自动控制（Automatic control）是指在脱离人的直接干预，利用控制装置（简称控制器）使被控对象（如设备生产过程等）的工作状态或被控量（如温度、压力、流量、速度、pH 值等）按照预定的规律运行。自动控制系统（Automatic control system）是指能够对被控对象的工作状态进行自动控制的系统。

　　为了便于研究，下面来介绍几个自动控制的常用术语。

　　（1）被控对象。被控对象是指被控设备或物体，也可以是被控过程。

　　（2）控制器。控制器是指使被控对象具有所要求的性能或状态的控制设备。它接收输入信号或偏差信号，按控制规律给出控制量，经功率放大后驱动执行装置以实现对被控对象的控制。

　　（3）系统输出（被控量）。系统输出（被控量）是指表征对象或过程的状态和性能，是实现控制的重点，也称为输出量。

　　（4）参考输入。参考输入是指人为给定，由它决定系统预期的输出。

　　（5）干扰量。干扰量也称为扰动输入，指干扰并破坏系统使系统不能按预期性能输出的信号。

　　（6）特性。特性用于描述系统输出与输入的关系，可分为静态特性和动态特性，通常用特性曲线来描述。

　　从物理角度来看，自动控制理论研究的是特定激励作用下的系统响应变化情况；从数学角度来看，自动控制理论研究的是输入与输出之间的映射关系；从信息处理的角度来看，自

动控制理论研究的是信息的获取、处理、变换、输出等问题。

下面以直流电动机调速控制系统为例，说明自动控制系统的结构特点。

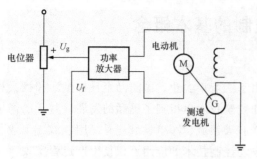

图 1-1　直流电动机速度自动控制的原理结构图

直流电动机速度自动控制的原理结构图如图 1-1 所示。图中，电位器电压为输入信号，测速发电机是电动机转速的测量元件。图 1-1 中，代表电动机转速变化的测速发电机电压送到输入端与电位器电压进行比较，两者的差值（又称偏差信号）控制功率放大器（控制器），控制器的输出控制电动机的转速，这就形成了电动机转速自动控制系统。

引起电动机转速变化的电源变化、负载变化等，称为扰动。电动机被称为被控对象，转速称为被控量。当电动机受到扰动后，转速（被控量）发生变化，经测量元件（测速发电机）将转速信号（又称为反馈信号）反馈到控制器（功率放大器），使控制器的输出（称为控制量）发生相应的变化，从而可以自动地保持转速不变或使偏差保持在允许的范围内。直流电动机转速控制系统原理框图如图 1-2 所示。

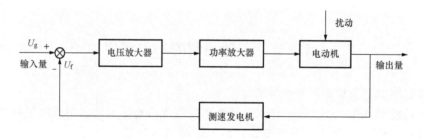

图 1-2　直流电动机转速控制系统原理框图

二、自动控制系统的基本组成

自动控制的任务——利用控制器操纵受控对象，使其被控量按技术要求变化。若 $r(t)$ 为给定量，$c(t)$ 为被控量，则自动控制任务的数学表达式为：使被控量满足 $c(t) \approx r(t)$。自动控制系统的组成框图如图 1-3 所示。

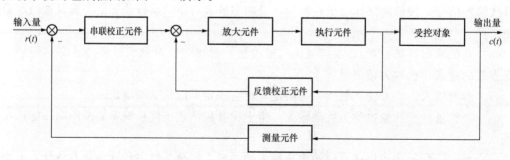

图 1-3　自动控制系统的组成框图

（1）给定元件。其职能是给出与期望的被控量相对应的系统输入量。一般为电位器。

（2）比较元件。其职能是将测量到的被控量实际值与给定元件给出的输入量预定值进行比较，求出它们之间的偏差。常用的有差动放大器、机械差动装置、电桥电路、计算机等。

（3）测量元件。其职能是检测被控量的物理量，如测速机、热电偶、自整角机、电位器、旋转变压器、浮子等。

（4）放大元件。其职能是将比较元件给出的偏差信号进行放大，用来推动执行元件去控制受控对象，如晶体管、集成电路、晶闸管等组成的电压放大器、功率放大器。

（5）执行元件。其职能是直接推动受控对象，使其被控量发生变化，如阀门、电机、液压马达等。

（6）校正元件。也称为补偿元件，是结构或参数便于调整的元件，用串联或并联（反馈）的方式连接于系统中，以改善系统的性能。常用的有电阻、电容组成的无源或有源网络，计算机。

自动控制系统的特点如下。

（1）从信号传送看，$c(t)$ 经测量后回到输入端，构成闭环，具有反馈形式，且为负反馈。

（2）从控制作用的产生看，由偏差产生的控制作用使系统沿减小或消除偏差的方向运动，即偏差控制。

三、自动控制的方式

控制系统按其结构通常可分为开环控制系统、闭环控制系统和复合控制系统。对于某一个具体的系统，采取什么样的控制手段，应该根据具体的用途和目的而定。

1. 开环控制系统

开环控制系统是指系统的输出端与输入端不存在反馈回路，输出量对系统的控制作用不发生影响的系统。控制装置与被控对象之间只有顺向作用，没有反向联系。开环控制系统结构原理框图如图 1-4 所示。

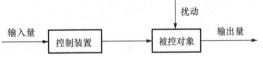

图 1-4　开环控制系统结构原理框图

例如，工业上使用的数字程序控制机床就是开环控制系统的典型例子，如图 1-5 所示。

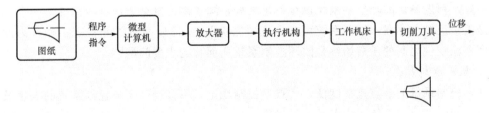

图 1-5　数字程序控制机床（开环系统）原理框图

系统的每一个输入信号，必有一个固定的工作状态和一个系统的输出量与之相对应，但是不具有修正由于扰动而出现的被控量希望值与实际值之间误差的能力。

开环系统的优点是结构简单，成本低廉，工作稳定；但开环控制不能自动修正被控量的偏差、系统元件参数的变化，且外来未知扰动也会影响系统的精度。开环系统常应用于控制量的变化规律可以预知、可能出现的扰动可以抑制、被控量很难测量或者不需要测量的场合，如家电、加热炉、车床等。

　　2. 闭环控制系统

　　闭环控制系统是指系统输出信号与输入端之间存在反馈回路的系统，也称为反馈控制系统。反馈有正反馈和负反馈之分。当反馈量极性与输入量同相时，称为正反馈。正反馈应用较少，只是在补偿控制中偶尔使用。当反馈量极性与输入量反相时，称为负反馈。闭环控制的实质就是利用负反馈，使系统具有自动修正被控量（输出量）偏离参考给定量（输入量）的控制功能。因此，闭环控制又称为反馈控制，闭环控制系统又称为反馈控制系统，其系统结构原理框图如图1-6所示。

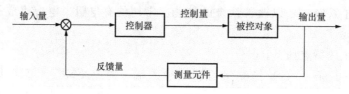

图1-6　闭环控制系统结构原理框图

　　"闭环"就是应用反馈作用来减小系统误差，如图1-7所示的微型计算机控制机床（闭环系统）原理框图。

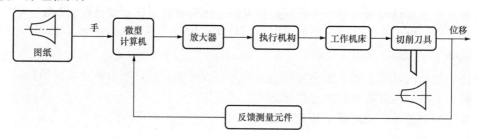

图1-7　微型计算机控制机床（闭环系统）原理框图

　　在图1-7中，引入了反馈测量元件，闭环控制系统由于有"反馈"作用的存在，具有自动修正被控量出现偏差的能力，可以修正元件参数变化及外界扰动引起的误差，所以其控制效果好，精度高。闭环控制系统也有不足之处，除了结构复杂、成本较高外，一个主要的问题是由于反馈的存在，控制系统可能出现"振荡"，从而使系统不能稳定工作。因此，控制精度和稳定性之间的矛盾始终是闭环控制系统所面临的主要问题。

　　3. 复合控制系统

　　开环控制系统的缺点是精度低，优点是控制稳定，不会产生闭环控制系统的振荡及不稳定现象。而闭环控制系统的优点是抗干扰能力强，控制精度高。复合控制系统是闭环控制系统和开环控制系统相结合的一种方式，是在闭环控制系统的基础上增加一个干扰信号的补偿控制，以提高控制系统的抗干扰能力，如图1-8所示。

　　将给定后扰动直接折算到系统输入端对控制量的大小进行修正，这种控制方式称为补偿控制。增加干扰信号的补偿控制作用，可以在扰动对被控量产生不利影响的同时及时提供控制作用以抵消此不利影响。纯闭环控制则要等待该不利影响反映到被控信号之后才引起控制作用，对扰动的反应较慢。两者的结合既能得到高精度控制，又能提高抗干扰能力。

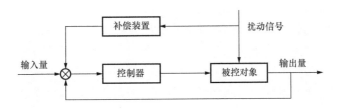

图 1 - 8 复合控制系统原理框图

各种控制方式都有其各自的特点和各自的适用场合。近几十年来，以现代数学为基础，随着电子计算机的普及和发展，新的控制方式也在不断发展，如最优控制、极值控制、自适应控制、模糊控制等。

第二节 自动控制系统的分类

自动控制系统的形式是多种多样的，用不同的标准划分，便有不同的分类方法。下面介绍几种常用的自动控制系统分类方法。

一、按信号传送的特点或系统结构特点分类

按信号传送的特点或系统结构特点，可将控制系统分为开环控制系统、闭环控制系统和复合控制系统三大类，前已述及，故不赘述。

二、按输入信号的形式分类

按输入信号的形式，可将控制系统分为恒值控制系统（或称自动调节系统）、过程控制系统（或称程序控制系统）、随动控制系统（或称伺服系统）。

1. 恒值控制系统（或称自动调节系统）

这类系统的特点是输入信号是一个恒定的数值。恒值控制系统主要研究各种扰动对系统输出的影响以及如何克服这些扰动，将输入量、输出量尽量保持在希望数值上。系统结构设计的好坏，直接影响到恢复的精度。例如，轧钢厂里的钢板加热炉控制和生活小区的恒压给水控制、直流电动机调速系统等。

2. 过程控制系统（或称程序控制系统）

这类系统的特点是输入信号是一个已知的时间函数，系统的控制过程按预定的程序进行，要求被控量能迅速准确地复现。例如，炉温控制系统中的温度调节，要求温度按预先设定的规律变化（自动升温、恒温和降温）。恒值控制系统也被认为是过程控制系统的特例。

3. 随动控制系统（或称伺服系统）

这类系统的特点是输入信号是一个未知函数，要求输出量跟随给定量变化，跟随性能是这类系统中要解决的主要问题。例如，火炮自动跟踪系统、工业自动化仪表中的显示记录仪、跟踪卫星的雷达天线控制系统等，均属于随动控制系统。

三、按信号形式分类

按信号形式，可将控制系统分为连续系统、离散系统。

1. 连续系统

连续系统是指系统内各处的信号都是以连续的模拟量传递的系统，即系统中各元件的输入量和输出量均为时间的连续函数。连续系统的运动规律可以用微分方程来描述。

2. 离散系统

在系统的某一处或几处，信号以脉冲序列或数字量传递的控制系统。其主要特点是：系统中用脉冲开关或采样开关，将连续信号转变为离散信号。离散系统可分为脉冲控制系统和数字控制系统。

由于连续控制系统和离散控制系统的信号形式有较大差别，因此在分析方法上也有明显的不同。连续控制系统以微分方程来描述系统的运动状态，并用拉氏变换法求解微分方程；而离散系统则用差分方程来描述系统的运动状态，用 Z 变换法引出脉冲传递函数来研究系统的动态特性。

四、按描述系统的数学模型分类

按描述系统的数学模型，可将控制系统分为线性系统、非线性系统。

1. 线性系统

当系统的运动规律用线性微分方程或者线性差分方程描述时，则称这类系统为线性系统。线性系统有两个重要特性：叠加性和齐次性。叠加性是指当多个输入信号同时作用于系统时，其总输出等于各个输入信号单独作用时所产生输出的总和。齐次性指系统输入增大或缩小 n 倍，则系统输出也增大或缩小 n 倍。即当系统的输入分别为 $r_1(t)$ 和 $r_2(t)$ 时，对应的输出分别为 $c_1(t)$ 和 $c_2(t)$，则当输入为 $r(t) = a_1 r_1(t) + a_2 r_2(t)$ 时，输出量为 $c(t) = a_1 c_1(t) + a_2 c_2(t)$，其中 a_1、a_2 为常系数。

2. 非线性系统

在构成系统的环节中有一个或一个以上的非线性环节时，则称此系统为非线性系统。这时要用非线性微分方程（或差分方程）来描述其特性。非线性方程的特点是系数与变量有关，或者方程中含有变量及其导数的高次幂或乘积项，一般只能定性地描述或数值计算。

严格地说，实际物理系统中都含有不同程度的非线性元部件，如放大器和电磁元件的饱和特性，运动部件的死区特性和间隙特性等。但为了研究问题的方便，许多系统在一定的条件下、一定的范围内，可以近似地看成为线性系统来加以分析研究，其误差往往在工业生产允许的范围之内。

五、其他分类方法

自动控制系统还有其他的分类方法，如下所示。

（1）按系统的输入/输出信号的数量划分：有单输入/单输出系统和多输入/多输出系统。

（2）按控制系统的功能划分：有温度控制系统、速度控制系统、位置控制系统等。

（3）按系统元件组成划分：有机电系统、液压系统、生物系统等。

（4）按不同的控制理论分支设计的新型控制系统划分：有最优控制系统、自适应控制系统、预测控制系统、模糊控制系统、神经网络控制系统等。

一个系统性能将用特定的品质指标来衡量其优劣，如系统的稳定特性、动态响应和稳态特性。

第三节　控制系统的基本要求

当自动控制系统受到干扰或者人为要求给定值改变，被控量就会发生变化，偏离给定值。通过系统的自动控制作用，经过一定的过渡过程，被控量又恢复到原来的稳定值或稳定在一个新的给定值。被控量在变化过程中的过渡过程称为动态过程（即随时间而变的过程），被控量处于平衡状态称为静态或稳态。自动控制系统最基本的要求是被控量的稳态误差（偏差）为零或在允许的范围内。对于一个好的自动控制系统来说，一般要求稳态误差在被控量额定值的 2%～5% 之内。

自动控制系统还应满足动态过程的性能要求，自动控制系统被控量变化的动态特性有以下几种，如图 1-9 所示。

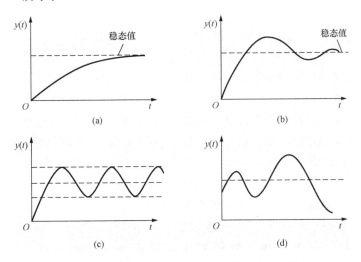

图 1-9　自动控制系统被控量变化的动态特性

(a) 单调过程；(b) 衰减振荡过程；(c) 等幅振荡过程；(d) 渐扩振荡过程

(1) 单调过程。被控量 $y(t)$ 单调变化（即没有"正"、"负"的变化），缓慢地到达新的平衡状态（新的稳态值）。一般这种动态过程具有较长的动态过程时间（即到达新的平衡状态所需的时间），如图 1-9 (a) 所示。

(2) 衰减振荡过程。被控量 $y(t)$ 的动态过程是一个振荡过程，振荡的幅度不断地衰减，到过渡过程结束时，被控量会达到新的稳态值。这种过程的最大幅度称为超调量，如图 1-9 (b) 所示。

(3) 等幅振荡过程。被控量 $y(t)$ 的动态过程是一个持续等幅振荡过程，始终不能达到新的稳态值，如图 1-9 (c) 所示。这种过程如果振荡的幅度较大，生产过程不允许，则认为是一种不稳定的系统；如果振荡的幅度较小，生产过程可以允许，则认为是一种稳定的系统。

(4) 渐扩振荡过程。被控量 $y(t)$ 的动态过程不但是一个振荡过程，而且振荡的幅值越来越大，以致会大大超过被控制量允许的误差范围，如图 1-9 (d) 所示，这是一种典型的不稳定过程，设计自动控制系统要绝对避免产生这种情况。

自动控制系统其动态过程多属于图 1-9 (b) 的情况。控制系统的动态过程要求不仅是稳定的，并且希望过渡过程时间（又称调整时间）越短越好，振荡幅度越小越好，衰减得越快越好。

综上所述，对于一个自动控制的性能要求可以概括为稳定性、快速性和准确性三方面。

(1) 稳定性。自动控制系统的最基本的要求是系统必须是稳定的，不稳定的控制系统是不能工作的。

（2）快速性。在系统稳定的前提下，希望控制过程（过渡过程）进行得越快越好，但如果要求过渡过程时间很短，可能使动态误差（偏差）过大。合理的设计应该兼顾这两方面的要求。

（3）准确性。即要求动态误差和稳态误差都越小越好。当与快速性有矛盾时，应兼顾这两方面的要求。

第四节　自动控制的发展简史

根据自动控制理论的发展历史，大致可分为以下四个阶段。

一、经典控制理论阶段

闭环的自动控制装置的应用，可以追溯到 1788 年瓦特（J. Watt）发明的飞锤调速器的研究。然而最终形成完整的自动控制理论体系，是在 20 世纪 40 年代末。

19 世纪 60 年代期间是控制系统高速发展的时期，1868 年麦克斯韦尔（J. C. Maxwell）基于微分方程描述从理论上给出了稳定性条件。1877 年劳斯（E. J. Routh），1895 年霍尔维茨（A. Hurwitz）分别独立给出了高阶线性系统的稳定性判据；另一方面，1892 年李雅普诺夫（A. M. Lyapunov）给出了非线性系统的稳定性判据。在同一时期，维什哥热斯基（I. A. Vyshnegreskii）也用一种正规的数学理论描述了这种理论。1922 年米罗斯基（N. Minorsky）给出了位置控制系统的分析，并对 PID 三作用控制给出了控制规律公式。1942 年齐格勒（J. G. Zigler）和尼科尔斯（N. B. Nichols）又给出了 PID 控制器的最优参数整定法。上述方法基本上是时域方法。1932 年奈奎斯特（Nyquist）提出了负反馈系统的频域稳定性判据，这种方法只需利用频率响应的实验数据即可判别系统的稳定性。1940 年伯德（H. Bode）进一步研究通信系统频域方法，提出了频域响应的对数坐标图描述方法。1943 年霍尔（A. C. Hall）利用传递函数（复数域模型）和框图，把通信工程的频域响应方法和机械工程的时域方法统一起来，人们称此方法为复域方法。频域分析法主要用于描述反馈放大器的带宽和其他频域指标。

第二次世界大战结束时，经典控制技术和理论基本建立。1948 年伊文斯（W. Evans）又进一步提出了属于经典方法的根轨迹设计法，给出了系统参数变换与时域性能变化之间的关系。至此，复数域与频率域的方法进一步完善。

经典控制理论的分析方法为复数域方法，以传递函数作为系统数学模型，常利用图表进行分析设计，比求解微分方程简便。其优点是可通过实验方法建立数学模型，物理概念清晰，工程上得到广泛的应用。其缺点是只适应单变量线性定常系统，对系统内部状态缺少了解，且用复数域方法研究时域特性得不到精确的结果。

二、现代控制理论阶段

20 世纪 60 年代初，在原有"经典控制理论"的基础上，形成了所谓的"现代控制理论"。

为现代控制理论的状态空间法的建立作出贡献的理论有，1954 年贝尔曼（R. Bellman）的动态规划理论，1956 年庞特里雅金（L. S. Pontryagin）的极大值原理和 1960 年卡尔曼（R. E. Kalman）的多变量最优控制和最优滤波理论。

频域分析法在第二次世界大战后持续占着主导地位，特别是拉普拉斯变换和傅里叶变换的发展。在 20 世纪 50 年代，控制工程发展的重点是复平面和根轨迹的发展。进而在 20 世纪 80 年代，数字计算机在控制系统中的使用变得普遍起来，这些新控制部件的使用使得控制精确、快速。

状态空间方法属于时域方法，其核心是最优化技术。它以状态空间描述（实质上是一阶微分或差分方程组）作为数学模型，利用计算机进行系统建模分析、设计乃至控制，适应于多变量、非线性、时变系统。

三、大系统控制理论阶段

20 世纪 70 年代开始，出现了一些新的控制方法和理论。例如，现代频域方法，该方法以传递函数矩阵为数学模型，研究线性定常多变量系统；自适应控制理论和方法，该方法以系统辨识和参数估计为基础，处理被控对象不确定和缓时变，在实时辨识基础上在线确定最优控制规律；鲁棒控制方法，该方法在保证系统稳定性和其他性能基础上，设计不变的鲁棒控制器，以处理数学模型的不确定性；预测控制方法，该方法为一种计算机控制算法，在预测模型的基础上采用滚动优化和反馈校正，可以处理多变量系统。

随着控制理论应用范围的扩大，人们开始了对大系统理论的研究。大系统理论是过程控制与信息处理相结合的综合自动化理论基础，是动态的系统工程理论，具有规模庞大、结构复杂、功能综合、目标多样、因素众多等特点。它是一个多输入、多输出、多干扰、多变量的系统。大系统理论目前仍处于发展和开创性阶段。

四、智能控制阶段

智能控制的指导思想是依据人的思维方式和处理问题的技巧，解决那些目前需要人的智能才能解决的复杂的控制问题。被控对象的复杂性体现为：模型的不确定性、高度非线性、分布式的传感器和执行器、动态突变、多时间标度、复杂的信息模式、庞大的数据量以及严格的特性指标等。而环境的复杂性则表现为变化的不确定性和难以辨识。而试图用传统的控制理论和方法去解决复杂的对象，复杂的环境和复杂的任务是不可能的。

智能控制的方法包括模糊控制、神经网络控制、专家控制等方法。

小　　结

（1）自动控制是在没有人直接参与的情况下，利用控制装置使被控对象自动地按要求的运动规律变化。自动控制系统是由被控对象和控制器按一定方式连接起来的、完成一定自动控制任务的有机整体。

（2）自动控制系统可以是开环控制系统、闭环控制系统或复合控制系统。最基本的控制方式是闭环控制，亦称反馈控制。实际生产过程的自动控制系统，绝大多数是闭环控制系统，也就是负反馈控制系统。

（3）自动控制系统的分类方法很多，其中最常见的是按给定信号的特点进行分类，可分为恒值系统、随动系统和程控系统。

（4）在分析系统的工作原理时，应注意系统各组成部分具有的职能，并能用原理框图进行分析。原理框图是分析控制系统的基础。

（5）对自动控制系统性能的基本要求可归结为稳、快、准三个字。一个自动控制系统的最基本要求是稳定性，然后进一步要求快速性和准确性，当后两者存在矛盾时，设计自动控制系统要兼顾两方面的要求。

习　　题

1-1　比较开环控制系统与闭环控制系统的优缺点。

1-2　复合控制与开环控制、闭环控制是什么关系？什么情况下可采用复合控制方式？

1-3　判断下列概念正确与否。

(1) 闭环控制系统通常精度比开环控制系统精度高。

(2) 负反馈有时用于提高控制系统的精度。

(3) 开环控制系统不存在稳定性的问题。

(4) 闭环控制系统总是稳定的。

(5) 反馈可能引起系统振荡。

(6) 控制系统的稳定性是其固有特性，由系统结构与外界因素决定。

1-4　根据图1-10所示的电动机速度控制系统工作原理图，完成：

(1) 将 a、b、c、d 用线连接成负反馈状态。

(2) 画出系统原理框图。

1-5　炉温闭环控制系统如图1-11所示，试画出系统的原理框图。

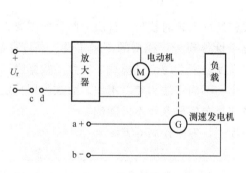

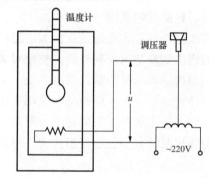

图1-10　电动机速度控制系统工作原理图　　　　图1-11　炉温闭环控制系统原理图

1-6　设直流电动机转速控制系统如图1-12所示，简述其工作原理，并画出系统的原理图。

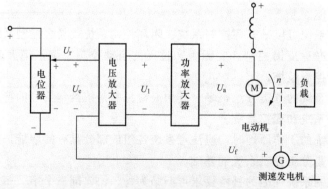

图1-12　直流电动机转速控制系统原理图

第二章　系统的数学模型

什么是系统的数学模型？为什么要建立系统的数学模型？系统的数学模型是定量地表达系统各个变量之间的关系的数学表达式，通常分为两种描述方法：端部描述和状态变量描述。端部描述是指输入—输出描述，微分方程是其最基本的形式，传递函数、框图等其他形式的数学模型均由微分方程导出。状态描述是指不仅描述系统的输入和输出关系，而且描述系统内部的特性。为了从理论上更好地对控制系统进行分析和计算，使系统控制效果最优，首先要建立系统的数学模型。

系统数学模型建立的方法主要有解析法和实验法两种。解析法是根据系统及元件各变量之间所遵循的一些物理规律（如力学、电磁学、运动学、热学等）而导出系统的输出和输入的数学关系式也就是运动方程。实验法是通过对实际系统的实验测试，并对测试数据的处理而获得系统的数学模型。本章主要讨论解析法。

第一节　自动控制系统的微分方程

系统微分方程是描述系统输出量和输入量及其各阶导数之间关系的数学模型。

一、系统微分方程式建立的一般步骤

（1）根据控制要求，确定系统的输入、输出变量。

（2）依据各变量所遵循的物理或化学的定律，列出各变量之间的动态方程，通常是一组微分方程。

（3）将中间变量消除，得到输入和输出变量的微分方程。

（4）对微分方程进行整理将其标准化，即把和输入量有关的各项放在等号右边，把输出量有关各项放在等号的左边，并作降幂排列。

二、系统微分方程建立举例

1. 电气系统

【例 2 - 1】　如图给定输入电压 $u_r(t)$ 和输出电压 $u_c(t)$，写出系统的微分方程。

解　由电路知识得出

$$u_r = iR, \quad i = C\frac{\mathrm{d}u_c(t)}{\mathrm{d}t}$$

由基尔霍夫电压定律，得

$$u_r + u_c(t) = u_r(t)$$

消去中间变量 i，得

$$RC\frac{\mathrm{d}u_c(t)}{\mathrm{d}t} + u_c(t) = u_r(t)$$

令 $RC = T$，则

$$T \frac{\mathrm{d}u_c(t)}{\mathrm{d}t} + u_c(t) = u_r(t) \tag{2-1}$$

这就是图 2-1 网络的微分方程。

【例 2-2】 图 2-2 所示为一个 RLC 网络，当输入电压为 $u_r(t)$，输出电压为 $u_c(t)$ 时，试写出系统的微分方程。

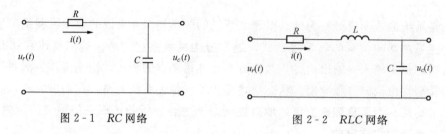

图 2-1　RC 网络　　　　　图 2-2　RLC 网络

解 （1）列出原始微分方程式。

设回路电流为 $i(t)$，根据电路理论，得

$$u_r(t) = L \frac{\mathrm{d}i(t)}{\mathrm{d}t} + \frac{1}{C} \int i(t) \mathrm{d}t + Ri(t)$$

$$u_c(t) = \frac{1}{C} \int i(t) \mathrm{d}t$$

式中：$i(t)$ 为网络电流，是除输入量、输出量之外的中间变量。

（2）消去中间变量 $i(t)$，得

$$LC \frac{\mathrm{d}^2 u_c(t)}{\mathrm{d}t^2} + RC \frac{\mathrm{d}u_c(t)}{\mathrm{d}t} + u_c(t) = u_r(t) \tag{2-2}$$

显然，这是一个二阶线性微分方程，也就是图 2-2 所示 RLC 无源网络的数学模型。

2. 机械平移系统

【例 2-3】 如图 2-3 所示为一个具有质量、弹簧、阻尼器的机械位移系统，试列写质量 m 在外力 $F(t)$ 作用下，质量块位移 $y(t)$ 的运动方程。

解 根据已知条件列写方程。

阻尼器的阻尼力方程为

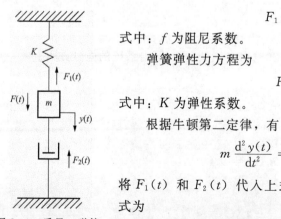

$$F_1(t) = f \mathrm{d}y(t)/\mathrm{d}t$$

式中：f 为阻尼系数。

弹簧弹性力方程为

$$F_2(t) = Ky(t)$$

式中：K 为弹性系数。

根据牛顿第二定律，有

$$m \frac{\mathrm{d}^2 y(t)}{\mathrm{d}t^2} = F(t) - F_1(t) - F_2(t)$$

将 $F_1(t)$ 和 $F_2(t)$ 代入上式中，经整理后即得该系统的微分方程式为

图 2-3　质量、弹簧、
阻尼器系统

$$m \frac{\mathrm{d}^2 y(t)}{\mathrm{d}t^2} + f \frac{\mathrm{d}y(t)}{\mathrm{d}t} + Ky(t) = F(t) \tag{2-3}$$

3. 机械旋转系统

【例 2-4】 图 2-4 所示为他励直流电动机的电路图。系统输入电压为 u_r，输出为电动机的角速度 ω，电动机的负载转矩 M_c 为扰动输入，试列写速度控制系统的微分方程。

解　由电路定律和动力学定律，得

$$u_r - E_a = L_a \frac{di_a}{dt} + R_a i_a \qquad (2-4)$$

$$M - M_c = J \frac{d\omega}{dt} \qquad (2-5)$$

$$E_a = k_d \omega \qquad (2-6)$$

$$M = k_d i_a \qquad (2-7)$$

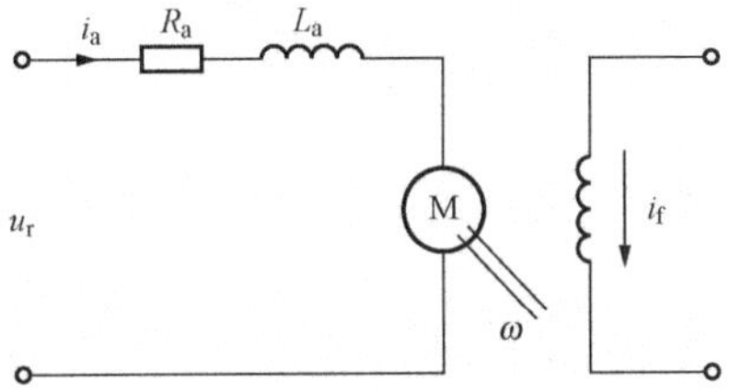

图 2-4　他励直流电动机电路图

式中：M 是电枢电流产生的电磁转矩，k_d 是电动机转矩系数。

消去中间变量，得

$$i_a = \frac{J}{k_d} \frac{d\omega}{dt} + \frac{M_c}{k_d} \qquad (2-8)$$

将式（2-6）、式（2-8）代入式（2-4）整理得系统的微分方程为

$$\frac{L_a J}{k_d} \frac{d^2\omega}{dt^2} + \frac{R_a J}{k_d} \frac{d\omega}{dt} + k_d \omega = u_r - \left(\frac{L_a}{R_a} \frac{dM_c}{dt} - \frac{R_a}{k_d} M_c \right) \qquad (2-9)$$

4. 流体系统

【例 2-5】 图 2-5 所示为单容水箱系统，水箱的截面积为 A，液面高度为 H，流入量和流出量分别为 Q_i 和 Q_o，试列出 H 和 Q_i 之间的微分方程。

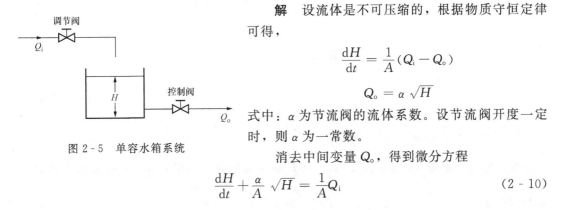

图 2-5　单容水箱系统

解　设流体是不可压缩的，根据物质守恒定律可得，

$$\frac{dH}{dt} = \frac{1}{A}(Q_i - Q_o)$$

$$Q_o = \alpha \sqrt{H}$$

式中：α 为节流阀的流体系数。设节流阀开度一定时，则 α 为一常数。

消去中间变量 Q_o，得到微分方程

$$\frac{dH}{dt} + \frac{\alpha}{A} \sqrt{H} = \frac{1}{A} Q_i \qquad (2-10)$$

第二节　拉 普 拉 斯 变 换

在自动控制系统中数学问题较多，经常要计算一些线性微分方程。如果按照一般解微分方程的方法是比较麻烦的，因此利用拉普拉斯变换（简称拉氏变换）求解线性微分方程，能使计算变得较简单。拉氏变换是一种积分变换，将时域中的微分方程变换成复数域中的代数方程。

一、拉普拉斯变换的定义

如果有一个以时间 t 为自变量的实变函数 $f(t)$，设函数 $f(t)$ 满足以下条件。

(1) $f(t)$ 是实函数。

(2) 当 $t<0$ 时，$f(t)=0$。

(3) 当 $t\geqslant0$ 时，$f(t)$ 的积分 $\int_0^\infty f(t)e^{-st}dt$ 在 s 的某一域内收敛。那么 $f(t)$ 的拉普拉斯变换定义为

$$F(s)=\mathscr{L}[f(t)]=\int_0^\infty f(t)e^{-st}dt \qquad (2-11)$$

式中：$f(t)$ 称为 $F(s)$ 原函数，$F(s)$ 称为 $f(t)$ 的象函数，$\mathscr{L}$ 为进行拉氏变换的符号，s 为复变量 $s=\sigma+j\omega$，$\int_0^\infty e^{-st}$ 称为拉普拉斯积分。

式 (2-11) 表明：在一定条件下，拉氏变换能把一实数域中的实变函数 $f(t)$ 变换为一个在复数域内与之等价的复变函数 $F(s)$。所以，拉氏变换得到的是复数域内的数学模型。

二、几种典型外作用函数的拉氏变换

1. 单位阶跃函数 $1(t)$ 的拉氏变换

该函数的定义为

$$1(t)=\begin{cases}0 & t<0\\1 & t\geqslant0\end{cases}$$

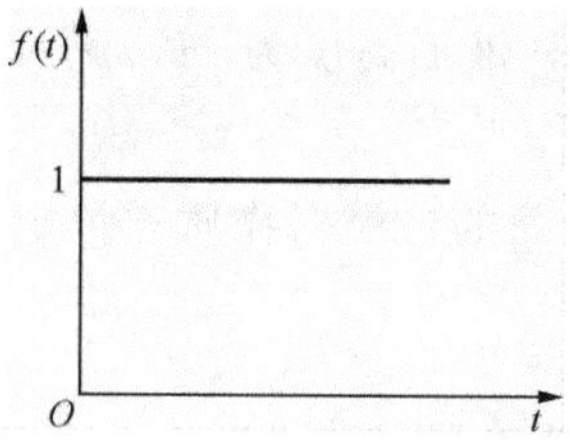

如图 2-6 所示，单位阶跃函数表示在 $t=0$ 时刻突然作用于系统一个幅值为 1 的不变量。

单位阶跃函数的拉氏变换为

$$F(s)=\mathscr{L}[1(t)]=\int_0^\infty 1(t)e^{-st}dt=-\frac{1}{s}e^{-st}\Big|_0^\infty$$

当 $\mathrm{Re}(s)>0$ 时，$\lim\limits_{t\to\infty}e^{-st}\to0$。所以

$$F(s)=\mathscr{L}[1(t)]=-\frac{1}{s}e^{-st}\Big|_0^\infty=\left[0-\left(-\frac{1}{s}\right)\right]=\frac{1}{s}$$

$$(2-12)$$

图 2-6　单位阶跃函数

2. 单位脉冲函数 $\delta(t)$ 的拉氏变换

单位脉冲函数是在持续时间 $t=\varepsilon(\varepsilon\to0)$ 期间幅值为 $\frac{1}{\varepsilon}$ 的矩形波。其幅值和作用时间的乘积等于 1，即 $\frac{1}{\varepsilon}\times\varepsilon=1$，如图 2-7 所示。

单位脉冲函数 $\delta(t)$ 的定义为

$$\delta(t)=\begin{cases}0 & t\neq0\\\lim\limits_{\varepsilon\to0}\dfrac{1}{\varepsilon}=\infty & t=0\end{cases}$$

其拉氏变换为

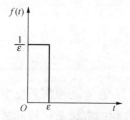

图 2-7　单位脉冲函数

$$\mathscr{L}[\delta(t)]=\int_{0^-}^{+\infty}\delta(t)e^{-st}dt=\int_{0^-}^{0^+}\delta(t)e^{-st}dt=\int_{0^-}^{0^+}\delta(t)dt=1 \qquad (2-13)$$

3. 单位斜坡函数 t 的拉氏变换

单位斜坡函数又称为单位速度函数，如图 2-8 所示。其定义为

$$f(t) = \begin{cases} 0 & t < 0 \\ t & t \geq 0 \end{cases}$$

单位斜坡函数的拉氏变换为

$$F(s) = \int_0^\infty t e^{-st} dt$$

利用分部积分法

$$\int_0^\infty u dv = [uv] - \int_0^\infty v du$$

令

$$t = u, \quad e^{-st} dt = dv, \quad dt = du, \quad v = \frac{1}{\varepsilon} e^{-st}$$

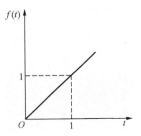

图 2-8 单位斜坡函数

所以

$$F(s) = \left[-\frac{t}{s} e^{-st} \right]_0^\infty - \int_0^\infty \left(-\frac{1}{s} e^{-st} \right) dt$$

当 $\mathrm{Re}(s) > 0$ 时，$\lim\limits_{t \to \infty} e^{-st} \to 0$，则

$$F(s) = 0 + \frac{1}{s} \int_0^\infty e^{-st} dt = \frac{1}{s^2} \tag{2-14}$$

4. 单位加速度函数的拉氏变换

单位加速度函数的定义为

$$f(t) = \begin{cases} 0 & t < 0 \\ \frac{1}{2} t^2 & t \geq 0 \end{cases}$$

单位加速度函数如图 2-9 所示。

其拉氏变换式为

$$F(s) = \mathscr{L}\left(\frac{1}{2} t^2 \right) = \frac{1}{s^3} \quad [\mathrm{Re}(s) > 0] \tag{2-15}$$

5. 指数函数

指数函数也是自动控制中经常用到的函数，其中 a 是常数，其定义为

$$f(t) = \begin{cases} 0 & t < 0 \\ A e^{-at} & t \geq 0 \end{cases}$$

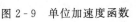

图 2-9 单位加速度函数

其拉氏变换

$$F(s) = \int_0^\infty f(t) e^{-st} dt = \int_0^\infty A e^{-at} e^{-st} dt = A \int_0^\infty e^{-(s+a)t} dt = \frac{A}{s+a}$$

显然

$$\mathscr{L}[e^{-at}] = \frac{1}{s+a} \tag{2-16}$$

6. 正弦函数

正弦函数的定义为

$$f(t) = \begin{cases} 0 & t < 0 \\ A\sin\omega t & t \geqslant 0 \end{cases}$$

其拉氏变换式为

$$
\begin{aligned}
F(s) &= \int_0^\infty f(t)\mathrm{e}^{-st}\,\mathrm{d}t \\
&= \int_0^\infty A\sin\omega t\,\mathrm{e}^{-st}\,\mathrm{d}t \\
&= \frac{A}{2\mathrm{j}} \int_0^\infty (\mathrm{e}^{\mathrm{j}\omega t} - \mathrm{e}^{-\mathrm{j}\omega t})\mathrm{e}^{-st}\,\mathrm{d}t \\
&= \frac{A}{2\mathrm{j}} \left(\int_0^\infty \mathrm{e}^{\mathrm{j}\omega t}\mathrm{e}^{-st}\,\mathrm{d}t - \int_0^\infty \mathrm{e}^{-\mathrm{j}\omega t}\mathrm{e}^{-st}\,\mathrm{d}t \right) \\
&= \frac{A}{2\mathrm{j}} \left(\frac{1}{s - \mathrm{j}\omega} - \frac{1}{s + \mathrm{j}\omega} \right) \\
&= \frac{A\omega}{s^2 + \omega^2}
\end{aligned}
$$

则

$$\mathscr{L}[A\sin\omega t] = \frac{A\omega}{s^2 + \omega^2} \qquad (2-17)$$

7. 余弦函数

余弦函数的定义为

$$f(t) = \begin{cases} 0 & t < 0 \\ A\cos\omega t & t \geqslant 0 \end{cases}$$

同理

$$F(s) = [A\cos\omega t] = \frac{As}{s^2 + \omega^2} \qquad (2-18)$$

三、拉普拉斯变换定理

1. 线性定理

线性定理包含线性比例和线性叠加定理。线性比例是指常数与函数乘积的拉氏变换等于常数乘以函数的拉氏变换；线性叠加定理是指函数相加的拉氏变换等于各个函数拉氏变换的和。

设 $\mathscr{L}[f_1(t)] = F_1(s)$，$\mathscr{L}[f_2(t)] = F_2(s)$，则

$$\mathscr{L}[Af_1(t) \pm Bf_2(t)] = AF_1(s) \pm BF_2(s) \qquad (2-19)$$

【例 2-6】 $\mathscr{L}[4\mathrm{e}^{-0.2t} - 3\sin 2t] = \dfrac{4}{s+0.2} - \dfrac{6}{s^2+4}$

2. 位移定理

设 $\mathscr{L}[f(t)] = F(s)$，则

$$\mathscr{L}[\mathrm{e}^{-at}f(t)] = \int_0^\infty f(t)\mathrm{e}^{-at}\mathrm{e}^{-st}\,\mathrm{d}t = \int_0^\infty f(t)\mathrm{e}^{-(s+a)t}\,\mathrm{d}t = F(s+a) \qquad (2-20)$$

【例 2-7】 $\mathscr{L}[2\mathrm{e}^{3t}\sin 2t] = \dfrac{4}{(s-3)^2+4}$

3. 延迟定理

设 $\mathscr{L}[f(t)] = F(s)$，则

$$\mathscr{L}[f(t-\tau)] = \int_0^\infty f(t-\tau)\mathrm{e}^{-st}\mathrm{d}t = \mathrm{e}^{-\tau s}\int_0^\infty f(t-\tau)\mathrm{e}^{-s(t-\tau)}\mathrm{d}(t-\tau) = \mathrm{e}^{-\tau s}F(s) \quad (2-21)$$

【例 2 - 8】　$\mathscr{L}\left[2\mathrm{e}^{4t}\sin(2t-2)\right] = \dfrac{4\mathrm{e}^{-(s-4)}}{(s-4)^2+4}$

四、拉普拉斯反变换

在运用拉氏变换方法解决问题时，会遇到将象函数 $F(s)$ 变为原函数 $f(t)$ 的问题。这种变换称作拉氏反变换，记为 $f(t)=\mathscr{L}^{-1}[F(s)]$，则 $f(t)=\dfrac{1}{2\pi\mathrm{j}}\int_{\sigma-\mathrm{j}\infty}^{\sigma+\mathrm{j}\infty}F(s)\mathrm{e}^{st}\mathrm{d}s$。一般简单的拉氏反变换可采用拉氏变换表得到。对于复杂象函数 $F(s)$，应先展开成部分分式，再采用拉氏表求得。设 $F(s)$ 是 s 的有理真分式

$$F(s) = \frac{B(s)}{A(s)} = \frac{K(s+z_1)(s+z_2)\cdots(s+z_m)}{(s+p_1)(s+p_2)\cdots(s+p_n)} \quad (n \geqslant m)$$

式中：系数 $-p_1$，$-p_2$，$\cdots$，$-p_n$ 为多项式极点；$-z_1$，$-z_2$，$\cdots$，$-z_m$ 为多项式零点，按代数定理可将 $F(s)$ 展开为部分分式。下面分以下三种情况讨论。

1. $F(s)$ 的极点为各不相同的实数时的拉氏反变换

这时，$F(s)$ 可展开为 n 个简单的部分分式之和的形式。

$$F(s) = \frac{A_1}{s+p_1} + \frac{A_2}{s+p_2} + \cdots + \frac{A_n}{s+p_n} = \sum_{i=1}^n \frac{A_i}{s+p_i} \quad (2-22)$$

式中：A_i 是待定系数，它是 $s=-p_i$ 处的留数，其求法如下

$$A_i = \left[F(s)(s+p_i)\right]_{s=-p_i} \quad (2-23)$$

再根据拉氏变换的叠加定理，求原函数

$$f(t) = \mathscr{L}^{-1}[F(s)] = \mathscr{L}^{-1}\left[\sum_{i=1}^n \frac{A_i}{s+p_i}\right] = \sum_{i=1}^n A_i\mathrm{e}^{-p_i t}$$

【例 2 - 9】　求解 $F(s) = \dfrac{s+2}{s^2+4s+3}$ 的拉氏反变换。

解

$$F(s) = \frac{s+2}{(s+1)(s+3)} = \frac{A_1}{s+1} + \frac{A_2}{s+3}$$

$$A_1 = (s+1)\frac{(s+2)}{(s+1)(s+3)}\bigg|_{s=-1} = \frac{1}{2}$$

$$A_2 = (s+3)\frac{(s+2)}{(s+1)(s+3)}\bigg|_{s=-3} = \frac{1}{2}$$

$$f(t) = \frac{1}{2}\mathrm{e}^{-t} + \frac{1}{2}\mathrm{e}^{-3t} \quad (t \geqslant 0)$$

2. $F(s)$ 含有共轭复数极点时的拉氏反变换

如果 $F(s)$ 有一对共轭复数极点 $-p_1$、$-p_2$，而其余极点均为各不相同的负实数极点。将 $F(s)$ 展开成下列形式

$$F(s) = \frac{A_1 s + A_2}{(s+p_1)(s+p_2)} + \frac{A_3}{s+p_3} + \cdots + \frac{A_n}{s+p_n}$$

式中 A_1 和 A_2 可按下式求解

$$\left[F(s)(s+p_1)(s+p_2)\right]_{\substack{s=-p_1 \\ \text{或} s=-p_2}} = \left[\frac{A_1 s + A_2}{(s+p_1)(s+p_2)} + \frac{A_3}{s+p_3} + \cdots + \frac{A_n}{s+p_n}\right](s+p_1)(s+p_2)\bigg|_{\substack{s=-p_1 \\ \text{或} s=-p_2}}$$

即

$$\left[F(s)(s+p_1)(s+p_2)\right]_{\substack{s=-p_1 \\ \text{或} s=-p_2}} = \left[A_1 s + A_2\right]_{\substack{s=-p_1 \\ \text{或} s=-p_2}} \qquad (2-24)$$

因为 $-p_1$（或 $-p_2$）是复数，所以式（2-24）两边都应是复数。令等号两边的实部、虚部分别相等，得两个方程式，联立求解，即得 A_1、A_2 两个系数。

【例 2-10】 求解 $F(s) = \dfrac{s+1}{s(s^2+s+1)}$ 的拉氏反变换。

解 三个极点分别为 $s_1 = 0$、$s_{2,3} = -0.5 \pm j0.866$

$$F(s) = \frac{s+1}{s(s^2+s+1)} = \frac{A_0}{s} + \frac{A_1 s + A_2}{s^2+s+1}$$

$$A_0 = \left[\frac{s+1}{s(s^2+s+1)}\right]_{s=0} = 1$$

$$\left[\frac{s+1}{s(s^2+s+1)}(s^2+s+1)\right]_{s=-0.5-j0.866} = A_1(-0.5-j0.866) + A_2$$

$$\left[\frac{0.5-j0.866}{-0.5-j0.866}\right] = A_1(-0.5-j0.866) + A_2$$

$$0.5 - j0.866 = A_1(-0.5+j0.866) + A_2(-0.5-j0.866)$$

利用方程两边实部、虚部分别相等，得

$$0.5 = -0.5A_1 - 0.5A_2$$
$$-0.866 = 0.866A_1 - 0.866A_2$$

解得 $A_1 = -1$，$A_2 = 0$

所以

$$F(s) = \frac{s+1}{s(s^2+s+1)} = \frac{1}{s} - \frac{s}{s^2+s+1}$$

$$F(s) = \frac{1}{s} + \frac{-s}{(s+0.5+j0.866)(s+0.5-j0.866)}$$

$$= \frac{1}{s} - \frac{s}{(s+0.5)^2+0.866^2}$$

$$= \frac{1}{s} - \frac{s+0.5}{(s+0.5)^2+0.866^2} + \frac{0.5}{(s+0.5)^2+0.866^2}$$

$$= \frac{1}{s} - \frac{s+0.5}{(s+0.5)^2+0.866^2} + \frac{0.5}{0.866}\frac{0.866}{(s+0.5)^2+0.866^2}$$

所以

$$f(t) = \mathscr{L}^{-1}\left[\frac{s+1}{s(s^2+s+1)}\right]$$

$$= \mathscr{L}^{-1}\left[\frac{1}{s} - \frac{s+0.5}{(s+0.5)^2+0.866^2} + \frac{0.5}{0.866}\frac{0.866}{(s+0.5)^2+0.866^2}\right]$$

$$= \mathscr{L}^{-1}\left[\frac{1}{s}\right] - \mathscr{L}^{-1}\left[\frac{s+0.5}{(s+0.5)^2+0.866^2}\right] + \mathscr{L}^{-1}\left[\frac{0.5}{0.866}\frac{0.866}{(s+0.5)^2+0.866^2}\right]$$

查拉氏变换表，得

$$f(t) = 1 - e^{-0.5t}\cos 0.866t + 0.57 e^{-0.5t}\sin 0.866t \quad (t \geqslant 0)$$

3. $F(s)$ 中包含有重极点的拉氏反变换

设 $A(s) = 0$ 有 r 个重极点，将 $F(s)$ 展开成下列形式：

$$F(s) = \frac{A_{01}}{(s+p_0)^r} + \frac{A_{02}}{(s+p_0)^{r-1}} + \cdots + \frac{A_{0r}}{s+p_0} + \frac{A_{r+1}}{s+p_{r+1}} + \cdots + \frac{A_n}{s+p_n} \quad (2-25)$$

式中 A_{r+1}、A_{r+2}、$\cdots$、A_n 的求法与单实数极点情况相同。

A_{01}、A_{02}、$\cdots$、A_{0r} 的求法如下

$$A_{01} = \left[F(s)(s+p_0)^r\right]_{s=-p_0}$$

$$A_{02} = \left\{\frac{\mathrm{d}}{\mathrm{d}s}\left[F(s)(s+p_0)^r\right]\right\}_{s=-p_0}$$

$$A_{03} = \frac{1}{2!}\left\{\frac{\mathrm{d}^2}{\mathrm{d}s^2}\left[F(s)(s+p_0)^r\right]\right\}_{s=-p_0}$$

$$\cdots$$

$$A_{0r} = \frac{1}{(r-1)!}\left\{\frac{\mathrm{d}^{(r-1)}}{\mathrm{d}s^{(r-1)}}\left[F(s)(s+p_0)^r\right]\right\}_{s=-p_0}$$

$$f(t) = \mathscr{L}^{-1}[F(s)] = \left[\frac{A_{01}}{(r-1)!}t^{(r-1)} + \frac{A_{02}}{(r-2)!}t^{(r-2)} + \cdots + A_{0r}\right]\mathrm{e}^{-p_0 t}$$

$$+ A_{r+1}\mathrm{e}^{-p_{r+1}t} + \cdots + A_n\mathrm{e}^{-p_n t} \quad (t \geqslant 0) \quad\quad (2-26)$$

【例 2-11】 求解 $F(s) = \dfrac{s+3}{(s+3)^2(s+1)}$ 的拉氏反变换。

解　将 $F(s)$ 展开为部分分式

$$F(s) = \frac{A_{01}}{(s+2)^2} + \frac{A_{02}}{(s+2)} + \frac{A_3}{(s+1)}$$

上式中各项系数为

$$A_{01} = \left[\frac{s+3}{(s+2)^2(s+1)}(s+2)^2\right]_{s=-2} = -1$$

$$A_{02} = \left\{\frac{\mathrm{d}}{\mathrm{d}s}\left[\frac{s+3}{(s+2)^2(s+1)}(s+2)^2\right]\right\}_{s=-2} = -2$$

$$A_3 = \left[\frac{s+3}{(s+3)^2(s+1)}(s+1)\right]_{s=-1} = 2$$

于是

$$F(s) = \frac{-1}{(s+2)^2} - \frac{2}{(s+2)} + \frac{2}{(s+1)}$$

则拉氏反变换为

$$f(t) = -t\mathrm{e}^{-2t} - 2\mathrm{e}^{-2t} + 2\mathrm{e}^{-t} = -(t+2)\mathrm{e}^{-2t} + 2\mathrm{e}^{-t} \quad (t \geqslant 0)$$

第三节　传　递　函　数

　　建立系统数学模型的目的是为了对系统的性能进行分析。使用微分方程分析系统时，在给定外作用及初始条件下，求出系统的输出响应。这种方法比较直观，特别是借助于现代电子设备可以迅速、准确地求得结果。但是如果系统的参数改变或结构变化时，就要重新列写并求解微分方程，这样比较麻烦而且不便于对系统不同时刻性能的分析。

　　在经典控制理论中，除了常用的微分方程之外，另一种更为方便的形式是传递函数。传递函数不仅可以表征系统的动态性能，而且可以用来研究系统的结构或参数变化对系统性能

的影响。经典控制理论中广泛应用的频率法和根轨迹法，就是以传递函数为基础建立起来的。

一、传递函数的定义

传递函数是指在零初始条件下，线性系统输出信号的拉氏变换与输入拉氏变换之比。

传递函数一般是复变函数，最常用的形式是有理分式形式。设线性定常系统由下述 n 阶线性常微分方程描述。

$$a_0 \frac{\mathrm{d}^n r(t)}{\mathrm{d}t^n} + a_1 \frac{\mathrm{d}^{n-1} r(t)}{\mathrm{d}t^{n-1}} + \cdots + a_{n-1} \frac{\mathrm{d}r(t)}{\mathrm{d}t} + a_n r(t)$$

$$= b_0 \frac{\mathrm{d}^m c(t)}{\mathrm{d}t^m} + b_1 \frac{\mathrm{d}^{m-1} c(t)}{\mathrm{d}t^{m-1}} + \cdots + b_{m-1} \frac{\mathrm{d}c(t)}{\mathrm{d}t} + b_m c(t) \quad (n \geqslant m)$$

式中：$r(t)$ 是系统输入参数，$c(t)$ 是系统输出参数。若初始条件为零，对上式中各项分别求拉氏变换，输入作用是在 $t=0$ 时加于系统的，并令 $C(s) = \mathscr{L}[c(t)]$，$R(s) = \mathscr{L}[r(t)]$，可得 s 的代数方程为

$$[a_0 s^n + a_1 s^{n-1} + \cdots + a_{n-1} s + a_n]C(s) = [b_0 s^m + b_1 s^{m-1} + \cdots + b_{m-1} s + b_m]R(s)$$

由定义得系统传递函数的一般形式为

$$\Phi(s) = \frac{C(s)}{R(s)} = \frac{b_0 s^m + b_1 s^{m-1} + \cdots + b_{m-1} s + b_m}{a_0 s^n + a_1 s^{n-1} + \cdots + a_{n-1} s + a_n} = \frac{M(s)}{D(s)} \quad (n \geqslant m) \qquad (2\text{-}27)$$

式中
$$M(s) = b_0 s^m + b_1 s^{m-1} + \cdots + b_{m-1} s + b_m$$
$$D(s) = a_0 s^n + a_1 s^{n-1} + \cdots + a_{n-1} s + a_n$$

二、传递函数的特征方程、零点与极点

将传递函数的一般形式中分母多项式 $D(s)=0$ 称为系统的特征方程，其根称为系统的特征根或极点。将传递函数进行因式分解，得

$$\Phi(s) = \frac{M(s)}{D(s)} = \frac{b_0(s+z_1)(s+z_2)\cdots(s+z_m)}{a_0(s+p_1)(s+p_2)\cdots(s+p_n)}$$

式中：$M(s)=0$ 的根 $s=-z_i (i=1, 2, 3, \cdots, m)$ 称为传递函数的零点；$D(s)=0$ 的根 $s= -p_j (j=1, 2, 3, \cdots, n)$ 称为传递函数的极点。零点和极点的数值完全取决于系统各参数 b_0、b_1、$\cdots$、b_m 和 a_0、a_1、$\cdots$、a_m，取决于系统的结构参数。一般地，零点和极点可为实数（包括零）或复数，若为复数，由于系统结构参数均为实数，则必共轭成对出现。

三、关于传递函数的说明

（1）传递函数是经拉氏变换导出的，而拉氏变换是一种线性积分运算，因此传递函数的概念只适用于线性定常系统。

（2）一个传递函数只能表示一个输入对一个输出的关系，所以只适合于单输入、单输出系统的描述，而且传递函数无法反映系统内部中间变量的变化情况。

（3）$\Phi(s)$ 虽然描述了输出与输入之间的关系，但不提供任何该系统的物理结构，因此许多不同的物理系统具有完全相同的传递函数。

（4）传递函数只与系统本身的特性参数有关，与系统的输入量无关。传递函数是在零初始条件下定义的，即在零时刻之前，系统对所给定的平衡工作点处于相对静止状态。因此，传递函数原则上不能反映系统在非零初始条件下的全部运动规律。

（5）传递函数分子多项式阶次（m）小于等于分母多项式的阶次（n）。

（6）传递函数与微分方程之间可以相互转化。

四、典型环节及其传递函数

任何复杂的系统都是由各环节以一定的连接方式构成，已知各典型环节的传递函数则不难求出系统的传递函数，从而对系统进行分析。这些典型环节包括比例环节、惯性环节、积分环节、微分环节、振荡环节和延迟环节。下面分别加以介绍。

1. 比例环节

比例环节输出量不失真、无惯性的跟随输入量，且两者成比例关系。比例环节又称无惯性环节，其输入、输出的微分方程为

$$c(t) = Kr(t) \tag{2-28}$$

式中：K 为比例系数，也称为放大系数，等于输出量与输入量之比。

比例环节的传递函数为

$$\Phi(s) = \frac{C(s)}{R(s)} = K \tag{2-29}$$

比例环节的特点是输入量、输出量成比例，无失真和时间延迟。在物理系统中，无弹性变形的杠杆、电子放大器以及测速发电机的电压和转速的关系，都可以归类为比例环节。

2. 惯性环节

惯性环节输入、输出的微分方程为

$$T\frac{dc(t)}{dt} + c(t) = r(t) \tag{2-30}$$

其传递函数可以写成

$$\Phi(s) = \frac{1}{Ts+1} \tag{2-31}$$

式中：T 为时间常数。

惯性环节的特点是含一个储能元件，对于突变的输入，其输出不能立即复现，输出无振荡。

【**例 2-12**】　图 2-10 所示的 RC 网络就是一阶惯性环节的例子。

对于图 2-10 所示的 RC 网络，其输入电压 $u_r(t)$ 和输出电压 $u_c(t)$ 之间的关系为

$$RC\frac{du_c(t)}{dt} + u_c(t) = u_r(t)$$

对上式进行拉氏变换，可以求出传递函数为

$$\Phi(s) = \frac{U_c(s)}{U_r(s)} = \frac{1}{RCs+1}$$

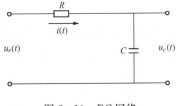

图 2-10　RC 网络

3. 微分环节

(1) 理想微分环节。理想微分环节的特点是在暂态过程中，输出量为输入量的微分，其运动微分方程为

$$c(t) = T\frac{dr(t)}{dt} \tag{2-32}$$

式中：T 为时间常数。

其传递函数为

$$\Phi(s) = \frac{C(s)}{R(s)} = Ts \tag{2-33}$$

（2）一阶微分环节。一阶微分环节的输出量是输入量的比例加微分，其输入、输出微分方程为

$$c(t) = T \frac{\mathrm{d}r(t)}{\mathrm{d}t} + r(t) \tag{2 - 34}$$

传递函数为

$$\varPhi(s) = Ts + 1 \tag{2 - 35}$$

（3）二阶微分环节。将具有下列形式的输入、输出微分方程的环节称为二阶微分环节

$$c(t) = K\left[\tau^2 \frac{\mathrm{d}^2 r(t)}{\mathrm{d}t^2} + 2\xi\tau \frac{\mathrm{d}r(t)}{\mathrm{d}t} + r(t) \right] \tag{2 - 36}$$

式中：τ 为二阶微分环节的时间常数；K 为比例系数；ξ 为阻尼系数。

其传递函数为

$$\varPhi(s) = K(\tau^2 s^2 + 2\xi\tau s + 1) \quad (0 < \xi < 1) \tag{2 - 37}$$

必须指出，只有当式（2 - 37）中 $\tau^2 s^2 + 2\xi\tau s + 1$ 具有一对共轭复根时，才能称为二阶微分环节。如果式（2 - 37）具有两个实根，则可以认为这个环节是由两个一阶微分环节串联而成。

微分环节的特点是输出量正比于输入量变化的速度，能预示输入信号的变化趋势。

4. 积分环节

积分环节的输出量与输入量对时间的积分成正比，积分环节的动态方程为

$$c(t) = \frac{1}{T} \int_0^t r(t)\mathrm{d}t(t) \tag{2 - 38}$$

对应的传递函数为

$$\varPhi(s) = \frac{C(s)}{R(s)} = \frac{1}{Ts} \tag{2 - 39}$$

式中：T 为积分环节的时间常数。

积分环节的一个显著特点是输出量取决于输入量对时间的积累过程。输入量持续一段时间，即使输入量变为零，输出量仍将保持在已达到的数值，故有记忆功能。另一个特点是有明显的滞后作用。

5. 振荡环节

振荡环节含有两个独立的储能元件，并且所储存的能量能够互相转换，从而导致输出带有振荡的性质。振荡环节的微分方程为

$$T^2 \frac{\mathrm{d}^2 c(t)}{\mathrm{d}t^2} + 2\xi T \frac{\mathrm{d}c(t)}{\mathrm{d}t} + c(t) = Kr(t) \tag{2 - 40}$$

其传递函数为

$$\varPhi(s) = \frac{K}{T^2 s^2 + 2\xi Ts + 1} \tag{2 - 41}$$

式中：T 为振荡环节的时间常数，ξ 为阻尼系数（阻尼比），K 为比例系数。

振荡环节传递函数的另一种常用标准形式（$K = 1$）为

$$\varPhi(s) = \frac{\omega_n^2}{s^2 + 2\xi\omega_n s + \omega_n^2} \tag{2 - 42}$$

式中：$\omega_n = \dfrac{1}{T}$ 为无阻尼自然振荡频率。

对于振荡环节，只当恒有 $0 < \xi < 1$ 时，二阶特征方程才有共轭复根，这时二阶系统才能

称为振荡环节。当 $\xi > 1$ 时，二阶系统有两个实数根，该系统为两个惯性环节的串联。

6. 延迟环节

延迟环节是输出量能准确复现输入量，但须延迟一固定的时间间隔。它不单独存在，一般与其他环节同时出现。其输入、输出的微分方程为

$$c(t) = r(t - \tau) \tag{2-43}$$

延迟环节是线性环节，其传递函数为

$$\Phi(s) = \frac{L[r(t-\tau)]}{L[r(t)]} = \frac{R(s)\mathrm{e}^{-\tau s}}{R(s)} = \mathrm{e}^{-\tau s} \tag{2-44}$$

式中：τ 为延迟时间。

延迟环节与惯性环节的区别在于：惯性环节从输入开始时刻就已有输出，仅由于惯性，输出要滞后一段时间才接近于所要求的输出值；延迟环节从输出开始之初，在 0 到 τ 的区间内，并无输出，但在 $t = \tau$ 之后，输出就完全等于输入。

第四节 系统框图和信号图

一个控制系统总是由许多元件组合而成。前面介绍的微分方程、传递函数等数学模型，都是只用数学表达式描述系统特性。从信息传递的角度看，可以把一个系统划分为若干环节，每一个环节都有对应的输入量、输出量以及它们的传递函数。为了能描述系统中各变量间的定量关系和表明系统各部件对系统性能的影响，在控制工程中，我们常常应用"框图"的概念。控制系统的框图是系统数学模型的图解形式。

一、系统框图

控制系统的框图是由许多对信号进行单向运算的方框和一些信号流向线组成，它包含四种基本单元。

（1）信号线。信号线是带有箭头的直线，箭头表示信号的传递方向，在直线旁标记信号的时间函数或象函数，见图 2-11（a）。

（2）引出点（测量点）。引出点表示信号引出或测量的位置。从同一位置引出的信号完全相同，见图 2-11（b）。

（3）比较点（综合点）。比较点表示对两个或两个以上的信号进行加减运算，"+"号表示信号相加，"−"号表示相减，"+"号可以省略不写，见图 2-11（c）。

（4）方框（环节）。方框表示对信号进行的数学变换。对于线性元件，方框中写入其传递函数，见图 2-11（d）。显然，方框的输出量等于方框的输入量与传递函数的乘积，即 $C(s) = G(s)R(s)$。

系统框图的建立步骤：绘制系统框图时，首先写出各个元件的运动方程，根据运动方程写出相应的传递函数，并将它们用方框表示；然后按照信号的传递方向用信号线依次将各方框连接起来，并把输入量放在最左端，输出量放在最右端，便得到系统的框图。

现以图 2-1 为例说明系统框图的绘制方法。

解 （1）写出 RC 网络的运动方程

$$i(t) = \frac{u_r(t) - u_c(t)}{R}$$

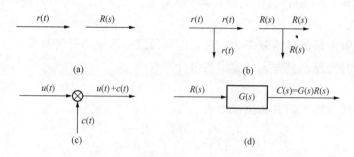

图 2-11 结构图的基本组成单元

(a) 信号线；(b) 引出点（测量点）；(c) 比较点（综合点）；(d) 方框（环节）

$$u_c(t) = \frac{1}{C}\int i(t)\,\mathrm{d}t$$

在零初始条件下，对上两式进行拉氏变换，得

$$I(s) = \frac{U_r(s) - U_c(s)}{R}$$

$$U_c(s) = \frac{1}{Cs}I(s)$$

（2）画出相应的框图，如图 2-12 所示。

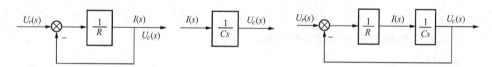

图 2-12 RC 网络的系统框图

二、框图的等效变换和简化

为了便于分析和计算，需要将框图中的一些方框基于"等效"的概念进行重新排列和整理，使复杂的框图得以简化。在控制系统中任何复杂的框图的基本连接方式只有串联、并联和反馈连接三种。因此，框图简化的一般方法是移动引出点或比较点，将串联、并联和反馈连接的方框合并。在简化过程中应遵循变换前后变量间的传递函数保持不变的原则。

1. 环节的串联

环节的串联是很常见的一种结构形式，几个环节按照信号的流向相互串联连接。其特点是，前一个环节的输出为后一个环节的输入，如图 2-13（a）所示。

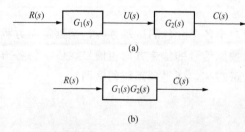

(a)

(b)

图 2-13 结构图串联连接及其简化

(a) 串联连接；(b) 等效传递函数结构

由图 2-13（a）有

$$U(s) = G_1(s)R(s) \quad C(s) = G_2(s)U(s)$$

消去中间变量，得

$$C(s) = G_1(s)G_2(s)R(s) \quad (2-45)$$

故两个串联连接结构的等效传递函数为

$$\Phi(s) = G_1(s)G_2(s)$$

等效传递函数结构图如图 2-13（b）所示。

由此可知，两个串联连接的环节可以用一个等效环节去取代，等效环节的传递函数为各个环节传递函数之积。

上述结论也可以推广到 n 个环节串联：n 个环节串联的等效传递函数等于 n 个环节传递函数之积，即有

$$\Phi(s) = \prod_{i=1}^{n} G_i(s)$$

2. 环节的并联

环节并联的特点是，各环节的输入信号相同，输出信号相加（或相减），如图 2 - 14（a）所示。

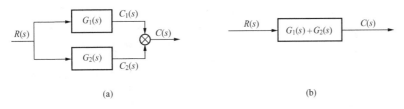

(a)   (b)

图 2 - 14　结构图并联连接及其简化

（a）并联结构图；（b）等效传递函数

由图 2 - 14（a）有

$$C_1(s) = G_1(s)R(s) \quad C_2(s) = G_2(s)R(s)$$

则有

$$C(s) = [G_1(s) + G_2(s)]R(s) = \Phi(s)R(s) \tag{2 - 46}$$

式中：$\Phi(s)$ 是并联环节的等效传递函数，$\Phi(s) = G_1(s) + G_2(s)$，可用图 2 - 14（b）的方框表示。由此可知，两个并联连接的环节，可以用一个等效环节去取代，并联环节的传递函数等效为各个环节传递函数之和。这个结论同样可以推广到 n 个环节并联的情况。

3. 环节的反馈连接

若传递函数分别为 $G(s)$ 和 $H(s)$ 的两个环节如图 2 - 15（a）形式连接，则称为反馈连接。"＋"号为正反馈，表示输入信号与反馈信号相加；"－"号为负反馈，则表示相减。

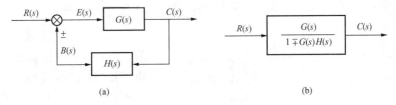

(a)   (b)

图 2 - 15　结构图反馈连接及其简化

（a）反馈连接；（b）等效传递函数

由图 2 - 15（a）得

$$C(s) = G(s)E(s) \quad B(s) = H(s)C(s) \quad E(s) = R(s) \pm B(s)$$

则

$$C(s) = G(s)[R(s) \pm H(s)C(s)]$$

于是有

$$\Phi(s) = \frac{G(s)}{1 \mp G(s)H(s)} \qquad (2-47)$$

式中：$\Phi(s)$ 称为闭环传递函数，是环节反馈连接的等效传递函数。式中负号对应正反馈连接，正号对应负反馈连接。式（2-47）可用图 2-15（b）的方框表示。

4. 比较点和引出点的移动

在系统结构图简化过程中，有时为了便于进行方框的串联、并联或反馈连接的运算，需要移动比较点或引出点的位置。这时应注意在移动前后必须保持信号的等效性，而且比较点和引出点之间一般不宜交换位置。

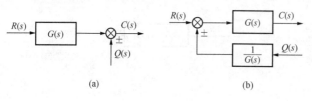

(a)　　　　　　　　　　　(b)

图 2-16　比较点前移

(a) 原始结构图；(b) 等效结构图

（1）比较点前移。如图 2-16 所示，综合点前移到 $G(s)$ 的输入端，仍然要保持信号之间的关系不变，方法是在被移动的通道上串联 $\frac{1}{G(s)}$ 方框。

移动前，信号关系为 $C(s) = G(s)R(s) \pm Q(s)$。

移动后，信号关系为 $C(s) = G(s)\left[R(s) \pm \frac{Q(s)}{G(s)}\right] = G(s)R(s) \pm Q(s)$。

两式完全相同。

（2）比较点之间的移动。图 2-17 所示两个比较点之间的移动。

移动前，总输出为 $C = R \pm X \pm Y$。

移动后 $C = R \pm X \pm Y$，完全一样，说明比较点之间的移动不会影响总的输入、输出关系。

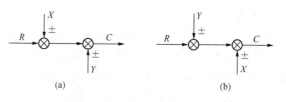

(a)　　　　　　　　　　　(b)

图 2-17　比较点之间的移动

(a) 原始结构图；(b) 等效结构图

（3）引出点后移。如图 2-18 所示，将 $G(s)$ 方框输入端的引出点移动到 $G(s)$ 的输出端，仍要保持信号关系不变，方法是在被移动的通道上串联 $\frac{1}{G(s)}$ 方框。

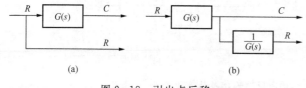

(a)　　　　　　　　　　　(b)

图 2-18　引出点后移

(a) 原始结构图；(b) 等效结构图

（4）引出点前移。如图 2-19 所示，将 $G(s)$ 方框输出端的引出点移动到 $G(s)$ 的输入端，仍要保持信号关系不变，方法是在被移动的通道上串联 $G(s)$ 方框。

（5）相邻引出点之间的移动。相邻引出点之间的移动不改变信号性质，其传递函数不变。

三、系统信号图和梅逊公式

在控制系统中，框图是一种很有用的图示法，信号流图与框图均是描述系统各元部件之间信号传递关系的数学图形。然而对于结构比较复杂的系统，框图的变换和化简过程往往显得繁琐而费时。信号流图符号简单，更便于绘制和应用，而且可以利用梅逊公式直接求出任意两个变量之间的传递函数。但是信号流图只适用于线性系统。

1. 信号流图

信号流图起源于梅逊利用图示法，用于描述一个或一组线性代数方程式，它的基本组成部分是节点和支路。图中小圆圈节点代表方程式中的变量，支路是连接两个节点的定向线段，方程式中两个变量的因果关系用支路增益表示，又称传输函数，因此支路相当于乘法器。

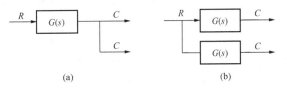

图 2-19 引出点前移

(a) 原始结构图；(b) 等效结构图

例如，一简单系统的描述方程为

$$x_2 = kx_1$$

式中：x_1 为输入信号，x_2 为输出信号，k 为两个变量之间的增益。

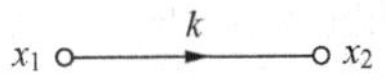

$$x_1 \circ \xrightarrow{\quad k \quad} \circ x_2$$

图 2-20 $x_2 = kx_1$ 的信号流图

该方程式的信号流图如图 2-20 所示。

下面以一个例子说明信号流图的绘制步骤。描述系统的方程组为

$$\left.\begin{aligned} x_2 &= Ax_1 + Bx_3 + Gx_5 \\ x_3 &= Cx_2 \\ x_4 &= Dx_1 + Ex_3 + Fx_4 \\ x_5 &= Hx_4 \end{aligned}\right\}$$

式中：x_1 为输入变量，x_5 为输出变量。绘制这个系统的信号流图的步骤是首先确定各节点的位置，如图 2-21 (1) 所示，然后分别画出每个方程式的信号流图，例如第二个方程的对应的信号流图是 (2)，其他方程的信号流图为 (3)、(4)、(5)，(6) 为系统的信号流图。

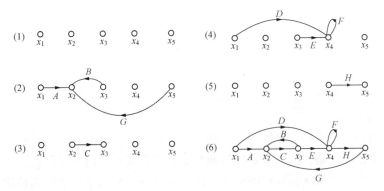

图 2-21 系统信号流图

在信号流图中，常使用名词术语如下。

(1) 节点指代表系统中的变量，等于所有流入该节点的信号之和，该节点流出的信号不影响该节点变量的值，如图中的 x_1、x_2、x_3、x_4、x_5。

(2) 源点（或输入节点）指只有输出支路的节点称为源点，相当于自变量，如图 2-21 中的 x_1。

(3) 汇点（或输出节点）指只有输入支路的节点称为汇点，相当于因变量，如图 2-21 中的 x_5。

（4）混合节点指既有输入支路又有输出支路的节点称为混合节点，如图 2-21 中的 x_2、x_3、x_4。它一般表示系统的中间变量。

（5）通路指沿着支路的箭头方向穿过各相连支路的路径称为通路。开通路：通路与任何节点相交不多于一次。闭通路：通路的终点和起点相同，并且与任何其他节点的相交不多于一次。

（6）前向通路指信号从输入节点到输出节点传递时，任何节点只通过一次的通路，叫前向通路。前向通路上各支路增益的乘积，称为前向通路增益，在图 2-21（6）中从源点到汇点共有两条前向通路，一条是 $x_1 \rightarrow x_2 \rightarrow x_3 \rightarrow x_4 \rightarrow x_5$，其前向通路增益为 $ACEH$；另一条是 $x_1 \rightarrow x_4 \rightarrow x_5$，其前向通路增益为 DH。

2. 信号流图的绘制

信号流图可以根据系统的微分方程绘制，也可以根据动态框图绘制。框图中的信号用有向线段表示，它对应于信号流图中的节点。

图 2-22（a）中有 10 个不同的信号，当绘制信号流图时，首先从左到右画 10 个对应的节点，按结构图中信号的传递关系用支路将它们连接起来，并标出支路的信号传递方向。结构图方框中的传递函数对应于支路增益，将它们标在对应的支路旁边。如果方框的输出信号在综合点取负号，在信号流图中对应的增益应增加一个负号。支路增益为 1，则不标出。

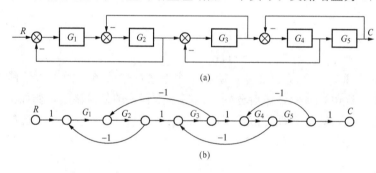

图 2-22　信号流图
（a）系统框图；（b）信号流图

根据上述方法，图 2-22（a）所示的信号流图如图 2-22（b）所示。

3. 梅逊增益公式

在控制工程中，当系统信号流图已知时，可以用梅逊公式直接求出系统的传递函数。由于信号流图和框图存在着相应的关系，因此梅逊公式同样也适用于框图。

梅逊公式给出了在系统信号流图中，任意输入节点与输出节点之间的传输等于他们之间的增益，即传递函数的概念。其公式为

$$P = \frac{1}{\Delta} \sum_{k=1}^{n} P_k \Delta_k \tag{2-48}$$

式中：n 为从输入节点到输出节点的前向通路的总数目；P_k 为第 k 条前向通路总增益；Δ_k 为特征式。

由系统信号流图中各回路增益确定

$$\Delta = 1 - \sum L_a + \sum L_b L_c - \sum L_d L_e L_f + \cdots$$

式中：$\sum L_a$ 为所有单独回路增益之和；$\sum L_b L_c$ 为所有存在的两个互不接触的单独回路增益乘积之和；$\sum L_d L_e L_f$ 为所有存在的三个互不接触的单独回路增益乘积之和；Δ 为第 k 条前

向通路特征式的余因子式，即在信号流图中，除去与第 k 条前向通路接触的回路后的 Δ 值的剩余部分。

上述公式中的接触回路是指具有共同节点的回路，反之称为不接触回路。与第 k 条前向通路具有共同节点的回路称为与第 k 条前向通路接触的回路。

根据梅逊公式计算系统的传递函数，首要问题是正确识别所有的回路并区分它们是否相互接触，正确识别所规定的输入与输出节点之间的所有前向通路及与其相接触的回路。现举例说明。

【例 2 - 13】 已知系统的框图如图 2 - 22（a）所示，用梅逊增益公式求其传递函数。

解 根据系统的动态结构图可得信号流图如图 2 - 22（b）所示，首先求 Δ。该系统有四个回路

$$L_1 = -G_1 G_2$$
$$L_2 = -G_2 G_3$$
$$L_3 = -G_3 G_4$$
$$L_4 = -G_4 G_5$$

回路 L_1 和 L_3 两两互不接触，回路 L_1 和 L_4 两两互不接触，回路 L_2 和 L_4 两两互不接触，则

$$\Delta = 1 - \sum L_a + \sum L_b L_c = 1 - L_1 - L_2 - L_3 - L_4 + L_1 L_3 + L_1 L_4 + L_2 L_4$$
$$= 1 + G_1 G_2 + G_2 G_3 + G_3 G_4 + G_4 G_5 + G_1 G_2 G_3 G_4 + G_1 G_2 G_4 G_5 + G_2 G_3 G_4 G_5$$

其次求解 P_k、Δ_k。该系统只有一个前向通道，且该前向通道与所有的回路均有接触，则

$$P_1 = G_1 G_2 G_3 G_4 G_5, \quad \Delta_1 = 1$$

根据梅逊公式可得系统的传递函数为

$$\frac{C(s)}{R(s)} = \frac{P_1 \Delta_1}{\Delta} = \frac{G_1 G_2 G_3 G_4 G_5}{1 + G_1 G_2 + G_2 G_3 + G_3 G_4 + G_4 G_5 + G_1 G_2 G_3 G_4 + G_1 G_2 G_4 G_5 + G_2 G_3 G_4 G_5}$$

【例 2 - 14】 一系统信号流图如图 2 - 23 所示，试求系统的传递函数。

解 由图可知此系统有两条前向通道 $n = 2$，其增益各为 $P_1 = abcd$ 和 $P_2 = fd$。有三个回路，即 $L_1 = be$，$L_2 = -abcdg$，$L_3 = -fdg$，因此 $\sum L_a = L_1 + L_2 + L_3$。上述三个回路中只有 L_1 与 L_3 互不接触，L_2 与 L_1 及 L_3

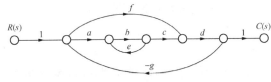

图 2 - 23 信号流图

都接触，因此 $\sum L_b L_c = L_1 L_3$。由此得系统的特征式为

$$\Delta = 1 - \sum L_a + \sum L_b L_c = 1 - (L_1 + L_2 + L_3) + L_1 L_3$$
$$= 1 - be + abcdg + fdg - befdg$$

由图可知，与 P_1 前向通道相接触的回路为 L_1、L_2、L_3，因此在 Δ 中除去 L_1、L_2、L_3 得 P_1 的特征余子式 $\Delta_1 = 1$。又由图 2 - 23 可知，与 P_2 前向通道相接触的回路为 L_2 及 L_3，因此在 Δ 中除去 L_2、L_3 得 P_1 的特征余子式 $\Delta_1 = 1 - L_1 = 1 - be$。由此得系统的传递函数为

$$\frac{C(s)}{R(s)} = \frac{1}{\Delta} \sum_{k=1}^{2} P_k \Delta_k = \frac{P_1 \Delta_1 + P_2 \Delta_2}{\Delta} = \frac{abcd + fd(1 - be)}{1 - be + (f + abc - bef)dg}$$

【例 2 - 15】 试求图 2 - 24 所示系统的传递函数。

解 对应系统结构图画出相应信号流图，如图 2 - 25 所示。

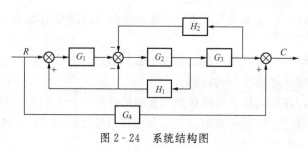

图 2 - 24　系统结构图

首先，求 Δ。做题的关键是要准确判断回路数。

单回路有三个，回路增益分别为 $L_1 = -G_2 H_1$，$L_2 = G_1 G_2 H_1$，$L_3 = -G_2 G_3 H_2$

没有互不接触的回路，所以

$$\Delta = 1 - \sum L_a = 1 + G_2 H_1 - G_1 G_2 H_1 + G_2 G_3 H_2$$

其次，求 P_k、Δ_k。

系统有两条前向通道 $n=2$，其前向通道总增益及其余子式分别为

$$P_1 = G_1 G_2 G_3 \quad \Delta_1 = 1$$
$$P_2 = G_4 \quad \Delta_2 = 1 + G_2 H_1$$
$$- G_1 G_2 H_1 + G_2 G_3 H_2$$

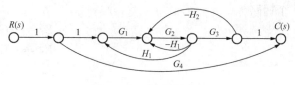

图 2 - 25　信号流图

最后，求系统传递函数。

$$\Phi(s) = \frac{C(s)}{R(s)} = \frac{1}{\Delta} \sum_{k=1}^{2} P_k \Delta_k = \frac{G_1 G_2 G_3}{1 + G_2 H_1 - G_1 G_2 H_1 + G_2 G_3 H_2} + G_4$$

第五节　控制系统的传递函数

自动控制系统在工作过程中，经常会受到两类信号的作用，一类是有用输入信号 $r(t)$；另一类则是扰动信号 $n(t)$。闭环控制系统的典型结构可用图 2 - 26 表示。基于系统分析的需要，下面介绍一些传递函数的概念。

一、系统开环传递函数

系统的开环传递函数，是用根轨迹法和频率法分析系统的主要数学模型。在图 2 - 26 中将反馈环节 $H(s)$ 的输出端断开，则前向通道传递函数与反馈通道传递函数的乘积 $G_1(s)G_2(s)H(s)$ 称为系统的开环传递函数。

二、$r(t)$ 作用下的系统闭环传递函数

令 $n(t) = 0$，图 2 - 26 简化为图 2 - 27。

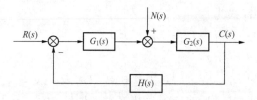

图 2 - 26　闭环控制系统的典型结构图

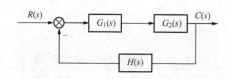

图 2 - 27　$r(t)$ 作用下的系统结构图

则输出 $C(s)$ 对输入 $R(s)$ 的传递函数为

$$\frac{C(s)}{R(s)} = \Phi(s) = \frac{G_1(s)G_2(s)}{1 + G_1(s)G_2(s)H(s)} \tag{2-49}$$

称 $\Phi(s)$ 为 $r(t)$ 作用下的系统闭环传递函数。

三、$n(t)$ 作用下的系统闭环传递函数

为了研究扰动对系统的影响，需要求出 $n(t)$ 对 $c(t)$ 的传递函数。令 $r(t)=0$，图 2-26 转化为图 2-28。

由图 2-28 可得

$$\frac{C(s)}{N(s)} = \Phi_n(s) = \frac{G_2(s)}{1 + G_1(s)G_2(s)H(s)}$$

(2-50)

称 $\Phi_n(s)$ 为 $n(t)$ 作用下的系统闭环传递函数。

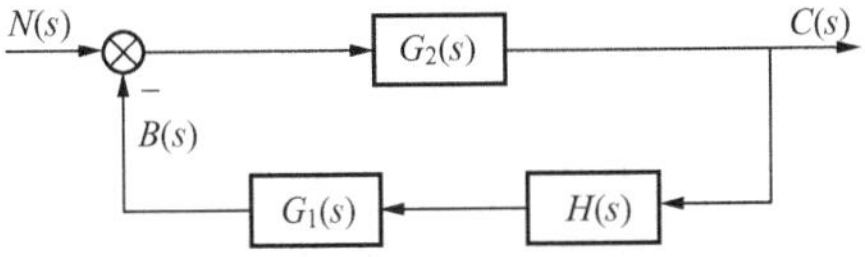

图 2-28 $n(t)$ 作用下的系统结构图

四、系统的总输出

当给定输入和扰动输入同时作用于系统时，根据线性叠加原理，线性系统的总输出应为各输入信号引起的输出之总和。因此有

$$C(s) = \Phi(s)R(s) + \Phi_n(s)N(s) = \frac{G_1(s)G_2(s)R(s)}{1 + G_1(s)G_2(s)H(s)} + \frac{G_2(s)N(s)}{1 + G_1(s)G_2(s)H(s)}$$

如果系统中的参数设置能满足 $|G_1(s)G_2(s)H(s)| \gg 1$ 及 $|G_1(s)H(s)| \gg 1$，则系统总输出表达式可近似为

$$C(s) \approx \frac{1}{H(s)}R(s)$$

上式表明，采用反馈控制系统，适当选择元、部件的结构参数，系统就具有很强的抑制干扰的能力。同时，系统的输出只取决于反馈通道上的传递函数及输入信号，而与前向通道上的传递函数无关。特别是当 $H(s)=1$ 时，即系统为单位反馈时，$C(s) \approx R(s)$，表明系统几乎实现了对输入信号的完全复现，即获得较高的工作精度。

小　　结

（1）本章节主要讲述控制系统数学模型的建立。数学模型是描述系统动态特性的数学表达式，是从理论上进行分析和设计系统的主要依据。介绍了线性定常系统的四种数学模型：微分方程、动态结构图、信号流图和传递函数。

（2）系统微分方程是描述系统输出量和输入量及其各阶导数之间的关系式，是描述自动控制系统动态特性的基本方法。而拉普拉斯变换求解线性微分方程，使得计算变得比较简单，本章学习了几种典型函数的拉氏变换、拉氏变换的主要性质和拉氏反变换。

（3）传递函数是经典控制理论中与更为重要的模型，传递函数不仅可以表征系统的动态性能，而且可以用来研究系统的结构或参数变化对系统性能的影响。经典控制理论中广泛应用的频率法和根轨迹法，它是从对微分方程在零初始条件下进行拉氏变换得到的，在工程上用得最多。传递函数表达了系统内在特性，只与系统的结构、参数有关，而与输入量或输入函数的形式无关。

（4）控制系统的框图是系统数学模型的图解形式，它形象地表示出系统各组成部分的结构及系统中信号的传递与变换关系，有助于对系统的分析研究。通过对框图的等效变换可求出系统的传递函数。

（5）信号流图与框图一样也是描述系统各元部件之间信号传递关系的数学图形。然而对于结构比较复杂的系统，框图的变换和化简过程往往显得繁琐而费时。信号流图符号简单，

更便于绘制和应用，而且可以利用梅逊公式直接求出任意两个变量之间的传递函数。但是信号流图只适用于线性系统。

<h1 style="text-align:center">习　　题</h1>

2-1　什么叫系统的数学模型？它是如何建立的？

2-2　系统微分方程建立的一般步骤？

2-3　求下列各式的拉氏变换。

(1) $f(t) = e^{at}$（$a \geqslant 0$，a 是常数）的拉氏变换。

(2) $f(t) = at$（a 是常数）的拉氏变换。

2-4　求下列各拉氏变换式的原函数。

(1) $X(s) = \dfrac{e^{-s}}{s-1}$；

(2) $X(s) = \dfrac{1}{s(s+2)^3(s+3)}$；

(3) $X(s) = \dfrac{s+1}{s(s^2+2s+2)}$。

2-5　求如图 2-29 所示 RL 串联网络的传递函数。

2-6　化简如图 2-30 所示的系统结构图，并求传递函数 $C(s)/R(s)$。

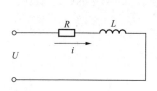

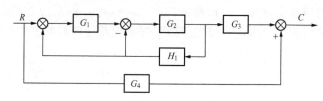

图 2-29　RL 串联网络　　　　　　　　　图 2-30　系统结构图

2-7　设控制系统结构图如图 2-30 所示，试绘制系统信号流图，并使用梅逊公式求系统的传递函数。

2-8　根据框图简化的等效法则，简化图 2-31 所示系统结构，并分别求出系统的闭环传递函数。

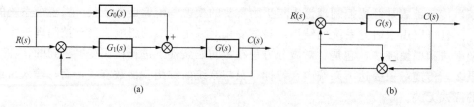

(a)　　　　　　　　　　　　　　　　　(b)

图 2-31　系统结构图

第三章　控制系统的时域分析

　　系统分析是指对系统的稳定性、误差和动态特性三方面的性能指标进行分析，简称分析系统的稳定性、准确性和快速性。建立控制系统的数学模型后，就可以采用不同的方法来分析和研究控制系统。本章讨论的时域分析法是其中的重要方法之一。在时间域内，上述三方面的性能都可以通过求解描述控制系统的微分方程来获得，而微分方程则由控制系统的结构参数、初始条件以及输入信号所决定。

　　时域分析是指在时间域内研究系统在一定输入信号的作用下，其输出信号随时间的变化情况。具体地说，系统可用以下的线性常系数微分方程来描述。

$$a_0 \frac{\mathrm{d}^n r(t)}{\mathrm{d}t^n} + a_1 \frac{\mathrm{d}^{n-1} r(t)}{\mathrm{d}t^{n-1}} + \cdots + a_{n-1} \frac{\mathrm{d}r(t)}{\mathrm{d}t} + a_n r(t)$$

$$= b_0 \frac{\mathrm{d}^m c(t)}{\mathrm{d}t^m} + b_1 \frac{\mathrm{d}^{m-1} c(t)}{\mathrm{d}t^{m-1}} + \cdots + b_{m-1} \frac{\mathrm{d}c(t)}{\mathrm{d}t} + b_m c(t) \tag{3-1}$$

式中：$r(t)$ 为输入信号，$c(t)$ 为输出信号，a_0、a_1、a_n 及 b_0、b_1、b_m 为实常数，则该微分方程的解就是输出信号 $c(t)$，它表示系统在输入信号 $r(t)$ 作用下其输出信号随时间变化的过程，并且称输出信号 $c(t)$ 为系统对输入信号 $r(t)$ 的时间响应。根据 $c(t)$ 的表达式及其变化曲线就可以分析和研究系统的各项性能指标。

第一节　典型输入信号和时域性能指标

　　一个系统的时域响应既取决于系统本身的结构、参数，又与系统的初始状态以及作用于系统的外作用有关。包含储能元件的系统，无论是初始状态不同，还是输入作用不同，其输出响应均不同。

　　为了便于对系统进行分析，同时也为方便对各种控制系统的性能进行比较，规定了一些具有代表性的基本输入信号，这些基本信号称为典型输入信号。在控制工程中通常典型信号有如下五种。

一、典型输入信号

1. 阶跃信号

阶跃信号的数学描述为

$$r(t) = \begin{cases} 0 & t < 0 \\ A & t \geqslant 0 \end{cases}$$

其拉氏变换为

$$R(s) = \frac{A}{s} \tag{3-2}$$

A 为阶跃函数的幅值，当 $A=1$ 时，称为单位阶跃信号，记作 $r(t) = 1(t)$，如图 3-1 (a) 所示。给定输入电压接通、指令的突然转换、负载的突变等，均可视为阶跃信号输入。

2. 斜坡信号

斜坡信号又称为速度函数，数学描述为

$$r(t) = \begin{cases} 0 & t < 0 \\ At & t \geqslant 0 \end{cases}$$

其拉氏变换为

$$R(s) = \frac{A}{s^2} \tag{3-3}$$

A 为恒值，当 $A=1$ 时，称为单位斜坡信号，记作 $r(t)=t$，如图 3-1（b）所示。随动系统中恒速变化的位置指令信号、数控机床中直线进给时的位置信号等都是斜披信号的实例。

3. 抛物线信号

抛物线信号又称为加速度信号，数学描述为

$$r(t) = \begin{cases} 0 & t < 0 \\ At^2 & t \geqslant 0 \end{cases}$$

其拉氏变换为

$$R(s) = \frac{2A}{s^3} \tag{3-4}$$

A 为恒加速值，当 $A=\frac{1}{2}$ 时，称为单位抛物线信号，记作 $r(t)=\frac{1}{2}t^2$，如图 3-1（c）所示。

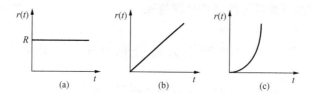

图 3-1　典型输入信号

（a）单位阶跃信号；（b）单位斜坡信号；（c）单位抛物线信号

4. 脉冲信号

脉冲信号的数学描述为

$$r(t) = \begin{cases} 0 & t < 0, t > \varepsilon, (\varepsilon \to 0) \\ \dfrac{A}{t} & 0 \leqslant t \leqslant \varepsilon, (\varepsilon \to 0) \end{cases}$$

其拉氏变换为

$$R(s) = A \tag{3-5}$$

当 $A=1$，$\varepsilon \to 0$ 时，称为单位脉冲信号，记作 $\delta(t)$，如图 3-2（a）所示。单位脉冲信号的面积等于 1，即

$$\int_{-\infty}^{+\infty} \delta(t)\mathrm{d}t = 1 \tag{3-6}$$

单位脉冲信号 $\delta(t)$ 在现实中是不存在的，只有数学意义，但却是一种重要的输入信号。脉冲电压信号、冲击力等都可近似看成脉冲信号。

5. 正弦信号

正弦信号的数学描述为 $r(t) = A\sin\omega t$，其中，A 为振幅，ω 为角频率，如图 3-2（b）所示。正弦信号的拉氏变换为

$$R(s) = \frac{A\omega}{s^2 + \omega^2} \qquad (3-7)$$

正弦信号是一种周期变化信号，在交流电源信号的频谱分析中主要用到这种信号。在后续频率特性法中，将其作为系统输入信号来求系统的频率响应，并根据分析和设计控制系统。

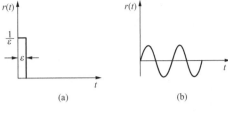

图 3-2 典型输入信号

（a）单位脉冲信号；（b）正弦信号

二、时域性能指标

控制系统的时间响应从时间的顺序上可以划分为动态和稳态两个过程。动态过程又称为过渡过程，是指系统从初始状态到接近最终状态的响应过程；稳态过程是指时间 t 趋于无穷时系统的响应状态。研究系统的动态过程，可以评价系统的快速性和平稳性。研究系统的稳态过程，可以评价系统的准确性。

为了评价控制系统性能的优劣，通常根据系统的单位阶跃响应曲线，采用一些数值型的特征量评判，这些特征量称为时域性能指标。

1. 动态性能

在许多实际情况中，控制系统所需要的性能指标常以时域量值的形式给出。通常，控制系统的性能指标是指系统在初始条件为零（静止状态、输出量和输入量的各阶导数为零），对（单位）阶跃输入信号的瞬态响应。图 3-3 为系统的单位阶跃响应，其动态性能指标如下。

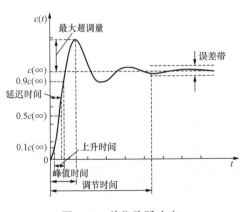

图 3-3 单位阶跃响应

（1）上升时间（t_r）。响应曲线从零时刻出发首次到达稳定值所需的时间称为上升时间 t_r。对于没有超调的系统，从理论上讲，其响应曲线到达稳态值的时间需要无穷大，因此，一般将其上升时间 t_r 定义为响应曲线从稳态值的 10% 上升到 90% 所需的时间。

（2）峰值时间（t_p）。系统输出响应由零开始，第一次达到峰值所需时间。

（3）最大超调量（M_p）。响应曲线的最大峰值与稳态值的差称为最大超调量 M_p，即

$$M_p = c(t_p) - c(\infty)$$

或者用百分数（%）表示

$$M_p = \frac{c(t_p) - c(\infty)}{c(\infty)} \times 100\% \qquad (3-8)$$

M_p 值小，说明系统动态响应比较平稳，即系统平稳性较好。

（4）调整时间（t_s）。从零时刻开始，系统的输出响应达到并保持在稳态值的 $\pm 5\%$（或 $\pm 2\%$）误差范围内，及输出响应进入并保持在 $\pm 5\%$（或 $\pm 2\%$）误差带 Δ 之内所需的时间。t_s 越小，表明系统动态响应过程短，快速性越好。

（5）振荡次数（N）。振荡次数 N 在调整时间 t_s 内定义，实测时可按响应曲线穿越稳态值的次数的一半来计数。

以上各项性能指标中，上升时间 t_r、峰值时间 t_p 和调整时间 t_s 反映系统时间响应的快速性，而最大超调量 M_p 和振荡次数 N 则反映系统时间响应的平稳性。

2. 稳态性能指标

控制系统的稳态性能一般是指其稳态精度，常用稳态误差 e_{ss} 来表述。稳态误差是指时间趋于无穷时系统理想值与实际输出值之间的差值。稳态误差是系统控制精确度或抗干扰能力一种度量。

第二节　一阶系统的时域响应

凡是以一阶微分方程描述的控制系统，称为一阶系统。一阶系统在控制工程中应用广泛，特别是有些高阶系统的特性，常可用一阶系统的特性来近似表征。

一、一阶系统数学模型

图 3-4 所示 RC 滤波电路是最常见的一阶系统，其运动方程可由下列微分方程描述。

$$RC \frac{\mathrm{d}u_o(t)}{\mathrm{d}t} + u_o(t) = u_i(t)$$

描述一阶系统动态特性的运动方程的标准形式是

$$T \frac{\mathrm{d}c(t)}{\mathrm{d}t} + c(t) = r(t) \tag{3-9}$$

式中：T 为时间常数，代表系统的惯性；$c(t)$ 和 $r(t)$ 分别是系统的输出信号和输入信号。

由式（3-9）求得一阶系统的传递函数为

$$\Phi(s) = \frac{C(s)}{R(s)} = \frac{1}{Ts+1} \tag{3-10}$$

一阶系统的框图如图 3-5（a）所示，它在 s 平面上的极点分布为 $s = -\frac{1}{T}$，如图 3-5（b）所示。

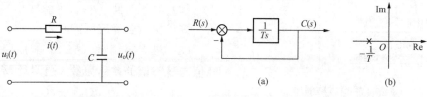

图 3-4　RC 滤波电路　　　　　图 3-5　一阶系统框图和极点分布图

（a）一阶系统的框图；（b）在 s 平面的极点分布图

下面分析一阶系统在典型输入信号作用下的响应过程，设系统的初始条件为零。并由此得到一阶系统的特点和线性系统的有关结论。

二、一阶系统的典型输入信号响应

1. 一阶系统的单位阶跃响应

当系统的输入信号 $r(t)=1(t)$ 时，系统的输出响应 $c(t)$ 称为单位阶跃响应，因为单位

阶跃函数的拉氏变换为 $R(s) = \dfrac{1}{s}$，则系统的输出可知为

$$C(s) = \Phi(s)R(s) = \frac{1}{Ts+1} \times \frac{1}{s} = \frac{1}{s} - \frac{1}{Ts+1} \qquad (3-11)$$

对式（3-11）进行拉氏反变换，可得单位阶跃响应为

$$c(t) = 1 - \mathrm{e}^{-\frac{t}{T}} \quad (t \geqslant 0) \qquad (3-12)$$

式（3-12）表明一阶系统单位阶跃响应由两部分组成。一是与时间 t 无关的定值"1"，称为稳态分量；二是与时间 t 有关的指数项，称为动态（暂态）分量。当 $t \to \infty$ 时，动态分量衰减到零，输出量等于输入量，没有稳态误差。一阶系统单位阶跃响应曲线如图 3-6 所示。

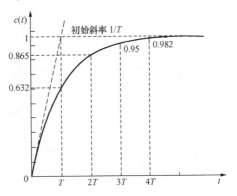

图 3-6　一阶系统单位阶跃响应曲线

一阶系统的单位阶跃响应具有两个重要特征。

（1）时间常数 T 是表征响应特性的唯一参数，它与输出之间满足以下关系。

$$t = T, \quad c(t) = 0.632$$
$$t = 2T, \quad c(t) = 0.865$$
$$t = 3T, \quad c(t) = 0.950$$
$$t = 4T, \quad c(t) = 0.982$$

（2）响应曲线的斜率在 $t = 0$ 处等于 $1/T$，并随时间的推移而单调下降。例如

$$\frac{\mathrm{d}c(t)}{\mathrm{d}t}\bigg|_{t=0} = \frac{1}{T}\mathrm{e}^{\frac{t}{T}}\bigg|_{t=0} = \frac{1}{T}$$

$$\frac{\mathrm{d}c(t)}{\mathrm{d}t}\bigg|_{t=T} = 0.368\frac{1}{T}$$

$$\frac{\mathrm{d}c(t)}{\mathrm{d}t}\bigg|_{t=\infty} = 0$$

这说明，若一阶系统能保持 $t=0$ 时刻的初始响应速度不变，则在 $t=0 \sim T$ 时间里响应过程便可以完成其总变化量，而有 $c(T)=1$。但一阶系统单位阶跃响应的实际响应速度并不能保持 $1/T$ 不变，而是随时间的推移单调下降，从而使单位阶跃响应完成全部变化量所需的时间无限长，即有 $c(\infty)=1$。此外，初始斜率特性也是常用的确定一阶系统时间常数的方法之一。

根据动态性能指标的定义，一阶系统的动态性能指标为

$$t_{\mathrm{r}} = 2.20T$$
$$t_{\mathrm{s}} = 3T(5\% \text{误差范围})$$
$$t_{\mathrm{s}} = 4T(2\% \text{误差范围})$$

显然，峰值时间 t_{p} 和最大超调量 M_{p} 都不存在。

由于时间常数 T 反映系统的惯性，所以 T 越小一阶系统的惯性越小，其响应过程越快；反之，T 越大，惯性越大，响应越慢。这一结论也适用于一阶系统的其他响应。

2. 单位脉冲响应

当输入信号为理想单位脉冲函数时，系统的输出响应称为单位脉冲响应。由于理想单位脉冲函数的拉氏变换式等于 1，即 $R(s)=1$，所以系统单位脉冲响应的拉氏变换式与系统的传递函数相同，即

$$\Phi(s) = \frac{1}{Ts+1}$$

这时的输出称为脉冲响应，记作 $c(t)$，因为 $c(t) = \mathscr{L}^{-1}[\Phi(s)]$，其表达式为

$$c(t) = \frac{1}{T}\mathrm{e}^{-\frac{t}{T}} \quad (t \geqslant 0) \tag{3-13}$$

由公式（3-13）可知，在零初始条件下，响应曲线的初始斜率为

$$c(0) = \frac{1}{T}, \quad \frac{\mathrm{d}c(t)}{\mathrm{d}t}\bigg|_{t=0} = -\frac{1}{T^2}\mathrm{e}^{\frac{1}{T}}\bigg|_{t=0} = -\frac{1}{T^2}$$

$$c(T) = 0.368\,\frac{1}{T}, \quad \frac{\mathrm{d}c(t)}{\mathrm{d}t}\bigg|_{t=T} = -0.368\,\frac{1}{T^2}$$

$$c(\infty) = 0, \quad \frac{\mathrm{d}c(t)}{\mathrm{d}t}\bigg|_{t=\infty} = 0$$

式（3-13）所描述的一阶系统的单位脉冲响应曲线，如图 3-7 所示。

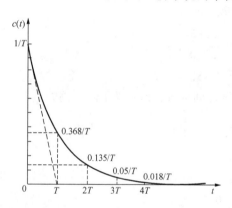

图 3-7　一阶系统单位脉冲响应曲线

如图 3-7 可见，一阶系统的单位脉冲响应是一单调下降的指数曲线。若定义该指数曲线衰减到其初始的 5% 所需的时间为脉冲响应调节时间，则仍有 $t_s = 3T$。因此可得出系统的惯性越小，响应过程的持续时间越短，从而系统响应输入信号的快速性就越好。

在初始条件为零的情况下，一阶系统的闭环传递函数与脉冲响应函数之间包含着相同的动态过程信息。这一特点同样适用于其他各阶线性定常系统，因此常用单位脉冲输入信号作用于系统，根据被测定系统的单位脉冲响应，求得被测系统的闭环传递函数。

注意，鉴于工程上不可能得到理想单位脉冲函数，因此常用具有一定宽度和有限幅度的实际脉动函数来代替理想脉冲函数。为减小近似误差，要求实际脉动函数的宽度 ε 与系统的时间常数 T 相比应足够小，通常要求 $\varepsilon < 0.1T$。

3. 单位斜坡响应

控制系统输入信号为单位斜坡函数 $r(t)=t$ 的情况是常见的，因此研究单位斜坡响应是有工程意义的。因为单位斜坡输入函数拉氏变换为 $R(s)=1/s^2$，所以一阶系统输出量的拉氏变换为

$$C(s) = \Phi(s)R(s) = \frac{1}{Ts+1} \times \frac{1}{s^2} = \frac{1}{s^2} - \frac{T}{s} + \frac{T^2}{Ts+1}$$

对上式取拉氏反变换，求得一阶系统的单位斜坡响应为

$$c(t) = t - T(1 - \mathrm{e}^{-\frac{1}{T}t}) = (t-T) + T\mathrm{e}^{-\frac{1}{T}t} \tag{3-14}$$

式中：$(t-T)$ 为稳态分量。

由此可知，一阶系统的单位斜坡响应的稳态分量，是一个与输入斜坡函数斜率相同，但时间滞后 T 的斜坡函数。表明一阶系统在过渡过程结束后，其稳态输出与单位斜坡输入之间在位置上有误差，一般称为跟踪误差，跟踪误差的大小恰等于时间常数 T；一阶系统单位斜坡响应的瞬态分量为衰减非周期函数。式（3-14）描述的一阶系统的单位斜坡响应曲线如图 3-8 所示。

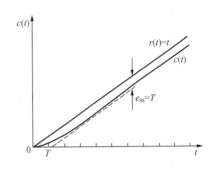

图 3-8 一阶系统的单位斜坡函数响应曲线

根据式（3-14）求得一阶系统响应单位斜坡函数的误差为

$$e(t) = r(t) - c(t) = T(1 - e^{-\frac{t}{T}})$$

$$\lim_{t \to \infty} e(t) = \lim_{t \to \infty} [r(t) - c(t)] = T$$

从上式可见，时间 t 趋于无穷时的误差 $e(\infty)$（稳态误差 e_{ss}）趋于常值 T。这说明，一阶系统在跟踪单位斜坡输入时有跟踪误差存在，当跟踪时间充分长时，其值在数值上等于时间常数 T。显然，系统的惯性越小，跟踪的准确度越高。在零初始条件下，系统响应曲线的斜率为

$$\frac{dc(t)}{dt}\Big|_{t=0} = 1 - e^{-\frac{t}{T}}\big|_{t=0} = 0 \tag{3-15}$$

显然，在初始状态下，输出速度和输入速度之间误差最大。

4. 单位加速度响应

当单位加速度输入信号为 $r(t) = \frac{1}{2}t^2$ 时，输出的拉氏变换为

$$C(s) = \Phi(s)R(s) = \frac{1}{Ts+1} \times \frac{1}{s^3} = \frac{A}{s^3} + \frac{B}{s^2} + \frac{C}{s} + \frac{D}{s+\frac{1}{T}} = \frac{1}{s^3} - \frac{T}{s^2} + \frac{T^2}{s} - \frac{T^2}{s+\frac{1}{T}}$$

对上式两边取拉氏反变换，得

$$c(t) = \frac{1}{2}t^2 - Tt + T^2(1 - e^{-\frac{1}{T}t}) \quad (t \geqslant 0) \tag{3-16}$$

$$e(t) = r(t) \quad c(t) = Tt - T^2(1 - e^{-\frac{1}{T}t}) \tag{3-17}$$

式（3-17）表明，跟踪误差随时间推移而增大，直至无限大。因此，一阶系统不能实现对加速度输入函数的跟踪。

一阶系统对一些典型输入信号的响应如表 3-1 所示。

表 3-1　　　　　　　　　　　　　一阶系统对典型输入信号的响应

输　入　信　号		输　出　响　应	传　递　函　数
$\delta(t)$	1	$\frac{1}{T}e^{-\frac{t}{T}}(t \geqslant 0)$	
$1(t)$	$\frac{1}{s}$	$1 - e^{-\frac{t}{T}}(t \geqslant 0)$	$\frac{1}{Ts+1}$
t	$\frac{1}{s^2}$	$t - T + Te^{-\frac{t}{T}}(t \geqslant 0)$	
$\frac{1}{2}t^2$	$\frac{1}{s^3}$	$\frac{1}{2}t^2 - Tt + T^2(1 - e^{-\frac{1}{T}t})(t \geqslant 0)$	

由表 3-1 可以看出，输入信号 $\delta(t)$、$1(t)$ 分别是 $1(t)$ 和 t 一阶导数，与之对应的系统理想单位脉冲响应及单位阶跃响应也分别是系统单位阶跃响应及单位斜坡响应的导数。同时还可以看出，输入信号之间呈积分关系时，相应的系统响应之间也呈现积分关系。

由此可得出只有线性定常系统所特有的重要特性：系统对输入信号导数的响应，就等于系统对该输入信号响应的导数；系统对输入信号积分的响应，就等于系统对该输入信号响应的积分，其中积分常数由零输出初始条件确定。因此，在研究线性定常系统的时间响应时，不必对每种输入信号形式都进行测定和计算，往往只取其中一种典型形式进行研究即可。

三、线性定常系统时间响应的性质

已知单位脉冲信号 $\delta(t)$、单位阶跃信号 $1(t)$ 以及单位速度线号 t 之间的关系为

$$\left.\begin{aligned}\delta(t) &= \frac{\mathrm{d}}{\mathrm{d}(t)}\big[1(t)\big]\\[4pt]1(t) &= \frac{\mathrm{d}}{\mathrm{d}t}\big[t\big]\end{aligned}\right\} \tag{3-18}$$

又已知一阶惯性环节在这三种典型输入信号作用下的时间响应分别为

$$c_\delta(t) = \frac{1}{T}\mathrm{e}^{-\frac{1}{T}t}$$

$$c_1(t) = 1 - \mathrm{e}^{-\frac{1}{T}t}$$

$$c_t(t) = t - T + T\mathrm{e}^{-\frac{1}{T}t}$$

显然，可以得出

$$\left.\begin{aligned}c_\delta(t) &= \frac{\mathrm{d}}{\mathrm{d}t}\big[c_1(t)\big]\\[4pt]c_1(t) &= \frac{\mathrm{d}}{\mathrm{d}t}\big[c_t(t)\big]\end{aligned}\right\} \tag{3-19}$$

由式（3-18）和式（3-19）可见，单位脉冲、单位阶跃和单位速度三个典型输入信号之间存在着微分和积分的关系，而且一阶惯性环节的单位脉冲响应、单位阶跃响应和单位速度响应之间也存在着同样的微分和积分关系。因此系统对输入信号导数的响应，可以通过系统对该输入信号响应的导数求得；而系统对输入信号积分的响应可以通过系统对该输入信号响应的积分求得，其积分常数由初始条件确定。这是线性定常系统时间响应的一个重要性质，即如果系统的输入信号存在微分和积分关系，则系统的时间响应也存在对应的微分和积分关系。

第三节　二阶系统的时域分析

能够用二阶微分方程描述的系统称为二阶系统。从物理上讲，二阶系统共包含两个独立的储能元件，能量在两个元件之间交换，使系统具有往复振荡的趋势。当阻尼不够充分时，系统呈现出振荡的特性，所以，二阶系统也称为二阶振荡环节。二阶系统对控制工程来说是非常重要的，因为很多实际控制系统都是二阶系统，而且许多高阶系统在一定条件下也可以将其简化为二阶系统来近似求解。因此，分析二阶系统的时间响应及其特性具有重要的实际意义。

一、二阶系统的数学模型

由第二章可知，图 3-9 所示的 RLC 振荡电路是一个二阶系统，其运动方程为

$$LC\frac{\mathrm{d}^2 u_\mathrm{o}(t)}{\mathrm{d}t^2} + RC\frac{\mathrm{d}u_\mathrm{o}(t)}{\mathrm{d}t} + u_\mathrm{o}(t) = u_\mathrm{i}(t)$$

描述二阶系统动态特性的运动方程的标准形式是

$$T^2\frac{\mathrm{d}^2 c(t)}{\mathrm{d}t^2} + 2\xi T\frac{\mathrm{d}c(t)}{\mathrm{d}t} + c(t) = r(t)$$

式中：$c(t)$ 表示系统的输出量，$r(t)$ 表示系统的输入量。方程中有两个参数 T 和 ξ。设 T 和 ξ 均为正值，因而系统是稳定的。T 称为二阶系统的时间常数，ξ 称作系统的阻尼系数。

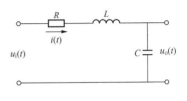

图 3-9 RLC 振荡电路

为了使研究的结果具有普遍的意义，可将上式写成如下标准形式

$$\frac{\mathrm{d}^2 c(t)}{\mathrm{d}t^2} + 2\xi\omega_\mathrm{n}\frac{\mathrm{d}c(t)}{\mathrm{d}t} + \omega_\mathrm{n}^2 c(t) = \omega_\mathrm{n}^2 r(t) \tag{3-20}$$

式中：$\omega_\mathrm{n} = \dfrac{1}{T}$ 称作系统的自然频率（或无阻尼固有频率）。

设系统具有零初始条件，则对式（3-20）取拉氏变换得二阶系统的闭环传递函数为

$$\Phi(s) = \frac{C(s)}{R(s)} = \frac{\omega_\mathrm{n}^2}{s^2 + 2\xi\omega_\mathrm{n}s + \omega_\mathrm{n}^2} \tag{3-21}$$

其结构框图如图 3-10 所示。

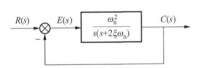

图 3-10 典型二阶系统结构图

二阶系统的特征方程为

$$s^2 + 2\xi\omega_\mathrm{n}s + \omega_\mathrm{n}^2 = 0$$

方程的两个极点为

$$s_{1,2} = -\xi\omega_\mathrm{n} \pm \omega_\mathrm{n}\sqrt{\xi^2 - 1}$$

显然，二阶系统的极点与二阶系统的阻尼系数 ξ 和固有频率 ω_n 有关，尤其是阻尼系数 ξ 更重要。随着阻尼系数 ξ 取值的不同，二阶系统的极点也各不相同。

（1）当 $0 < \xi < 1$ 时，二阶系统称为欠阻尼系统，其特征方程的根是一对共轭复根，即极点是一对共轭复数极点

$$s_{1,2} = -\xi\omega_\mathrm{n} \pm \mathrm{j}\omega_\mathrm{n}\sqrt{1 - \xi^2}$$

令 $\omega_\mathrm{d} = \omega_\mathrm{n}\sqrt{1 - \xi^2}$，$\omega_\mathrm{d}$ 称为有阻尼振荡角频率，则有

$$s_{1,2} = -\xi\omega_\mathrm{n} \pm \mathrm{j}\omega_\mathrm{d}$$

（2）当 $\xi = 1$ 时，二阶系统称为临界阻尼系数，其特征方程的根是两个相等的负实根，即具有两个相等的负实数极点

$$s_{1,2} = -\omega_\mathrm{n}$$

（3）当 $\xi > 1$ 时，二阶系统称为过阻尼系统，其特征方程的根是两个不相等的负实根，即具有不相等的负实数极点

$$s_{1,2} = -\xi\omega_\mathrm{n} \pm \omega_\mathrm{n}\sqrt{\xi^2 - 1}$$

（4）当 $\xi=0$ 时，二阶系统称为零阻尼系统，其特征方程的根是一对共轭虚根，即具有一对共轭虚数极点

$$s_{1,2} = \pm j\omega_n$$

二、二阶系统的单位阶跃响应

单位阶跃信号 $r(t)=1(t)$ 的拉氏变换为 $R(s)=\dfrac{1}{s}$，则二阶系统在单位阶跃信号作用下的输出的拉氏变换为

$$C(s) = \Phi(s)R(s) = \frac{\omega_n^2}{s(s^2 + 2\xi\omega_n s + \omega_n^2)}$$

将上式进行拉氏变换，得出二阶系统的单位阶跃响应为

$$c(t) = \mathscr{L}^{-1}[C(s)] = \mathscr{L}^{-1}\left[\frac{\omega_n^2}{s(s^2 + 2\xi\omega_n s + \omega_n^2)}\right] \tag{3-22}$$

下面根据阻尼系数 ξ 的不同取值情况来分析二阶系统的单位阶跃响应。

1. 欠阻尼状态（$0<\xi<1$）

在欠阻尼状态下，二阶系统传递函数的特征方程的根是一对共轭复根，即系统具有一对共轭复数极点，则二阶系统在单位阶跃信号作用下的输出拉氏变换可展开成部分分式

$$\begin{aligned}
C(s) &= \Phi(s)R(s) = \frac{\omega_n^2}{s(s^2 + 2\xi\omega_n s + \omega_n^2)} \\
&= \frac{1}{s} - \frac{s + \xi\omega_n}{(s + \xi\omega_n)^2 + \omega_d^2} - \frac{\xi}{\sqrt{1-\xi^2}} \cdot \frac{\omega_d}{(s + \xi\omega_n)^2 + \omega_d^2}
\end{aligned}$$

将上式进行拉式反变换，得出二阶系统在欠阻尼状态时的单位阶跃响应为

$$c(t) = 1 - e^{-\xi\omega_n t}\cos\omega_d t - \frac{\xi}{\sqrt{1-\xi^2}}e^{-\xi\omega_n t}\sin\omega_d t$$

即

$$c(t) = 1 - \frac{e^{-\xi\omega_n t}}{\sqrt{1-\xi^2}}(\sqrt{1-\xi^2}\cos\omega_d t + \xi\sin\omega_d t) \quad (t \geqslant 0) \tag{3-23}$$

令 $\tan\varphi = \dfrac{\sqrt{1-\xi^2}}{\xi}$，可知，$\sin\varphi = \sqrt{1-\xi^2}$，$\cos\varphi = \xi$，则有

$$\sqrt{1-\xi^2}\cos\omega_d t + \xi\sin\omega_d t = \sin\varphi\cos\omega_d t + \cos\varphi\sin\omega_d t = \sin(\omega_d t + \varphi)$$

所以式（3-23）可以写成

$$c(t) = 1 - \frac{e^{-\xi\omega_n t}}{\sqrt{1-\xi^2}}\sin(\omega_d t + \varphi) \quad (t \geqslant 0) \tag{3-24}$$

其中 $\varphi = \arctan\dfrac{\sqrt{1-\xi^2}}{\xi}$。

二阶系统在欠阻尼状态下的单位阶跃响应曲线如图 3-11 所示，它是一条以 ω_d 为频率的衰减振荡曲线。从图中可以看出，随着阻尼系数 ξ 的减少，其振荡幅值增大。

2. 临界阻尼状态（$\xi=1$）

在临界阻尼状态下，二阶系统传递函数的特征方程的根是二重负实根，即系统具有两个相等的负实数极点，则二阶系统在单位阶跃信号作用下的输出的拉氏变换可展开成部分分式，则有

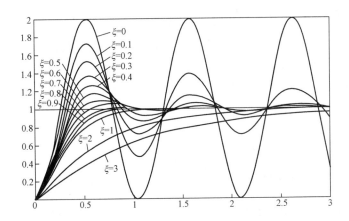

图 3-11 二阶系统的单位阶跃响应曲线

$$C(s) = \frac{\omega_n^2}{s(s^2 + 2\xi\omega_n s + \omega_n^2)} = \frac{\omega_n^2}{s(s+\omega_n)^2} = \frac{1}{s} - \frac{1}{s+\omega_n} - \frac{\omega_n}{(s+\omega_n)^2}$$

将上式进行拉氏变换，得出二阶系统在临界阻尼状态时的单位阶跃响应为

$$c(t) = 1 - e^{-\omega_n t} - \omega_n t e^{-\omega_n t}$$

即

$$c(t) = 1 - e^{-\omega_n t}(1 + \omega_n t) \quad (t \geqslant 0) \tag{3-25}$$

二阶系统在临界阻尼状态下的单位阶跃响应曲线如图 3-11 中 $\xi=1$ 曲线所示，它是一条无振荡、无超调的单调上升曲线。

3. 过阻尼状态（$\xi > 1$）

在过阻尼状态下，二阶系统传递函数的特征方程的根是两个不相等的负实根，即系统具有两个不相等的负实数极点，则二阶系统在单位阶跃信号作用下的输出的拉氏变换可展开成部分分式

$$C(s) = \frac{\omega_n^2}{s(s^2 + 2\xi\omega_n s + \omega_n^2)}$$

$$= \frac{1}{s} - \frac{1}{2(1 + \xi\sqrt{\xi^2 - 1} - \xi^2)(s + \xi\omega_n - \omega_n\sqrt{\xi^2 - 1})}$$

$$- \frac{1}{2(1 - \xi\sqrt{\xi^2 - 1} - \xi^2)(s + \xi\omega_n + \omega_n\sqrt{\xi^2 - 1})}$$

将上式进行拉氏变换，得出二阶系统在过阻尼状态时的单位阶跃响应为

$$c(t) = 1 - \frac{1}{2(1 + \xi\sqrt{\xi^2 - 1} - \xi^2)}e^{-(\xi - \sqrt{\xi^2 - 1})\omega_n t} - \frac{1}{2(1 - \xi\sqrt{\xi^2 - 1} - \xi^2)}e^{-(\xi + \sqrt{\xi^2 - 1})\omega_n t} \quad (t \geqslant 0)$$

$$\tag{3-26}$$

二阶系统在过阻尼状态下的单位阶跃响应曲线如图 3-11 所示，仍是一条无振荡、无超调的单调上升曲线，而且过渡过程时间较长。

4. 无阻尼状态（$\xi = 0$）

在无阻尼状态下，二阶系统传递函数的特征方程的根是一对共轭虚根，即系统具有一对共轭虚数极点，则二阶系统在单位阶跃信号作用下的输出的拉氏变换可展开成部分分式

$$C(s) = \frac{\omega_n^2}{s(s^2 + 2\xi\omega_n s + \omega_n^2)} = \frac{\omega_n^2}{s(s^2 + \omega_n^2)} = \frac{1}{s} - \frac{s}{s^2 + \omega_n^2}$$

将上式进行拉式反变换，得出二阶系统在无阻尼状态时的单位阶跃响应为

$$c(t) = 1 - \cos\omega_n t \quad (t \geqslant 0) \tag{3-27}$$

二阶系统在零阻尼状态下的单位阶跃响应曲线如图 3-11 所示，是一条无阻尼等幅振荡曲线。

5. 负阻尼状态（$\xi < 0$）

在负阻尼状态下，考察式（3-24）

$$c(t) = 1 - \frac{e^{-\xi\omega_n t}}{\sqrt{1 - \xi^2}} \sin(\omega_d t + \varphi) \quad (t \geqslant 0)$$

当 $\xi < 0$ 时，有 $-\xi\omega_n > 0$，因此当 $t \to \infty$ 时，$e^{-\xi\omega_n t} \to \infty$，这说明 $c(t)$ 是发散的。也就是说，当 $\xi < 0$ 时，系统的输出无法达到与输入形式一致的稳定状态，所以负阻尼的二阶系统不能正常工作，称为不稳定的系统。

综上所述，二阶系统的单位阶跃响应就其振荡特性而言，当 $\xi < 0$ 时，系统是发散的，将引起系统不稳定，应当避免产生。当 $\xi \geqslant 1$ 时，响应不存在超调，没有振荡，但过渡时间较长。当 $0 < \xi < 1$ 时，产生振荡，且 ξ 越小，振荡越严重。当 $\xi = 0$ 时，出现等幅振荡。但就响应的快速性而言，ξ 越小，响应越快。也就是说，阻尼系数 ξ 过大过小都会带来某一方面的问题。对于欠阻尼二阶系统，如果阻尼系数 ξ 在 $0.4 \sim 0.8$ 之间，其响应曲线能较快地达到稳定值，同时振荡也不严重。因此对于二阶系统，除了一些不允许产生振荡的应用情况外，通常希望系统既有相当的快速性，又有足够的阻尼使其只有一定程度的振荡，因此实际工程系统常常设计成欠阻尼状态，且阻尼系数 ξ 以选择在 $0.4 \sim 0.8$ 之间为宜。过阻尼状态响应迟缓，在实际控制系统中几乎不采用。

此外，当阻尼系数 ξ 一定时，固有频率 ω_n 越大，系统能更快达到稳定值，响应的快速性越好。

二阶系统对单位脉冲、单位速度输入信号的时间响应，其分析方法相同，这里不再作详细说明，仅将它们的响应表达式列于表 3-2 中。

表 3-2 二阶系统典型输入信号的时间响应

输入信号	阻尼系数	时间响应函数
单位阶跃函数	$\xi > 1$	$c(t) = 1 - \dfrac{1}{2(1 + \xi\sqrt{\xi^2 - 1} - \xi^2)} e^{-(\xi - \sqrt{\xi^2 - 1})\omega_n t}$ $- \dfrac{1}{2(1 - \xi\sqrt{\xi^2 - 1} - \xi^2)} e^{-(\xi + \sqrt{\xi^2 - 1})\omega_n t} \quad (t \geqslant 0)$
	$\xi = 1$	$c(t) = 1 - e^{-\xi\omega_n t}(1 + \omega_n t) \quad (t \geqslant 0)$
	$0 < \xi < 1$	$c(t) = 1 - \dfrac{e^{-\xi\omega_n t}}{\sqrt{1 - \xi^2}} \sin(\omega_d t + \varphi) \quad (t \geqslant 0)$ $\omega_d = \omega_n\sqrt{1 - \xi^2}, \quad \varphi = \arctan\dfrac{\sqrt{1 - \xi^2}}{\xi}$
	$\xi = 0$	$c(t) = 1 - \cos\omega_n t \quad (t \geqslant 0)$

输入信号	阻尼系数	时间响应函数
单位脉冲函数	$\xi>1$	$c(t)=\dfrac{\omega_n}{2\sqrt{\xi^2-1}}[e^{-(\xi-\sqrt{\xi^2-1})\omega_n t}-e^{-(\xi+\sqrt{\xi^2-1})\omega_n t}]\quad(t\geqslant0)$
	$\xi=1$	$c(t)=\omega_n^2 t e^{-\omega_n t}\quad(t\geqslant0)$
	$0<\xi<1$	$c(t)=\dfrac{\omega_n}{\sqrt{1-\xi^2}}e^{-\xi\omega_n t}\sin\omega_d t\quad(t\geqslant0)$
	$\xi=0$	$c(t)=\omega_n\sin\omega_n t\quad(t\geqslant0)$
单位速度函数	$\xi>1$	$c(t)=t-\dfrac{2\xi}{\omega_n}+\dfrac{2\xi^2-1+2\xi\sqrt{\xi^2-1}}{2\omega_n\sqrt{\xi^2-1}}e^{-(\xi-\sqrt{\xi^2-1})\omega_n t}$ $-\dfrac{2\xi^2-1-2\xi\sqrt{\xi^2-1}}{2\omega_n\sqrt{\xi^2-1}}e^{-(\xi+\sqrt{\xi^2-1})\omega_n t}\quad(t\geqslant0)$
	$\xi=1$	$c(t)=t-\dfrac{2}{\omega_n}+\dfrac{2}{\omega_n}\left(1+\dfrac{\omega_n t}{2}\right)e^{-\omega_n t}\quad(t\geqslant0)$
	$0<\xi<1$	$c(t)=t-\dfrac{2\xi}{\omega_n}+\dfrac{e^{-\omega_n t}}{\omega_d}\sin(\omega_d t+\varphi)\quad(t\geqslant0)$ $\omega_d=\omega_n\sqrt{1-\xi^2},\varphi=\arctan\dfrac{2\xi\sqrt{1-\xi^2}}{2\xi^2-1}$
	$\xi=0$	$c(t)=t-\dfrac{1}{\omega_n}\sin\omega_n t\quad(t\geqslant0)$

【例 3-1】　已知系统传递函数 $\varPhi(s)=\dfrac{2s+1}{s^2+2s+1}$，试求系统的单位阶跃响应和单位脉冲响应。

解　（1）当单位阶跃信号输入时，$r(t)=1(t)$，$R(s)=\dfrac{1}{s}$，则系统在单位阶跃信号作用下的输出的拉氏变换为

$$C(s)=\varPhi(s)R(s)=\frac{2s+1}{s(s^2+2s+1)}=\frac{1}{s}+\frac{1}{(s+1)^2}-\frac{1}{s+1}$$

将上式进行拉氏反变换，得出系统的单位阶跃响应为

$$c(t)=\mathscr{L}^{-1}[C(s)]=1+te^{-t}-e^{-t}$$

（2）当单位脉冲信号输入时，$r(t)=\delta(t)$，由式（3-24）可知，$\delta(t)=\dfrac{d}{dt}[1(t)]$。根据线性定常系统时间响应的性质，如果系统的输入信号存在微分关系，系统的时间响应也存在对应的微分关系，因此系统的单位阶跃响应为

$$c(t)=\frac{d}{d(t)}[1+te^{-t}-e^{-t}]=2e^{-t}-te^{-t}$$

三、典型二阶系统的时域性能指标

过阻尼状态的二阶系统，其传递函数可分解为两个一阶惯性环节的串联。因此，对于二阶系统，最重要的是研究欠阻尼状态的情况。以下推导在欠阻尼状态下，二阶系统各项时域

性能指标的计算公式。

1. 上升时间 t_r

二阶系统在欠阻尼状态下的单位阶跃响应由式（3-24）给出，即

$$c(t) = 1 - \frac{e^{-\xi\omega_n t}}{\sqrt{1-\xi^2}}\sin(\omega_d t + \varphi) \quad (t \geqslant 0)$$

其中，$\omega_d = \omega_n\sqrt{1-\xi^2}$，$\varphi = \arctan\frac{\sqrt{1-\xi^2}}{\xi}$。

根据上升时间 t_r 的定义，有 $c(t_r) = 1$，代入上式，可得

$$1 = 1 - \frac{e^{-\xi\omega_n t_r}}{\sqrt{1-\xi^2}}\sin(\omega_d t_r + \varphi)$$

即

$$\frac{e^{-\xi\omega_n t_r}}{\sqrt{1-\xi^2}}\sin(\omega_d t_r + \varphi) = 0$$

因为 $e^{-\xi\omega_n t_r} \neq 0$，且 $0 < \xi < 1$，所以必须

$$\sin(\omega_d t_r + \varphi) = 0$$

故有

$$\omega_d t_r + \varphi = k\pi, \quad k = 0, \pm1, \pm2\cdots$$

由于 t_r 被定义为第一次到达稳态值的时间，因此上式中应取 $k=1$，于是

$$t_r = \frac{\pi - \varphi}{\omega_d} \tag{3-28}$$

将 $\omega_d = \omega_n\sqrt{1-\xi^2}$，$\varphi = \arctan\frac{\sqrt{1-\xi^2}}{\xi}$ 代入上式，得

$$t_r = \frac{\pi - \arctan\dfrac{\sqrt{1-\xi^2}}{\xi}}{\omega_n\sqrt{1-\xi^2}} \tag{3-29}$$

由式（3-29）可见，当 ξ 一定时，ω_n 增大，t_r 就减少；当 ω_n 一定时，ξ 增大，t_r 就增大。

2. 峰值时间 t_p

根据峰值时间 t_p 的定义，有 $\dfrac{dc(t)}{dt}\bigg|_{t=t_p} = 0$，将二阶系统欠阻尼状态下的输出表达式求导并代入 t_p，可得

$$\frac{\xi\omega_n}{\sqrt{1-\xi^2}}e^{-\xi\omega_n t_p}\sin(\omega_d t_p + \varphi) - \frac{\omega_d}{\sqrt{1-\xi^2}}e^{-\xi\omega_n t_p}\cos(\omega_d t_p + \varphi) = 0$$

因为 $e^{-\xi\omega_n t_p} \neq 0$，且 $0 < \xi < 1$，所以

$$\tan(\omega_d t_p + \varphi) = \frac{\omega_d}{\xi\omega_n} = \frac{\sqrt{1-\xi^2}}{\xi} = \tan\varphi$$

从而有

$$\omega_d t_p + \varphi = \varphi + k\pi, \quad k = 0, \pm1, \pm2\cdots$$

由于 t_p 被定义为到达第一个峰值的时间，因此上式中应取 $k=1$，于是得

$$t_p = \frac{\pi}{\omega_d} = \frac{\pi}{\omega_n\sqrt{1-\xi^2}} \tag{3-30}$$

由此可见，当 ξ 一定时，ω_n 增大，t_p 就减小；当 ω_n 一定时，ξ 增大，t_p 就增大。t_p 与 t_r 随 ξ 和 ω_n 的变化规律相同。

将有阻尼振荡周期 T_d 定义为 $T_d = \frac{2\pi}{\omega_d} = \frac{2\pi}{\omega_n\sqrt{1-\xi^2}}$，则峰值时间 t_p 是阻尼振荡周期 T_d 的一半。

3. 最大超调量 M_p

根据最大超调量 M_p 的定义，有 $M_p = c(t_p) - 1$，将峰值时间 $t_p = \frac{\pi}{\omega_d}$ 代入上式，整理后可得

$$M_p = e^{-\frac{\xi\pi}{\sqrt{1-\xi^2}}} \tag{3-31}$$

由此可见，最大超调量 M_p 只与系统的阻尼系数 ξ 有关，与固有频率 ω_n 无关，所以 M_p 是系统阻尼特性的描述。因此，当二阶系统的阻尼系数 ξ 确定后，就可以求出相应的最大超调量 M_p；反之，如果给定系统所要求的最大超调量 M_p，则可以由它来确定相应的阻尼系数 ξ。M_p 和 ξ 的关系如表 3-3 所示。

表 3-3　　　　　　　　　　　不同阻尼系数的最大超调量

ξ	0	0.1	0.2	0.3	0.4	0.5	0.6	0.7	0.8	0.9	1
M_p	100	72.9	72.7	37.2	25.4	16.3	9.5	4.6	1.5	0.2	0

由式（3-31）和表 3-3 可知，阻尼系数 ξ 越大，最大超调量 M_p 就越小，系统的平稳性就越好。当取 $\xi = 0.4 \sim 0.8$ 时，相应的 $M_p = (25.4 \sim 1.5)\%$。

4. 调整时间 t_s

在欠阻尼状态下，二阶系统的单位阶跃响应是幅值随时间按指数衰减的振荡过程，响应曲线的幅值包络线为 $1 \pm \dfrac{e^{-\xi\omega_n t}}{\sqrt{1-\xi^2}}$，整个响应曲线总是包容在这一对包络线之内，同时，这两条包络线对称于响应特性的稳态值，如图 3-12 所示。

响应曲线的调制时间 t_s 可以近似的认为是响应曲线的幅值包络线进入允许误差范围 $\pm\Delta$ 之内的时间，因此有

$$1 \pm \frac{e^{-\xi\omega_n t}}{\sqrt{1-\xi^2}} = 1 \pm \Delta$$

即

$$\frac{e^{-\xi\omega_n t}}{\sqrt{1-\xi^2}} = \Delta$$

或写成

$$e^{-\xi\omega_n t} = \Delta\sqrt{1-\xi^2}$$

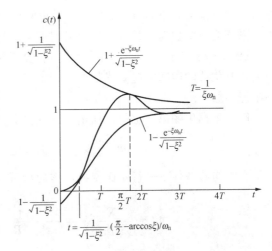

图 3-12　欠阻尼二阶系统单位阶跃响应曲线的幅值包络线

将上式两边取对数，可得

$$t_s = \frac{-\ln\Delta - \ln\sqrt{1-\xi^2}}{\xi\omega_n} \tag{3-32}$$

在欠阻尼状态下，当 $0<\xi<0.7$ 时，$0<-\ln\sqrt{1-\xi^2}<0.34$，而当 $0.02<\Delta<0.05$ 时，$3<-\ln\Delta<4$。因此，$-\ln\sqrt{1-\xi^2}$ 相对于 $-\ln\Delta$ 可以忽略不计，所以有

$$t_s = \frac{-\ln\Delta}{\xi\omega_n}$$

故取 $\Delta=0.05$ 时，$t_s=\dfrac{3}{\xi\omega_n}$；取 $\Delta=0.02$ 时，$t_s=\dfrac{4}{\xi\omega_n}$。

当 ξ 一定时，ω_n 越大，t_s 就越小，即系统的响应速度就越快。若 ω_n 一定，以 ξ 为自变量，对 t_s 求极值，可得 $\xi=0.707$ 时，t_s 为极小值，即系统的响应速度最快。而当 $\xi<0.707$ 时，ξ 越小则 t_s 越大；当 $\xi>0.707$ 时，ξ 越大则 t_s 越小。

5. 振荡次数 N

根据振荡次数 N 的定义，振荡次数 N 可以用调整时间 t_s 除以有阻尼振荡周期 T_d 来近似地求得，即

$$N = \frac{t_s}{T_d} = t_s \cdot \frac{\omega_n\sqrt{1-\xi^2}}{2\pi} \tag{3-33}$$

取 $\Delta=0.05$ 时，$t_s=\dfrac{3}{\xi\omega_n}$，$N=\dfrac{3\sqrt{1-\xi^2}}{2\xi\pi}$；取 $\Delta=0.02$，$t_s=\dfrac{4}{\xi\omega_n}$，$N=\dfrac{2\sqrt{1-\xi^2}}{\xi\pi}$。由此可见，振荡次数 N 只与系统的阻尼系数 ξ 有关，而与固有频率 ω_n 无关。阻尼系数 ξ 越大，振荡次数 N 越小，系统的平稳性就越好。所以，振荡次数 N 也直接反映了系统的阻尼特性。

综上所述，二阶系统的固有频率 ω_n 和阻尼系数 ξ 与系统过渡过程的性能有着密切的关系。要使二阶系统具有满意的动态性能，必须选取合适的固有频率 ω_n 和阻尼系数 ξ。增大阻尼系数 ξ，可以减弱系统的振荡性能，及减少最大超调量 M_p 和振荡次数 N，但是增大了上升时间 t_r 和峰值时间 t_p。如果阻尼系统 ξ 过小，系统的平稳性又不能符合要求。所以，通常要根据所允许的最大超调量 M_p 来选择阻尼系数 ξ。阻尼系数 ξ 一般选择在 $0.4\sim0.8$ 之间，然后再调整固有频率 ω_n 的值以改变瞬态响应时间。当阻尼系数 ξ 一定时，固有频率 ω_n 越大，系统响应的快速性越好，即上升时间 t_r、峰值时间 t_p 和调整时间 t_s 越小。

【例 3-2】 图 3-13（a）所示为一机械系统，当在质量为 m 的物体上施加 8.9N 的阶跃力后，其位移的时间响应曲线如图 3-13（b）所示，试求系统的质量 m、弹性刚度 K 和粘性阻尼系数 B。

解 根据牛顿第二定律，列出系统的微分方程

$$m\frac{d^2 x_o(t)}{dt^2} = f_i(t) - Kx_o(t) - B\frac{dx_o(t)}{dt}$$

在零初始条件下进行拉氏变换，整理后可得系统的传递函数

$$\Phi(s) = \frac{X_o(s)}{F_i(s)} = \frac{1}{ms^2 + Bs + K} = \frac{1}{K} \times \frac{\dfrac{K}{m}}{s^2 + \dfrac{B}{m}s + \dfrac{K}{m}}$$

此系统为比例环节与二阶振荡环节的串联，式中 $\dfrac{K}{m}=\omega_n^2$，$\dfrac{B}{m}=2\xi\omega_n$。

已知系统的输入为阶跃力，其拉氏变换为

$$F_{\mathrm{i}}(s) = \frac{8.9}{s}$$

又已知系统的稳态响应为

$$\lim_{t \to \infty} x_{\mathrm{o}}(t) = 0.03$$

根据拉氏变换的终值定理，有

$$\lim_{t \to \infty} x_{\mathrm{o}}(t) = \lim_{s \to 0} s X_{\mathrm{o}}(s) = \lim_{s \to 0} s \Phi(s) F_{\mathrm{i}}(s)$$

$$= \lim_{s \to 0} s \frac{1}{ms^2 + Bs + K} \frac{8.9}{s} = 0.03$$

可解得

$$K = 297(\mathrm{N/m})$$

已知系统的最大超调量

$$M_{\mathrm{p}} = \mathrm{e}^{-\frac{\xi\pi}{\sqrt{1-\xi^2}}} = \frac{0.0029}{0.03}$$

可解得

$$\xi = 0.6$$

已知系统的峰值时间

$$t_{\mathrm{p}} = \frac{\pi}{\omega_{\mathrm{d}}} = \frac{\pi}{\omega_{\mathrm{n}} \sqrt{1-\xi^2}} = 2(\mathrm{s})$$

可解得

$$\omega_{\mathrm{n}} = 1.96\mathrm{rad/s}$$

则

$$m = \frac{K}{\omega_{\mathrm{n}}^2} = 77.3(\mathrm{kg})$$

$$B = 2\xi\omega_{\mathrm{n}}m = 181.8(\mathrm{Ns/m})$$

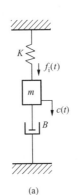
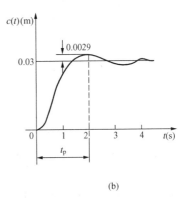

图 3-13 ［例 3-2］图

(a) 机械系统；(b) 时间响应曲线

第四节　系统的误差分析和计算

准确性，即系统的精度，是对控制系统的基本要求之一。系统的精度是用系统的误差来度量的。系统的误差可以分为动态误差和稳态误差，动态误差是指误差随时间变化的过程值，而稳态误差是指误差的终值。本节只讨论常用的稳态误差。

一、稳态误差的基本概念

与误差有关的概念都是建立在反馈控制系统基础上的，反馈控制系统的一般模型如图 3-14 所示。

1. 偏差信号 $\varepsilon(s)$

控制系统的偏差信号 $\varepsilon(s)$ 被定义为控制系统的输入信号 $R(s)$ 与控制系统的主反馈信号 $B(s)$ 之差，即

$$\varepsilon(s) = R(s) - B(s) = R(s) - H(s)C(s) \tag{3-34}$$

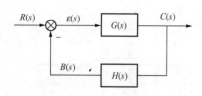

图 3-14　反馈控制系统

式中：$C(s)$ 为控制系统的实际输出信号，$H(s)$ 为主反馈通道的传递函数。

2. 误差信号 $E(s)$

控制系统的误差信号 $E(s)$ 被定义为控制系统的希望输出信号 $C_r(s)$ 与控制系统的实际输出信号 $C(s)$ 之差，即

$$E(s) = C_r(s) - C(s) \tag{3-35}$$

3. 希望输出信号 $C_r(s)$ 的确定

当控制系统的偏差信号 $\varepsilon(s) = 0$ 时，该控制系统无控制作用，此时的实际输出信号 $C(s)$ 就是希望输出信号 $C_r(s)$，即当 $\varepsilon(s) = 0$ 时，$C_r(s) = C(s)$。

当控制系统的偏差信号 $\varepsilon(s) \neq 0$ 时，实际输出信号 $C(s)$ 与希望输出信号 $C_r(s)$ 不同，因为

$$\varepsilon(s) = R(s) - H(s)C(s)$$

将 $\varepsilon(s) = 0$，$C_r(s) = C(s)$ 代入上式，得

$$0 = R(s) - H(s)C_r(s)$$

即

$$C_r(s) = \frac{R(s)}{H(s)} \tag{3-36}$$

式 (3-36) 说明，控制系统的输入信号 $R(s)$ 是希望输出信号 $C_r(s)$ 的 $H(s)$ 倍。

对于单位反馈系统，因为 $H(s) = 1$，所以 $C_r(s) = R(s)$。

4. 偏差信号 $\varepsilon(s)$ 与误差信号 $E(s)$ 的关系

将式 (3-36) 代入式 (3-35)，并考虑式 (3-34)，得

$$E(s) = C_r(s) - C(s) = \frac{R(s)}{H(s)} - C(s) = \frac{R(s) - H(s)C(s)}{H(s)} = \frac{\varepsilon(s)}{H(s)}$$

即

$$E(s) = \frac{\varepsilon(s)}{H(s)} \tag{3-37}$$

式 (3-37) 表明了偏差信号 $\varepsilon(s)$ 与误差信号 $E(s)$ 的关系。由此式可见，对于一般的控制系统，误差不等于偏差，求出偏差后，由式 (3-37) 即可求出误差。

对于单位反馈系统，因为 $H(s) = 1$，所以 $E(s) = \varepsilon(s)$。

5. 稳态误差 e_{ss}

控制系统的稳态误差 e_{ss} 被定义为控制系统误差信号 $e(t)$ 的稳态分量，即

$$e_{ss} = \lim_{t \to \infty} e(t)$$

根据拉氏变换的终值定理，得

$$e_{ss} = \lim_{t \to \infty} e(t) = \lim_{s \to 0} sE(s) \tag{3-38}$$

二、稳态误差的计算

控制系统误差信号 $e(t)$ 的拉氏变换 $E(s)$ 与控制系统输入信号 $r(t)$ 的拉氏变换 $R(s)$ 之比，被定义为控制系统的误差传递函数，记作 $\Phi_e(s)$，即

$$\Phi_e(s) = \frac{E(s)}{R(s)} \tag{3-39}$$

根据控制系统的误差传递函数 $\Phi_e(s)$ 可以立即求出控制系统的稳态误差，将式（3-39）代入式（3-38），得

$$e_{ss} = \lim_{t \to \infty} e(t) = \lim_{s \to 0} sE(s) = \lim_{s \to 0} s\Phi_e(s)R(s) \tag{3-40}$$

对于图 3-14 所示的反馈控制系统，其误差传递函数 $\Phi_e(s)$ 根据式（3-39）和式（3-37）可计算如下

$$\Phi_e(s) = \frac{E(s)}{R(s)} = \frac{\varepsilon(s)}{H(s)R(s)} = \frac{R(s) - H(s)C(s)}{H(s)R(s)} = \frac{1}{H(s)} - \frac{C(s)}{R(s)}$$

$$= \frac{1}{H(s)} - \frac{\Phi(s)}{1 + \Phi(s)H(s)} = \frac{1}{H(s)} \times \frac{1}{1 + \Phi(s)H(s)}$$

即

$$\Phi_e(s) = \frac{1}{H(s)} \times \frac{1}{1 + \Phi(s)H(s)} \tag{3-41}$$

将式（3-41）代入式（3-40）得该反馈控制系统的稳态误差 e_{ss}

$$e_{ss} = \lim_{s \to 0} s\Phi_e(s)R(s) = \lim_{s \to 0} s \times \frac{1}{H(s)} \times \frac{1}{1 + \Phi(s)H(s)} \times R(s) \tag{3-42}$$

由式（3-42）可见，控制系统的稳态误差 e_{ss} 取决于系统的结构参数 $\Phi(s)$ 和 $H(s)$ 以及输入信号 $R(s)$ 的性质。

对于单位反馈系统，因为 $H(s) = 1$，所以其稳态误差 e_{ss} 为

$$e_{ss} = \lim_{s \to 0} s \times \frac{1}{1 + \Phi(s)} \times R(s) \tag{3-43}$$

【例 3-3】 某单位反馈控制系统如图 3-15 所示，求单位阶跃输入信号作用下的稳态误差。

解 该单位反馈控制系统的误差传递函数 $\Phi_e(s)$ 为

$$\Phi_e(s) = \frac{1}{1 + \Phi(s)} = \frac{1}{1 + \dfrac{20}{s}} = \frac{s}{s + 20}$$

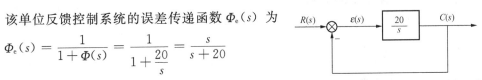

则在单位阶跃输入信号作用下的稳态误差为

图 3-15 ［例 3-3］单位反馈控制系统

$$e_{ss} = \lim_{s \to 0} s \times \frac{1}{1 + \Phi(s)} \times R(s) = \lim_{s \to 0} s \times \frac{s}{s + 20} \times \frac{1}{s} = 0$$

三、稳态误差系数

以上是运用拉氏变换的终值定理来求稳态误差。下面将引出稳态误差系数的定义，用稳态误差系数来表达稳态误差的大小，并进一步阐明稳态误差与系统的结构参数及输入信号类型之间的关系。

1. 稳态误差系数的定义

图 3-14 所示的反馈控制系统，当不同类型的典型信号输入时，其稳态误差不同。因此，可以根据不同的输入信号来定义不同的稳态误差系数，进而用稳态误差系数来表示稳态误差。

（1）单位阶跃输入

根据式（3-42），反馈控制系统在单位阶跃输入信号 $R(s) = \dfrac{1}{s}$ 作用下的稳态误差 e_{ss} 为

$$e_{ss} = \lim_{s \to 0} s \times \frac{1}{H(s)} \times \frac{1}{1 + G(s)H(s)} \times \frac{1}{s} = \frac{1}{H(0)} \times \frac{1}{1 + \lim_{s \to 0} G(s)H(s)}$$

定义 $K_p = \lim_{s \to 0} G(s)H(s) = G(0)H(0)$ 为稳态位置误差系数，可用 K_p 来表示反馈控制系统在单位阶跃输入时的稳态误差，即

$$e_{ss} = \frac{1}{H(0)} \times \frac{1}{1 + K_p} \tag{3-44}$$

对于单位反馈控制系统，有

$$K_p = \lim_{s \to 0} G(s) = G(0)$$

$$e_{ss} = \frac{1}{1 + K_p}$$

（2）单位速度输入

根据式（3-42），反馈控制系统在单位速度输入信号 $R(s) = \frac{1}{s^2}$ 作用下的稳态误差 e_{ss} 为

$$e_{ss} = \lim_{s \to 0} s \times \frac{1}{H(s)} \times \frac{1}{1 + G(s)H(s)} \times \frac{1}{s^2}$$

$$= \frac{1}{H(0)} \times \lim_{s \to 0} \frac{1}{s + s G(s)H(s)} = \frac{1}{H(0)} \times \frac{1}{\lim_{s \to 0} s G(s)H(s)}$$

定义 $K_v = \lim_{s \to 0} s G(s)H(s)$ 为稳态速度误差系数，可用 K_v 来表示反馈控制系统在单位速度输入时的稳态误差，即

$$e_{ss} = \frac{1}{H(0)} \times \frac{1}{K_v} \tag{3-45}$$

对于单位反馈控制系统，有

$$K_v = \lim_{s \to 0} s G(s)$$

$$e_{ss} = \frac{1}{K_v}$$

（3）单位加速度输入

根据式（3-42），反馈控制系统在单位加速度输入信号 $R(s) = \frac{1}{s^3}$ 作用下的稳态误差 e_{ss} 为

$$e_{ss} = \lim_{s \to 0} s \times \frac{1}{H(s)} \times \frac{1}{1 + G(s)H(s)} \times \frac{1}{s^3}$$

$$= \frac{1}{H(0)} \times \lim_{s \to 0} \frac{1}{s^2 + s^2 G(s)H(s)} = \frac{1}{H(0)} \times \frac{1}{\lim_{s \to 0} s^2 G(s)H(s)}$$

定义 $K_a = \lim_{s \to 0} s^2 G(s)H(s)$ 为稳态加速度误差系数，可用 K_a 来表示反馈控制系统在单位加速度输入时的稳态误差，即

$$e_{ss} = \frac{1}{H(0)} \times \frac{1}{K_a} \tag{3-46}$$

对于单位反馈控制系统，有

$$K_a = \lim_{s \to 0} s^2 G(s)$$

$$e_{ss} = \frac{1}{K_a}$$

以上说明了反馈控制系统在三种不同的典型输入信号的作用下，其稳态误差可以分别用稳态误差系数 K_p、K_v 和 K_a 来表示。这三个稳态误差系数只与反馈控制系统的开环传递函数 $G(s)H(s)$ 有关，而与输入信号无关，即只取决于系统的结构和参数。

2. 系统的类型

稳态误差系数只与系统的机构和参数有关。下面对系统的类型作进一步的分析。

图 3-14 所示的反馈控制系统，其开环传递函数一般可以写成时间常数乘积的形式，即

$$G(s)H(s) = \frac{K(\tau_1 s + 1)(\tau_2 s + 1) \cdots (\tau_m s + 1)}{s^v(T_1 s + 1)(T_2 s + 1) \cdots (T_{n-v} s + 1)} \tag{3-47}$$

式中：K 为系统的开环增益，τ_1、τ_2、$\cdots$、τ_m 和 T_1、T_2、$\cdots$、T_{n-v} 为时间常数。

式（3-47）的分母包含 s^v 项，其中 v 对应于系统中积分环节的个数。当 s 趋于零时，积分环节 s^v 项在确定控制系统稳态误差方面起主要作用，因此，控制系统可以按其开环传递函数中的积分环节的个数来分类。

当 $v=0$，即没有积分环节时，称系统为 0 型系统，其开环传递函数可以表示为

$$G(s)H(s) = \frac{K_0(\tau_1 s + 1)(\tau_2 s + 1) \cdots (\tau_m s + 1)}{(T_1 s + 1)(T_2 s + 1) \cdots (T_{n-v} s + 1)} \tag{3-48}$$

式中：K_0 为 0 型系统的开环增益。

当 $v=1$，即有一个积分环节时，称系统为 I 型系统，其开环传递函数可以表示为

$$G(s)H(s) = \frac{K_1(\tau_1 s + 1)(\tau_2 s + 1) \cdots (\tau_m s + 1)}{s(T_1 s + 1)(T_2 s + 1) \cdots (T_{n-v} s + 1)} \tag{3-49}$$

式中：K_1 为 I 型系统的开环增益。

当 $v=2$，即有两个积分环节时，称系统为 II 型系统，其开环传递函数可以表示为

$$G(s)H(s) = \frac{K_2(\tau_1 s + 1)(\tau_2 s + 1) \cdots (\tau_m s + 1)}{s^2(T_1 s + 1)(T_2 s + 1) \cdots (T_{n-v} s + 1)} \tag{3-50}$$

式中：K_2 为 II 型系统的开环增益。

依此类推。

3. 不同类型反馈控制系统的稳态误差系数

（1）0 型系统

对于 0 型反馈控制系统，可以计算出上述三种稳态误差系数 K_p、K_v 和 K_a 分别为

$$K_p = \lim_{s \to 0} G(s)H(s) = K_0$$

$$K_v = \lim_{s \to 0} s G(s)H(s) = 0$$

$$K_a = \lim_{s \to 0} s^2 G(s)H(s) = 0$$

（2）I 型系统

对于 I 型反馈控制系统，可以计算出上述三种稳态误差系数 K_p、K_v 和 K_a 分别为

$$K_p = \lim_{s \to 0} G(s)H(s) = \infty$$

$$K_v = \lim_{s \to 0} s G(s)H(s) = K_1$$

$$K_a = \lim_{s \to 0} s^2 G(s)H(s) = 0$$

（3）II 型系统

对于 II 型反馈控制系统，可以计算出上述三种稳态误差系数 K_p、K_v 和 K_a 分别为

$$K_p = \lim_{s \to 0} G(s)H(s) = \infty$$

$$K_v = \lim_{s \to 0} sG(s)H(s) = \infty$$

$$K_a = \lim_{s \to 0} s^2 G(s)H(s) = K_2$$

4. 不同类型反馈控制系统在三种典型输入信号作用下的稳态误差

（1）单位阶跃输入

在单位阶跃输入信号的作用下，不同类型单位反馈控制系统的稳态误差分别为

对于 0 型系统，$K_p = K_0$，则 $e_{ss} = \dfrac{1}{1+K_p} = \dfrac{1}{1+K_0}$

对于 I 型系统，$K_p = \infty$，则 $e_{ss} = \dfrac{1}{1+K_p} = 0$

对于 II 型系统，$K_p = \infty$，则 $e_{ss} = \dfrac{1}{1+K_p} = 0$

以上计算表明，0 型系统能够跟踪单位阶跃输入，但是具有一定的稳态误差 $e_{ss} = \dfrac{1}{1+K_0}$，式中 K_0 是 0 型系统的开环放大系数，跟踪情况如图 3-16 所示。I 型系统和 II 型系统能够准确地跟踪单位阶跃输入，因为其稳态误差均为 0，即 $e_{ss} = 0$。

（2）单位速度输入

在单位速度输入信号的作用下，不同类型单位反馈控制系统的稳态误差分别为

对于 0 型系统，$K_v = 0$，则 $e_{ss} = \dfrac{1}{K_v} = \infty$

对于 I 型系统，$K_v = K_1$，则 $e_{ss} = \dfrac{1}{K_v} = \dfrac{1}{K_1}$

对于 II 型系统，$K_v = \infty$，则 $e_{ss} = \dfrac{1}{K_v} = 0$

以上计算表明，0 型系统不能跟踪单位速度输入，因为其稳态误差为 ∞，即 $e_{ss} = \infty$。I 型系统能够跟踪单位速度输入，但是具有一定的稳态误差 $e_{ss} = \dfrac{1}{K_1}$，式中 K_1 是 I 型系统的开环放大系数，跟踪情况如图 3-17 所示。II 型系统能够准确地跟踪单位速度输入，因为其稳态误差为 0，即 $e_{ss} = 0$。

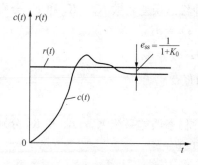 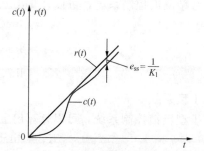

图 3-16　0 型系统的单位阶跃响应　　　图 3-17　I 型系统的单位阶跃响应

（3）单位加速度输入

在单位加速度输入信号的作用下，不同类型单位反馈控制系统的稳态误差分别为

对于 0 型系统，$K_a = 0$，则 $e_{ss} = \dfrac{1}{K_a} = \infty$

对于 I 型系统，$K_a = 0$，则 $e_{ss} = \dfrac{1}{K_a} = \infty$

对于 II 型系统，$K_a = K_2$，则 $e_{ss} = \dfrac{1}{K_a} = \dfrac{1}{K_2}$

以上计算表明，0 型系统和 I 型系统都不能跟踪单位加速度输入，因为其稳态误差均为∞，即 $e_{ss} = \infty$。II 型系统能够跟踪单位加速度输入，但是具有一定的稳态误差 $e_{ss} = \dfrac{1}{K_2}$，式中 K_2 是 II 型系统的开环放大系数，跟踪情况如图 3-18 所示。

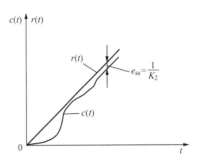

图 3-18　II 型系统的单位加速度响应

如图 3-18 所示，在对角线上，稳态误差为有限值；在对角线以上部分，稳态误差为无穷大；在对角线以下部分，稳态误差为零。表 3-4 概况了 0 型、I 型和 II 型系统单位反馈控制系统在不同输入信号作用下的稳态误差。由表 3-4 可得如下结论。

（1）同一个系统，如果输入的控制信号不同，其稳态误差也不同。

（2）同一个控制信号作用于不同的控制系统，其稳态误差也不同。

（3）系统的稳态误差与其开环增益有关，开环增益越大，系统的稳态误差越小；反之，开环增益越小，系统的稳态误差越大。

（4）系统的稳态误差与系统类型和控制信号的关系，可以通过系统类型的 v 值和控制信号拉氏变换后拉氏算子 s 的阶次 L 值来分析。当 $L \leqslant v$ 时，无稳态误差；当 $L > v$ 时，有稳态误差，且 $L - v = 1$ 时，$e_{ss} =$ 常数，$L - v = 2$ 时 $e_{ss} = \infty$。

表 3-4　　　　　单位反馈控制系统在不同输入信号作用下的稳态误差

	单位阶跃输入	单位速度输入	单位加速度输入
0 型	$\dfrac{1}{1+K_0}$	∞	∞
I 型	0	$\dfrac{1}{K_1}$	∞
II 型	0	0	$\dfrac{1}{K_2}$

下面再说明几个问题。

用稳态误差系数 K_p、K_v 和 K_a 表示三种不同的典型输入信号下的稳态误差，分别称为位置误差、速度误差和加速度误差。这三个系数均表示在系统的过渡过程结束后，输出虽然能够跟踪输入，但是却存在着位置误差。速度误差和加速度误差并不是指速度上或加速度上的误差，而是指系统在速度输入或加速度输入时所产生的在位置上的误差。位置误差、速度误差和加速度误差的量纲相同。

在以上的分析中，习惯地称输出量为"位置"，输出量的变化率为"速度"，但对于误差分析所得到的结论同样适用于输出量为其他物理量的系统。例如，在温度控制中，上述的"位置"就表示温度，"速度"就表示温度的变化率等。因此，对于"位置"、"速度"等名词应当广义地理解。

【例 3-4】 已知两个系统如图 3-19 所示，当系统输入的控制信号为 $r(t)=4+6t+3t^2$ 时，试分别求出两个系统的稳态误差。

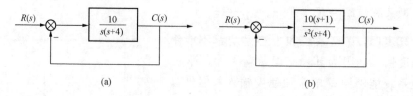

图 3-19 ［例 3-4］系统框图

解 （1）如果系统的输入是阶跃函数、速度函数和加速度函数三种输入的线性组合，即

$$r(t)=4+6t+3t^2$$

根据线性叠加原理可以证明，系统的稳态误差为

$$e_{ss}=\frac{A}{1+K_p}+\frac{B}{K_v}+\frac{2C}{K_a}$$

式中 A、B、C 为常数。

（2）系统 a 的开环传递函数的时间常数表达式为

$$G_a(s)=\frac{2.5}{s(0.25s+1)}$$

系统 a 为 I 型系统，其开环增益为 $K_1=2.5$，则有 $K_p=\infty$，$K_v=K_1=2.5$，$K_a=0$。可得系统 a 的稳态误差为

$$e_{ss}=\frac{A}{1+K_p}+\frac{B}{K_v}+\frac{2C}{K_a}=\frac{4}{1+\infty}+\frac{6}{2.5}+\frac{2\times3}{0}=\infty$$

也就是说，因为 $K_a=0$，系统 a 的输出不能跟踪输入 $r(t)=4+6t+3t^2$ 的加速度分量 $3t^2$，稳态误差为无穷大。

（3）系统 b 的开环传递函数的时间常数表达式为

$$G_b(s)=\frac{2.5(s+1)}{s^2(0.25s+1)}$$

系统 b 为 II 型系统，其开环增益为 $K_2=2.5$，则有 $K_p=\infty$，$K_v=\infty$，$K_a=K_2=2.5$。可得系统 b 的稳态误差为

$$e_{ss}=\frac{A}{1+K_p}+\frac{B}{K_v}+\frac{2C}{K_a}=\frac{4}{1+\infty}+\frac{6}{\infty}+\frac{2\times3}{2.5}=2.4$$

四、扰动引起的稳态误差和系统总误差

在实际的控制系统中，不但存在给定的输入信号 $r(t)$，而且还存在着扰动 $n(t)$，见图 3-20 所示。因此，在计算系统总误差时必须考虑扰动 $n(t)$ 所引起的误差。根据线性系统的叠加原理，系统总误差等于输入信号和扰动单独作用于系统时所分别引起的系统稳态误差的代数和。

1. 输入信号 $r(t)$ 单独作用下的系统稳态误差 e_{ssr}

假设扰动 $n(t)=0$，$N(s)=0$，图 3-20 所示的闭环控制系统在输入信号 $r(t)$ 单独作用下的误差传递函数 $\Phi_{er}(s)$ 为

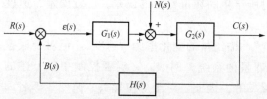

图 3-20 含扰动的闭环控制系统

$$\Phi_{er}(s) = \frac{E_r(s)}{R(s)} = \frac{\varepsilon_r(s)}{H(s)R(s)} = \frac{R(s) - H(s)C(s)}{H(s)R(s)} = \frac{1}{H(s)} - \frac{C(s)}{R(s)}$$

$$= \frac{1}{H(s)} - \frac{G_1(s)G_2(s)}{1 + H(s)G_1(s)G_2(s)} = \frac{1}{H(s)[1 + H(s)G_1(s)G_2(s)]}$$

则此时系统的稳态误差 e_{ssr} 为

$$e_{ssr} = \lim_{s \to 0} s\Phi_{er}(s)R(s) = \lim_{s \to 0} s \times \frac{1}{H(s)[1 + H(s)G_1(s)G_2(s)]} \times R(s) \qquad (3-51)$$

2. 扰动 $n(t)$ 单独作用下的系统稳态误差 e_{ssn}

假设输入信号 $r(t) = 0$，$R(s) = 0$，图 3-20 所示的闭环控制系统在扰动 $n(t)$ 单独作用下的误差传递函数 $\Phi_{ed}(s)$ 为

$$\Phi_{en}(s) = \frac{E_n(s)}{N(s)} = \frac{\varepsilon_n(s)}{H(s)N(s)} = \frac{R(s) - H(s)C(s)}{H(s)N(s)}$$

$$= -\frac{C(s)}{N(s)} = -\frac{G_2(s)}{1 + G_1(s)G_2(s)H(s)}$$

此时系统的稳态误差 e_{ssn} 为

$$e_{ssn} = \lim_{s \to 0} s\Phi_{en}(s)N(s) = -\lim_{s \to 0} s \times \frac{G_2(s)}{1 + G_1(s)G_2(s)H(s)} \times N(s) \qquad (3-52)$$

3. 系统总误差 e_{ss}

$$e_{ss} = e_{ssr} + e_{ssn} \qquad (3-53)$$

【例 3-5】 图 3-21 所示为一直流他励电动机调速系统，其中 K_1、K_2 为放大系数，T_M 为时间常数，K_c 为测速负反馈系统。若 R 是电动机电枢电阻，C_M 是力矩系数，试求系统在常值阶跃扰动力矩 $n(t) = -\frac{R}{C_M}1(t)$ 作用下所引起的稳态误差。

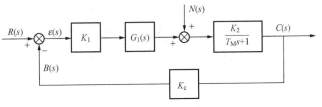

图 3-21 [例 3-5] 系统框图

解 该系统是一个非单位反馈控制系统，在扰动力矩单独作用下的误差传递函数 $\Phi_{en}(s)$ 为

$$\Phi_{en}(s) = \frac{E_n(s)}{N(s)} = \frac{\dfrac{K_2}{T_M s + 1}}{1 + K_1 G_1(s)\dfrac{K_2}{T_M s + 1}K_c} = -\frac{K_2}{T_M s + 1 + K_1 K_2 K_c G_1(s)}$$

则系统的稳态误差 e_{ssn} 为

$$e_{ssn} = \lim_{s \to 0} s\Phi_{en}(s)N(s)$$

$$= \lim_{s \to 0} s \times \frac{-K_2}{T_M s + 1 + K_1 K_2 K_c G_1(s)} \times \left(-\frac{R}{C_M} \times \frac{1}{s}\right)$$

$$= \frac{K_2}{1 + K_1 K_2 K_c \lim_{s \to 0} G_1(s)} \times \frac{R}{C_M}$$

当 $G_1(s) = 1$ 时，系统的稳态误差为 $e_{ssn} = \dfrac{K_2}{1 + K_1 K_2 K_c} \times \dfrac{R}{C_M}$；当回路增益 $K_1 K_2 K_c \gg 1$

时，有 $e_{ssn} = \dfrac{R}{K_1 K_c C_M}$。这就是说，扰动作用点与偏差信号间的放大倍数 K_1 越大，则稳态误差越小。

当 $G_1(s) = 1 + \dfrac{K_3}{s}$ 时，称为比例加积分控制（详见第六章），式中 K_3 为常数。此时系统的稳态误差为

$$e_{ssn} = \frac{K_2}{1 + K_1 K_2 K_c \lim\limits_{s \to 0}\left(1 + \dfrac{K_3}{s}\right)} \frac{R}{C_M} = 0$$

第五节 稳 定 性 分 析

控制系统能够在工程实际中应用的首要条件是系统的稳定。控制系统的稳定性分析是控制理论的重要组成部分。分析系统的稳定性，提出保证系统稳定的措施，是控制工程的基本任务之一。

一、稳定的概念

1. 不稳定现象举例

在给出系统的稳定性的定义之前，先看下面的例子。

图 3-22（a）所示为一个单摆。假设在外界扰动力的作用下，单摆由原来的平衡位置 a 向左偏离到新的位置 b。当外界扰动力消失以后，单摆在重力作用下由位置 b 向右回到位置 a，并在惯性力作用下继续向右运动到位置 c，此后又开始向左运动，这样，单摆将在平衡位置 a 附近做反复振荡运动。经过一定时间之后，由于空气介质的阻尼作用，单摆将重新回到原来的平衡位置 a 上，此时单摆是稳定的。

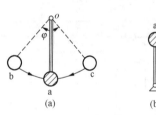

图 3-22 摆的稳定
(a) 单摆；(b) 倒立摆

图 3-22（b）所示为一个倒立摆，该倒立摆在位置 a 也是平衡的。当倒立摆受到扰动力作用使其偏离平衡位置 a 后，即使扰动力消失了，该倒立摆也不会回到原来的平衡位置 a，此时称倒立摆是不稳定的。

2. 稳定的定义

上面的例子说明，系统的稳定性反映在扰动力消失后的时间响应的性质上。扰动力消失后，单摆与其平衡位置的偏差可以认为是初始偏差，单摆回到平衡位置表示其时间响应随着时间的推移而逐渐衰减并趋向于零。因此，系统的稳定性可以这样来定义：系统在任何足够小的初始偏差的作用下，其时间响应随着时间的推移而逐渐衰减并趋向于零，则该系统是稳定的；否则，该系统是不稳定的。

必须指出，稳定性是控制系统自身的固有特性，它取决于系统本身的结构和参数，与输入无关。对于纯线性系统来说，系统的稳定与否与初始偏差的大小并无关系。如果这个系统是稳定的，可以称作大范围稳定的系统。但是这种纯线性系统在实际中是不存在的。实际的线性系统大多是经过小偏差线性化处理后得到的线性系统。因此，使用线性化方程研究系统的稳定性时，只限于讨论初始偏差不超出某一范围时的稳定性，其称为小偏差稳定性。由于

实际系统在发生等幅振荡时的幅值一般并不大，因此这种小偏差稳定性仍有一定的实际意义。以下讨论的问题都是线性定常系统稳定性的问题，这种稳定性是指大范围的稳定性。但是，当考虑其所对应的实际系统时，要求初始偏差所引起的系统中各信号的变换均不超出其线性化范围。

3. 稳定程度

如前所述，如果系统的时间响应逐渐衰减并趋于零，则系统稳定。如果系统的时间响应是发散的，则系统不稳定。如果系统的时间响应趋于某一恒定值或称为等幅振荡，则系统处于稳定的边缘，即临界稳定状态。

显然，实际的系统在临界稳定状态下一般是不能工作的。而且即使没有在临界稳定状态，只要与临界稳定状态接近到某一程度，系统在实际工作中就可能变成不稳定。造成这种情况的原因是多方面的，一般可以从以下几点来说明。

（1）建立系统的数学模型时，忽略了一些次要因素，用简化的数学模型近似地代表实际系统。

（2）用一些物理学基本定律来推导元件的运动方程时，运用了线性化的方法，而某些元件的实际运动方程可能是非线性的。

（3）元件的运动方程中包含的参数都不可能精确求得，例如：质量、转动惯量、阻尼、放大系数、时间常数等。

（4）如果系统的数学模型是用实验方法求得的，那么，由于实验仪器精度、实验技术水平和数据处理误差等问题，都会使求出的系统特性与实际的系统特性有差别。

（5）控制系统中各元件的参数在系统工作过程中可能产生变化。

因此，对于实际系统，只知道系统的稳定还不够，还要了解系统的稳定程度，即系统必须具有的稳定性储备。系统离开临界稳定状态的程度，反映了系统稳定的程度。

二、稳定的条件

根据上述稳定性的定义，可用以下方法得出线性定常系统稳定的条件。

设线性定常系统的微分方程为

$$a_0 \frac{\mathrm{d}^n r(t)}{\mathrm{d}t^n} + a_1 \frac{\mathrm{d}^{n-1} r(t)}{\mathrm{d}t^{n-1}} + \cdots + a_{n-1} \frac{\mathrm{d}r(t)}{\mathrm{d}t} + a_n r(t)$$

$$= b_0 \frac{\mathrm{d}^m c(t)}{\mathrm{d}t^m} + b_1 \frac{\mathrm{d}^{m-1} c(t)}{\mathrm{d}t^{m-1}} + \cdots + b_{m-1} \frac{\mathrm{d}c(t)}{\mathrm{d}t} + b_m c(t) \quad (n \geqslant m) \qquad (3\text{-}54)$$

式中：$r(t)$ 为输入信号，$c(t)$ 为输出信号，a_0、a_1、a_2、$\cdots$、a_n 和 b_0、b_1、b_2、$\cdots$、b_m 为常系数。

设

$$D(s) = a_0 s^n + a_1 s^{n-1} + a_2 s^{n-2} + \cdots + a_{n-1} s + a_n$$

$$M(s) = b_0 s^m + b_1 s^{m-1} + b_2 s^{m-2} + \cdots + b_{m-1} s + b_m$$

考虑初始条件不为零，对式（3-54）两边进行拉氏变换，得

$$C(s) = \frac{M(s)}{D(s)} R(s) + \frac{N(s)}{D(s)} \qquad (3\text{-}55)$$

式中：$\dfrac{M(s)}{D(s)} = G(s)$ 是系统的传递函数，$N(s)$ 是与初始条件有关的 s 多项式。

根据定义，研究稳定性是分析不存在外作用、仅在初始状态影响下的系统的时间响应，

也称为零输入时间响应。因此可在式（3-55）中取 $R(s)=0$，得到仅在初始状态影响下系统的零输入时间响应为

$$C(s) = \frac{N(s)}{D(s)} \tag{3-56}$$

系统的特征方程为

$$D(s) = a_0 s^n + a_1 s^{n-1} + a_2 s^{n-2} + \cdots + a_{n-1} s + a_n = 0 \tag{3-57}$$

设 $p_i(i=1, 2, \cdots, n)$ 为系统的特征根，即系统传递函数的极点，当 p_i 值不相同时，有零输入时间响应

$$c(t) = \mathscr{L}^{-1}[R(s)] = \mathscr{L}^{-1}\left[\frac{N(s)}{D(s)}\right] = \sum_{i=1}^{n} A_i \mathrm{e}^{p_i t} \tag{3-58}$$

其中，$A_i = \dfrac{N(s)}{D(s)}\Big|_{s=p_i}$，$D(s) = \dfrac{\mathrm{d}}{\mathrm{d}s}D(s)$。可见，$A_i$ 是与初始条件有关的系数。

由式（3-58）可知，如果系统所有特征根 p_i 的实部均为负数，即

$$\mathrm{Re}p_i < 0$$

则零输入时间响应最终将衰减到零，即

$$\lim_{t\to\infty} c(t) = 0$$

这样的系统是稳定的。反之，如果系统的特征根 p_i 中有一个或多个根具有正实部，则零输入时间响应就会随着时间的推移而发散，即

$$\lim_{t\to\infty} c(t) = \infty$$

这样的系统是不稳定的。

这一结论对于任何不超过系统线性工作范围的初始状态都是成立的，而且可以证明，当系统的特征根具有相同值时，只要满足 $\mathrm{Re}p_i < 0$，都有 $\lim\limits_{t\to\infty} c(t) = 0$，即系统稳定。

综上所述，不论系统的特征根是否相同，系统稳定的充分必要条件是系统的全部特征根都必须具有负实部；反之，如果系统的特征根中只有一个或多个根具有正实部，则系统不稳定。

因为系统的特征根即是系统闭环传递函数的极点，所以系统稳定的充分必要条件也可以表示为：如果系统闭环传递函数的全部极点均位于 s 平面的左半平面，则系统稳定；反之，如果系统有一个或多个极点位于 s 平面的右半平面，则系统不稳定。

如果有一对共轭复数极点位于虚轴上，其余极点均位于 s 平面的左半平面，则零输入响应 $c(t)$ 趋于等幅振荡；如果有一个极点位于原点，其余极点均位于 s 平面的左半平面，则零输入响应 $c(t)$ 趋于某一恒定值，这就是前述的临界稳定状态。这种临界稳定的系统是否允许出现要取决于响应终值的大小，但是从工程控制的实际来看，一般认为临界稳定往往会导致不稳定。

由式（3-58）可以进一步看到，式（3-54）右端的各项系数对系统的稳定性没有影响，这说明系统传递函数的各个零点对系统的稳定性没有影响。因为这些系数仅仅反映系统与外界作用的关系，而不是系统本身的固有特性。初始状态只是决定了各个指数项的系数 A_i，与系统稳定与否无关。因此，线性定常系数是否稳定，完全取决于系统的特征根 p_i，即取决于系统本身的固有特性。

三、劳斯稳定判据

1. 4 阶以上系统的劳斯稳定判据

线性定常系统稳定的条件是其特征根全部具有负实部。因此，判别系统稳定性的方法

是，解出系统特征方程的根，并检验这些特征根是否都具有负实部。但是，当系统的阶数高于 4 阶时，在一般情况下，求解其特征方程的根将会遇到较大的困难。因此，通过直接求解特征方程，并根据其特征根来分析系统稳定性的方法是不方便的。于是，就提出了这样的问题，是否可以不用直接求解特征方程的根，而是根据特征方程的根与系数的关系来判别系统的特征根是否全部具有负实部，并以此来分析系统的稳定性。回答是肯定的，而且为此形成了一系列的稳定性判据，其中最著名的一个判据是 1884 年由 E. J. Routh 提出的，称之为劳斯稳定判据。这种判据不需要解出特征方程的根，而是基于特征方程的根与系数的关系，通过特征方程的系数直接判别系统的稳定性。

（1）系统稳定的必要条件。设系统的特征方程为

$$D(s) = a_0 s^n + a_1 s^{n-1} + a_2 s^{n-2} + \cdots + a_{n-1} s + a_n$$

$$= a_0 \left(s^n + \frac{a_1}{a_0} s^{n-1} + \frac{a_2}{a_0} s^{n-2} + \cdots + \frac{a_{n-1}}{a_0} s + \frac{a_n}{a_0} \right)$$

$$= a_0 (s - p_1)(s - p_2) \cdots (s - p_n) = 0 \tag{3-59}$$

式中：p_1、p_2、$\cdots$、p_n 为系统的特征根。

由根与系数的关系可以求得

$$\left.\begin{aligned}
\frac{a_1}{a_0} &= -(p_1 + p_2 + \cdots + p_n) \\
\frac{a_2}{a_0} &= (p_1 p_2 + p_1 p_3 + \cdots + p_{n-1} p_n) \\
\frac{a_3}{a_0} &= -(p_1 p_2 p_3 + p_1 p_2 p_4 + \cdots + p_{n-2} p_{n-1} p_n) \\
&\cdots \\
\frac{a_n}{a_0} &= (-1)^n (p_1 p_2 \cdots p_n)
\end{aligned}\right\} \tag{3-60}$$

由上式可知，如果使全部特征根 p_1、p_2、$\cdots$、p_n 均具有负实部，就必须满足以下两个条件：

1）特征方程的各项系数 a_0、a_1、a_2、$\cdots$、a_n 均不等于零。因为如果有一个系数为零，则必然要出现实部为零或实部有正有负的特征根，则此时系统就处于临界稳定或不稳定的状态。

2）特征方程的各项系数 a_0、a_1、a_2、$\cdots$、a_n 的符号均相同。

在控制工程中，一般取 a_0 为正值，则上述结论可以归纳为：要使全部特征根 p_1、p_2、$\cdots$、p_n 都具有负实部，则特征方程的各项系数 a_0、a_1、a_2、$\cdots$、a_n 均必须为正值，即

$$a_0 > 0, a_1 > 0, a_2 > 0, \cdots, a_n > 0$$

如果 a_0 为负值，则可在特征方程的两边同乘以 -1，使 a_0 变为正值。

需要指出的是，此结论只是系统稳定的必要条件，而不是充分条件，因为特征方程的各项系数都为正值还不能保证方程的根都具有负实部，也许特征根的实部有正有负，组合起来仍然可以满足上述特征方程的根与系数的关系。

（2）系统稳定的充分必要条件。以下说明劳斯稳定判据，证明从略。

设系统的特征方程为

$$a_0 s^n + a_1 s^{n-1} + a_2 s^{n-2} + \cdots + a_{n-1} s + a_n = 0 \tag{3-61}$$

并且所有系数 a_0、a_1、a_2、$\cdots$、a_n 均为正值，即满足稳定性的必要条件。劳斯稳定判据指出，系统稳定的充分条件是：劳斯阵列中第一列所有元素的符号均为正号。

将系统特征方程的 $n+1$ 个系数排列成下面形式的行和列

$$
\begin{array}{c|cccccc}
s^n & a_0 & a_2 & a_4 & a_6 & \cdots \\
s^{n-1} & a_1 & a_3 & a_5 & a_7 & \cdots \\
s^{n-2} & b_1 & b_2 & b_3 & b_4 & \cdots \\
s^{n-3} & c_1 & c_2 & c_3 & c_4 & \cdots \\
\cdots & \cdots & \cdots & \cdots & \cdots \\
s^2 & e_1 & e_2 \\
s^1 & f_1 \\
s^0 & g_1
\end{array}
$$

称为劳斯阵列。劳斯阵列中，各个未知元素 b_1、b_2、b_3、b_4、$\cdots$，c_1、c_2、c_3、c_4、$\cdots$，e_1、e_2、f_1、g_1 根据下列公式计算得出

$$b_1 = -\frac{1}{a_1}\begin{bmatrix} a_0 & a_2 \\ a_1 & a_3 \end{bmatrix} = -\frac{a_0 a_3 - a_1 a_2}{a_1}$$

$$b_2 = -\frac{1}{a_1}\begin{bmatrix} a_0 & a_4 \\ a_1 & a_5 \end{bmatrix} = -\frac{a_0 a_5 - a_1 a_4}{a_1}$$

$$b_3 = -\frac{1}{a_1}\begin{bmatrix} a_0 & a_6 \\ a_1 & a_7 \end{bmatrix} = -\frac{a_0 a_7 - a_1 a_6}{a_1}$$

$$\cdots$$

$$c_1 = -\frac{1}{b_1}\begin{bmatrix} a_1 & a_3 \\ b_1 & b_2 \end{bmatrix} = -\frac{a_1 b_2 - b_1 a_3}{b_1}$$

$$c_2 = -\frac{1}{b_1}\begin{bmatrix} a_1 & a_5 \\ b_1 & b_3 \end{bmatrix} = -\frac{a_1 b_3 - b_1 a_5}{b_1}$$

$$c_3 = -\frac{1}{b_1}\begin{bmatrix} a_1 & a_7 \\ b_1 & b_4 \end{bmatrix} = -\frac{a_1 b_4 - b_1 a_7}{b_1}$$

$$\cdots$$

式中：每一行的各个元素均计算到等于零为止。

在劳斯阵列中，行由上向下，第一行标为 s^n，n 为特征方程的阶数，最后一行标为 s^0，总共有 $n+1$ 行。以上计算进行到 $n+1$ 行为止，即完成了劳斯阵列。系数的完整阵列呈三角形。在展开阵列时，为了简化其后的数值计算，可用一个正整数除或乘某一整行，并不改变稳定性的结论。

劳斯稳定判据还指出：在系统的特征方程中，其实部为正的特征根的个数，等于劳斯阵列中第一列元素的符号改变的次数。

【例 3-6】 设系统的特征方程为

$$s^3 + 4s^2 + 100s + 500 = 0$$

试应用劳斯稳定判据判别系统的稳定性。

解 首先，特征方程的各项系数均不大于零，满足系统稳定的必要条件。

其次，排列劳斯阵列

$$
\begin{array}{c|cc}
s^3 & 1 & 100 \\
s^2 & 4 & 500 \\
s^1 & -25 & 0 \\
s^0 & 500 & 0
\end{array}
$$

由劳斯阵列的第一列可以看出，第一列中元素的符号不全为正号，所以系统不稳定。而且第一列中元素的符号改变了两次，即从 4 到 -25 和从 -25 到 500，这说明系统的特征方程有两个正实部的根，即在 s 平面的右半平面有两个闭环极点。

2. 低阶系统的劳斯稳定判据

对于二阶和三阶等低阶系统，可以简化劳斯稳定判据，以便直接进行稳定性判别。

（1）二阶系统（$n=2$）。

二阶系统的特征方程为

$$
a_0 s^2 + a_1 s + a_2 = 0 \tag{3-62}
$$

劳斯阵列为

$$
\begin{array}{c|cc}
s^2 & a_0 & a_2 \\
s^1 & a_1 & 0 \\
s^0 & b = a_2 &
\end{array}
$$

由此，劳斯阵列可得二阶系统稳定的充分必要条件是 $a_0 > 0$，$a_1 > 0$，$a_2 > 0$，即对于二阶系统，如果各项系数均为正值，则系统稳定。

（2）三阶系统（$n=3$）。

三阶系统的特征方程为

$$
a_0 s^3 + a_1 s^2 + a_2 s + a_3 = 0 \tag{3-63}
$$

劳斯阵列为

$$
\begin{array}{c|cc}
s^3 & a_0 & a_2 \\
s^2 & a_1 & a_3 \\
s^1 & b_1 = \dfrac{a_1 a_2 - a_0 a_3}{a_1} & 0 \\
s^0 & c_1 = a_3 & 0
\end{array}
$$

由此，劳斯阵列可得三阶系统稳定的充分必要条件是 $a_0 > 0$，$a_1 > 0$，$a_2 > 0$，$a_3 > 0$，$a_1 a_2 > a_0 a_3$，即对于三阶系统，如果各项系数均为正值，而且中间两项系数之积大于首尾两项之积，则系统稳定。

【例 3-7】　设某控制系统如图 3-23 所示，试求 K 为何值时系统稳定。

解　系统的闭环传递函数为

$$
\frac{C(s)}{R(s)} = \frac{\dfrac{K}{s(s+5)(s+1)}}{1 + \dfrac{K}{s(s+5)(s+1)}}
$$

$$
= \frac{K}{s^3 + 6s^2 + 5s + K}
$$

则系统的特征方程为

$$
s^3 + 6s^2 + 5s + K = 0
$$

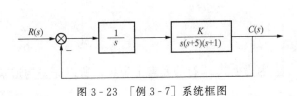

图 3-23　[例 3-7] 系统框图

由上式可知此系统为三阶系统，根据三阶系统稳定的充分必要条件可得：$K>0$，$6×5>1×K$，即当 $0<K<30$ 时系统稳定。

3. 特殊情况的处理

应用劳斯稳定判据时，会遇到一些特殊情况，使判别无法进行下去。一般有以下两种情况：

（1）劳斯阵列中某一行的第一列元素为零，而该行其余元素至少有一个不为零。

在这种情况下，因为某一行的第一列元素为零，便会使下一行的各个元素变为无穷大，从而使劳斯阵列无法计算下去。为了克服这一困难，可以用一个很小的正数 ε 代替零，然后再按照前述方法进行判别。

【例 3-8】 设系统的特征方程为

$$s^4 + 2s^3 + s^2 + 2s + 1 = 0$$

试应用劳斯稳定判据判别系统的稳定性。

解 首先，特征方程的各项系数均大于零，满足系统稳定的必要条件。

其次，排列劳斯阵列

$$
\begin{array}{c|ccc}
s^4 & 1 & 1 & 1 \\
s^3 & 2 & 2 & 0 \\
s^2 & 0 \approx \varepsilon & 1 & 0 \\
s^1 & 2 - \dfrac{2}{\varepsilon} & 0 & \\
s^0 & 1 & 0 &
\end{array}
$$

当 $\varepsilon \to 0$ 时，$\lim\limits_{\varepsilon \to 0}\left(2 - \dfrac{2}{\varepsilon}\right) < 0$，由劳斯阵列的第一列可以看出，第一列中元素的符号不全为正号，所以系统不稳定。而且第一列中元素的符号改变了两次，这说明系统的特征方程有两个正实部的根，即在 s 平面的右半平面有两个闭环极点。

（2）劳斯阵列中某一行的元素全为零，即出现了零行。

在这种情况下，可以用该零行上面一行的元素构成一个辅助多项式，取此辅助多项式一阶导数的系数来代替该零行，然后继续计算劳斯阵列中其余各个元素，最后再按照前述方法进行判别。令辅助多项式等于零，可得辅助方程，解此辅助方程可以得到一些成对的特征根，因为这些特征根的总数是偶数，所以辅助多项式的阶数总是偶数。

【例 3-9】 设系统的特征方程为

$$s^6 + 2s^5 + 8s^4 + 12s^3 + 20s^2 + 16s + 16 = 0$$

试应用劳斯稳定判据判别系统的稳定性。

解 首先，特征方程的各项系数均大于零，满足系统稳定的必要条件。

其次，排列劳斯阵列为

$$
\begin{array}{c|cccc}
s^6 & 1 & 8 & 20 & 16 \\
s^5 & 2 & 12 & 16 & 0 \\
s^4 & 2 & 12 & 16 & 0 \\
s^3 & 0 & 0 & 0 &
\end{array}
$$

因为上式 s^3 行的元素全为零，所以需要构造辅助多项式

$$A(s) = 2s^4 + 12s^2 + 16$$

将 $A(s)$ 对 s 求导，得导数多项式

$$\frac{\mathrm{d}A(s)}{\mathrm{d}s} = 8s^3 + 24s$$

将该导数多项式的系数作为上述去零行的元素，称为辅助系数，并根据此行继续劳斯阵列的计算，得劳斯阵列

s^6	1	8	20	16
s^5	2	12	16	0
s^4	2	12	16	0
s^3	$0 \rightarrow 8$	$0 \rightarrow 24$	0	
s^2	6	16	0	
s^1	$\dfrac{8}{3}$	0		
s^0	16	0		

由上述劳斯阵列的第一列可以看出，第一列中元素的符号均为正号，说明系统的特征方程没有正实部的根，即在 s 平面的右半平面没有闭环极点。但是，由于 s^3 行的元素均为零，则说明在虚轴上有共轭虚根，该共轭虚根可由辅助多项式 $A(s)$ 构成辅助方程 $A(s)=0$ 来求得

$$A(s) = 2s^4 + 12s^2 + 16 = 0$$

解上述辅助方程，可求得两对共轭虚根

$$p_{1,2} = \pm\sqrt{2}\mathrm{j}, \quad p_{3,4} = \pm 2\mathrm{j}$$

系统存在共轭虚根，表明系统处于临界稳定状态。

小　　结

（1）自动控制系统的时域分析法是根据控制系统传递函数直接分析系统的稳定性、动态性能和稳态性能的一种方法。

（2）稳定是自动控制系统正常工作的首要条件。系统的稳定性取决于系统自身的结构和参数，与外作用的大小和形式无关。线性系统稳定的充要条件是其特征方程的根均位于 s 平面的左半平面（即系统的特征根全部具有负实部）。

（3）利用劳斯稳定判据，可以通过系统特征多项式的系数间接判定系统是否稳定，还可以确定当系统稳定时有关参数（如 K、T 等）的取值范围。

（4）自动控制系统的动态性能指标主要是指系统阶跃响应的上升时间 t_r、峰值时间 t_p、最大超调量 M_p、调整时间 t_s 和振荡次数 N。典型一阶系统、二阶系统的动态性能指标 M_p 和 t_s 与系统参数有严格的对应关系，必须牢固掌握。

（5）稳态误差是控制系统的静态性能指标，与系统的结构参数以及输入信号的形式有关。系统的型别决定了系统对典型输入信号的跟踪能力。计算稳态误差可用一般方法（利用拉氏变换的终值定理），也可由静态误差系数法获得。

习　　题

3-1　简述常用的典型信号有哪些，一般使用在哪些场合。

3-2 温度计的传递函数为 $\dfrac{1}{Ts+1}$，现在用温度计测量一容器内水的温度，发现需要 1min 的时间才能指示出实际水温 98% 的数值，求此温度计的时间常数 T。如果给容器加热，使水温 10℃/min 的速度变化，此温度计的稳态指示误差是多少？

3-3 已知系统的单位脉冲响应为 $c(t)=7-5e^{-6t}$，求系统的传递函数。

3-4 已知系统的传递函数为 $\Phi(s)=\dfrac{13s^2}{(s+5)(s+6)}$，输入为 $r(t)=\dfrac{1}{2}t^2$，求系统的输出。

3-5 已知单位反馈系统的开环传递函数为 $G(s)=\dfrac{4}{(s+5)}$，求该系统的单位阶跃响应和单位脉冲响应。

3-6 已知系统的单位阶跃响应为 $c(t)=1+0.2e^{-60t}-1.2e^{-10t}$，试求：

(1) 系统的闭环传递函数；

(2) 系统的阻尼系数 ξ 和无阻尼固有频率 ω_n。

3-7 设单位反馈系统的开环传递函数为 $G(s)=\dfrac{1}{s(s+1)}$，试求系统的上升时间 t_r、峰值时间 t_p、调整时间 t_s、最大超调量 M_p 和振荡次数 N。

3-8 要使图 3-24 所示系统的最大超调量等于 0.2，峰值时间等于 1s，试确定增益 K 和 K_h 的数值，并确定在此 K 和 K_h 数值下，系统的上升时间 t_r 和调整时间 t_s。

3-9 已知单位反馈系统的开环传递函数为 $G(s)=\dfrac{K}{s(s+34.5)}$，试求当 $K=200$ 时，系统单位阶跃响应的动态性能指标。如果 K 增大到 $K=1500$ 时，或减小到 $K=13.5$ 时，试分析系统动态性能指标的变化情况。

3-10 已知单位反馈系统的开环传递函数为 $G(s)=\dfrac{20}{(0.5s+1)(0.04s+1)}$，试分别求出系统在单位阶跃输入、单位速度输入和单位加速度输入时的稳态误差。

3-11 某单位反馈系统如图 3-25 所示，试求在单位阶跃、单位速度和单位加速度输入信号作用下的稳态误差。

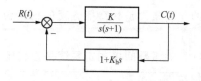

图 3-24 题 3-8 系统框图

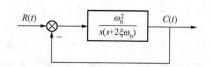

图 3-25 题 3-11 单位反馈系统框图

3-12 已知某单位反馈系统前向通道的传递函数为 $G(s)=\dfrac{100}{s(0.1s+1)}$，试求：

(1) 稳态误差系数 K_p、K_v 和 K_a。

(2) 当输入为 $r(t)=a_0+a_1t+\dfrac{1}{2}a_2t^2$ 时系统的稳态误差。

3-13 某控制系统如图 3-26 所示，当输入信号 $r(t)=1(t)$，干扰信号 $n(t)=1(t)$ 时，求系统总的稳态误差。

3-14 已知某系统的闭环传递函数为 $\dfrac{C(s)}{R(s)}=\dfrac{(s+6)(s+16)}{(s+8)(s+9)(s+4-j5)(s+4+j5)}$，试说

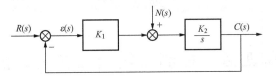

图 3-26 题 3-13 系统框图

明系统是否稳定。

3-15 已知某单位反馈系统的开环传递函数为 $G(s) = \dfrac{K}{s(Ts+1)}$，试说明系统是否稳定。

3-16 试应用劳斯稳定判据判别具有如下特征方程的反馈系统的稳定性：

(1) $s^3 - 15s + 126 = 0$；

(2) $s^4 + 8s^3 + 18s^2 + 16s + 5 = 0$；

(3) $s^3 + 4s^2 + 5s + 10 = 0$；

(4) $s^5 + s^4 + 2s^3 + 2s^2 + 3s + 5 = 0$；

(5) $s^3 + 10s^2 + 16s + 160 = 0$。

3-17 试应用劳斯稳定判据确定具有如下特征方程的反馈系统是系统稳定的 K 的取值范围：

(1) $s^4 + 22s^3 + 10s^2 + 2s + K = 0$；

(2) $s^4 + 20Ks^3 + 5s^2 + (K+10)s + 15 = 0$；

(3) $s^3 + (K+0.5)s^2 + 4Ks + 50 = 0$；

(4) $s^4 + Ks^3 + s^2 + s + 1 = 0$；

(5) $s^3 + 5Ks^2 + (2K+3)s + 10 = 0$。

3-18 已知某单位反馈系统的开环传递函数为 $G(s) = K \cdot \dfrac{K_1}{T_1 s + 1} \cdot \dfrac{K_2}{s(T_2 s + 1)} \cdot K_h$，输入信号为 $r(t) = a + bt$，其中 K、K_1、K_2、K_h、T_1、T_2、a、b 为常数，试求要使闭环系统稳定，且稳态误差 $e_{ss} < \Delta$，系统各个参数应满足的条件。

第四章 控制系统的根轨迹分析

从控制系统的时域分析中我们可以看出控制系统的性能是由闭环系统的极点即系统特征根决定的，因此只要求出特征根，就能分析出系统的性能。而随着系统阶次的升高，求取特征根会变得越来越困难。例如，一般三阶以上的方程不能用一般的求根公式求根。其次，经常会遇到控制系统某一参数不是定值的情况，这就更不能求出系统确定的特征根。

为了解决这一问题，1948年W. R. Evans提出了一种求取特征根的简单方法，并且在控制系统的分析与设计中得到了广泛的应用。此方法不直接求取特征根，而是用作图的方法表示特征根与系统某一参数的全部数值关系。根轨迹法具有直观的特点，利用系统的根轨迹可以分析结构与参数已知的闭环系统的稳定性和瞬态响应特性，还可以分析参数变化对系统性能的影响。在设计线性控制系统时，可以根据对系统性能指标的要求确定可调整参数以及系统开环零极点的位置，即根轨迹法可以用于系统的分析与综合。

根轨迹的建立，为分析控制系统在不同开环增益值时的行为提供了方便的途径。对于设计控制系统的校正装置，根轨迹法亦是基本方法之一。根轨迹法和频率响应法一起被认为是构成经典控制理论的两大支柱。

第一节 根轨迹的基本概念

一、根轨迹的定义

根轨迹是指系统某一参数（如开环增益K）由零增加到无穷大时，闭环极点即特征根在s平面（复平面）移动的轨迹。由于系统特征根都是以复数的形式存在，因此实际上系统特征根的轨迹是复数形式的特征根末端在复平面上移动的轨迹。

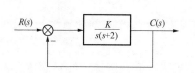

考虑一个典型的二阶系统如图4-1所示，其开环传递函数为

$$G(s)H(s) = \frac{K}{s(s+2)} \quad （K为开环增益）$$

图4-1 典型二阶系统结构图 则系统的闭环传递函数为

$$\Phi(s) = \frac{C(s)}{R(s)} = \frac{K}{s^2 + 2s + K}$$

于是控制系统的特征方程为

$$s^2 + 2s + K = 0$$

解得系统的特征根为

$$s_{1,2} = -1 \pm \sqrt{1-K}$$

可知：

当$K<1$时，特征根为两个不相等的负实根；

当$K=1$时，特征根为两个相等的负实根-1；

当 $K>1$ 时，特征根是实部为 -1 的两个共轭复根。

在复平面上表示出来即为该系统的根轨迹如图 4 - 2 所示。

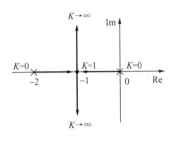

图 4 - 2 中，根轨迹用粗实线表示，箭头表示 K 增大时系统两条根轨迹移动的方向，起点用×表示。从图中的根轨迹我们可以得出以下结论：

图 4 - 2 系统根轨迹图

(1) 当 $K>0$ 时，系统的两个特征根在 s 左半平面内，所以系统总是稳定的；

(2) 当 $0<K<1$ 时，系统具有两个不相等的负实根，呈过阻尼状态；

(3) 当 $K=1$ 时，系统具有两个相等的实数根，系统为临界阻尼状态；

(4) 当 $K>1$ 时，系统具有一对实部为负的共轭复根，系统为欠阻尼状态。

由此可以知道，指定一个 K 值，就可以在根轨迹上找出对应的两个特征根。而系统特征根与系统的性能之间有着紧密的关系，因此便可以知道当 K 值变化时系统的性能是如何变化的。

二、根轨迹增益

从上面的例子我们可以看出，系统根轨迹与开环传递函数的零点与极点有着密切的关系，因此我们有必要将以多项式形式表示的系统开环传递函数变为因式乘积即零、极点的形式。

我们知道，对于任意的多项式，都可以将其进行因式分解。例如：

s^2+3s+2 可分解为 $(s+1)(s+2)$。-1、-2 实际上是方程 $s^2+3s+2=0$ 的解。

故对于 n 次方程，就有 n 个解。所以 n 次多项式，可以分解成 n 个因式，因此任意系统的开环传递函数都可化为式（4 - 1）的形式

$$G(s)H(s) = K^* \frac{\prod\limits_{j=1}^{m}(s-z_j)}{\prod\limits_{i=1}^{n}(s-p_i)} \tag{4 - 1}$$

式中：z_j 为开环零点；p_i 为开环极点。

以开环零点、极点形式表示出的开环传递函数的系数 K^* 称为根轨迹增益，与开环增益 K 满足

$$K = K^* \frac{\prod\limits_{j=1}^{m}(-z_j)}{\prod\limits_{i=1}^{n}(-p_i)}$$

三、根轨迹方程

设控制系统的一般结构图如图 4 - 3 所示，其开环传递函数如式（4 - 1）。

由于系统闭环传递函数为

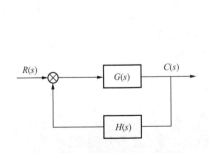

图 4 - 3 控制系统一般结构图

$$\Phi(s) = \frac{G(s)}{1+G(s)H(s)}$$

所以系统的特征方程为 $1+G(s)H(s)=0$，即 $G(s)H(s)=-1$，代入式（4 - 1）中可得

$$K^* \frac{\prod\limits_{j=1}^{m}(s-z_j)}{\prod\limits_{i=1}^{n}(s-p_i)} = -1 \tag{4-2}$$

式（4-2）即系统根轨迹方程，为一复数方程，由于复数方程两边幅值与幅角应相等，-1 的模为 1，幅角为 $(2k+1)\pi$，因此可将式（4-2）用两个方程描述，即

$$K^* = \frac{\prod\limits_{i=1}^{n}|s-p_i|}{\prod\limits_{j=1}^{m}|s-z_j|} \tag{4-3}$$

$$\sum_{j=1}^{m}\angle(s-z_j) - \sum_{i=1}^{n}\angle(s-p_i) = (2k+1)\pi \quad (k=0,\pm1,\pm2\cdots) \tag{4-4}$$

式（4-3）和式（4-4）两个方程分别称作幅值条件与幅角条件，满足幅值条件与幅角条件的 s 的值，就是系统的特征根。

第二节　根轨迹绘制的基本规则

根轨迹是根据系统开环传递函数的零点、极点，求出闭环极点（即特征根）的一般方法，是控制系统分析的一种图解方法。下面讨论在负反馈系统中，根轨迹增益由零增加到无穷大变化时，闭环根轨迹的绘制法则，该法则称为基本规则。

绘制根轨迹时，首先将开环传递函数化成用零点、极点表示的标准形式，即表示成式（4-1）形式，才能应用这些基本规则。

一、根轨迹的分支数

由于 n 阶方程具有 n 个根，当 K^* 变化时，每个根都会有相应变化，故 n 阶系统具有 n 条根轨迹，即根轨迹的分支数等于开环极点的个数。例如，若某系统开环传递函数为 $G(s) = \dfrac{K^* s}{s^3 + 2s^2 + 3s + 4}$，为三阶系统，则共有 3 条根轨迹。

二、根轨迹的起点与终点

根轨迹方程可化为

$$K^* \prod_{j=1}^{m}(s-z_j) + \prod_{i=1}^{n}(s-p_i) = 0 \tag{4-5}$$

根轨迹的起点，即当 $K^* = 0$ 时，s 的取值，即 $s=p_i$ 为系统开环极点。

当 $K^* = \infty$ 时，s 的取值即根轨迹终点，式（4-5）可化为

$$\prod_{j=1}^{m}(s-z_j) + \frac{1}{K^*}\prod_{i=1}^{n}(s-p_i) = 0 \tag{4-6}$$

此时 $s=z_j$ 是特征方程的解，为系统开环传递函数零点。

因此当 K^* 由零增大至无穷大时，根轨迹起始于开环极点，终止于开环零点。

三、根轨迹的对称性

由于得到的系统特征方程的系数均为实数，所以特征根若存在复数根，必定以共轭复数成对出现，因此复平面上的根轨迹必然关于实轴对称。

四、实轴上的根轨迹

实轴上若存在根轨迹，必然会满足幅角条件。假设某系统的开环传递函数为

$$G(s)H(s) = \frac{K^*(s-z_1)(s-z_2)(s-z_3)(s-z_4)}{(s-p_1)(s-p_2)(s-p_3)(s-p_4)(s-p_5)}$$

式中：p_1、p_2、p_3 为开环实极点；z_1、z_2 为开环实零点；z_3、z_4，p_4、p_5 为两对共轭复数零极点。

将其表示在复平面上，如图 4-4 所示。

设 S 为特征根，则实轴 S 左侧零点、极点到 S 的幅角为 0，实轴 S 右侧零点、极点到 S 的幅角为 180°；共轭零点、极点与 S 的幅角和为 360°，相加或相减后为 2π 的倍数。故若实轴上存在根轨迹，要使它满足幅角条件即开环极点与特征根的幅角之和减去开环零点与特征根的幅角之和为 π 的倍数，所以可以判断出图中 S 点不是系统的特征根。可知判断实轴上的根轨迹的充分必要条件为：根轨迹右侧实轴上开环零点、极点个数之和为奇数，而与复平面上的开环零点、极点无关。

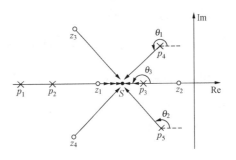

图 4-4　零极点分布图

如某系统的开环传递函数为 $G(s)H(s) = \dfrac{K^*(s+1)}{s^2+5s+6}$，做其根轨迹图如图 4-5 所示。

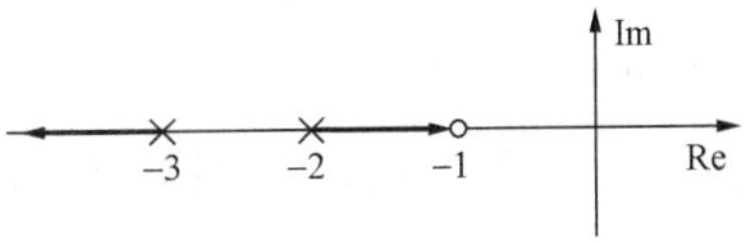

五、根轨迹的渐近线

由于系统开环极点数 n 必然大于开环零点数 m，除有 m 条根轨迹终止于开环零点外，根轨迹还将有 $n-m$ 条根轨迹终止于无穷远处，这些根轨迹趋向的方向可用渐近线反映。

图 4-5　根轨迹图

对于趋向于无穷远处的根轨迹而言，当 $K^* = \infty$ 时，特征根也在无穷远处，其与开环零点和开环极点的幅角皆相等，即 $\angle(s_\infty - z_j) = \angle(s_\infty - p_i) = \varphi$，代入幅角条件式

$$\sum_{j=1}^{m}\angle(s-z_j) - \sum_{i=1}^{n}\angle(s-p_i) = (2k+1)\pi \quad (k=0,\pm1,\pm2,\cdots)$$

可得

$$\sum_{j=1}^{m}\angle(s_\infty - z_j) - \sum_{i=1}^{n}\angle(s_\infty - p_i) = m\varphi - n\varphi = (2k+1)\pi$$

$$\varphi = \frac{2k+1}{n-m}\pi \quad (k=0,1,2,\cdots,n-m-1) \tag{4-7}$$

式（4-7）即为根轨迹渐近线与实轴的夹角公式。

要确定根轨迹的渐近线，除了要确定其与实轴的夹角，还要确定它与实轴的交点 σ，渐近线与实轴的交点坐标 σ 为

$$\sigma = \frac{\displaystyle\sum_{i=1}^{n}p_i - \sum_{j=1}^{m}z_j}{n-m} \tag{4-8}$$

六、根轨迹的分离点

两条或两条以上的根轨迹分支，在 s 平面某处相遇又分开的点，称作根轨迹的分离点（或汇合点），通常用 d 表示。一般在实轴两个相邻的开环极点或开环零点根轨迹区域内必定存在分离点或汇合点，分离点 d 可用式（4 - 9）计算得出

$$\sum_{i=1}^{n} \frac{1}{d - p_i} = \sum_{j=1}^{m} \frac{1}{d - z_j} \tag{4 - 9}$$

应用式（4 - 9）时，若系统无开环零点，则等号右边为零。

根轨迹的分离点或汇合点实际是特征方程的重根，求根轨迹的分离点或汇合点也可用 $\dfrac{dK^*}{ds} = 0$ 方程计算出，式中 K^* 为根轨迹增益。

如某系统的开环传递函数为 $G(s)H(s) = \dfrac{K^*}{(s+1)(s+2)(s+3)}$，可知系统共有 3 个开环极点分别为 -1、-2、-3，没有开环零点，则其 $n = 3$，$m = 0$；可以判断出实轴上的根轨迹为 $[-2，-1][-3，-\infty]$，-1，-2 同为开环极点，故之间必有分离点；坐标计算可得分离点为 $-2 + \dfrac{\sqrt{3}}{3}$，$-2 - \dfrac{\sqrt{3}}{3}$（舍去）。

七、根轨迹与虚轴的交点

根轨迹与虚轴相交，意味着系统特征根存在纯虚根，即 $s = \omega j$，反过来代入根轨迹方程必然满足 $1 + G(j\omega)H(j\omega) = 0$。$\omega$ 值即为根轨迹与虚轴的交点坐标。有时候代入根轨迹计算较繁琐，也可采用劳斯稳定判据中的一条结论：若劳斯表中某一行都为零，即存在纯虚根。通过列劳斯表先计算出根轨迹增益 K^*，再计算出与虚轴交点 ω。

如某系统开环传递函数为 $G(s)H(s) = \dfrac{K^*}{(s+2)(s^2 + 2s + 2)}$，作其根轨迹图如图 4 - 6 所示。

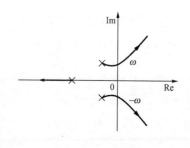

图 4 - 6　根轨迹图

由图可见根轨迹与虚轴相交，交点 ω 可计算得到：

（1）令 $s = j\omega$，代入特征方程 $(s+2)(s^2 + 2s + 2) + K^* = 0$ 中，可得

$$(4 + K^* - 4\omega^2) + (6 - \omega^2)j\omega = 0$$

解得 $\omega = \pm\sqrt{6}$、0（舍去），$K^* = 20$。

（2）特征方程展开，得

$$s^3 + 4s^2 + 6s + 4 + K^* = 0$$

列劳斯表，得

s^3	1	6
s^2	4	$4 + K^*$
s	$\dfrac{20 - K^*}{4}$	0
s^0	$4 + K^*$	

当 $K^* = 20$ 时，s 行为全零行，特征根出现纯虚根，代入特征方程可计算出 $\omega = \pm\sqrt{6}$。

八、根轨迹的起始角与终止角

根轨迹的起始角是指根轨迹在起点处的切线与正实轴的夹角，又称为出射角。根轨迹的

终止角是指根轨迹在终点处的切线与正实轴的夹角，又称为入射角。在实际作图时，一般只需确定共轭复数极点的起始角和共轭复数零点的终止角，如图 4-7 所示。

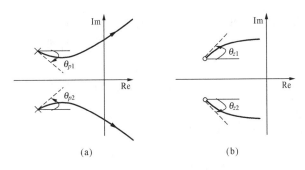

图 4-7 起始角、终止角示意图

（a）起始角；（b）终止角

一般系统开环复极点 p_k 的起始角为

$$\theta_{p_k} = (2k+1)\pi + \sum_{j=1}^{m} \angle(p_k - z_j) - \sum_{\substack{i=1 \\ \neq k}}^{n} \angle(p_k - p_i) \qquad (4-10)$$

系统开环零点 z_k 的终止角公式为

$$\theta_{z_k} = (2k+1)\pi - \sum_{\substack{j=1 \\ \neq k}}^{m} \angle(z_k - z_j) + \sum_{i=1}^{n} \angle(z_k - p_i) \qquad (4-11)$$

【例 4-1】 已知系统开环传递函数为

$$G(s)H(s) = \frac{K^*(s+1)}{s^2 + 5s + 6}$$

试绘制出系统根轨迹曲线。

解 先将系统开环传递函数表示为零极点形式

$$G(s)H(s) = \frac{K^*(s+1)}{s^2 + 5s + 6} = \frac{K^*[s-(-1)]}{[s-(-2)][s-(-3)]}$$

由此可知：

（1）系统有两个开环极点 -2、-3，故有两条根轨迹分支。

（2）根轨迹起始于开环极点 -2、-3，终止于开环零点 -1，另一条趋向于无穷远处。

（3）实轴上根轨迹区域为 $(-2, -1)$ $(-\infty, -3)$，方向由 -2 指向 -1，-3 指向 $-\infty$。

（4）根轨迹如图 4-8 所示。

图 4-8 ［例 4-1］根轨迹图

【例 4-2】 设开环传递函数为

$$G(s)H(s) = \frac{K^*(s+1)}{s^2 + 2s + 2}$$

试绘制其根轨迹图。

解 先将系统开环传递函数表示成零点、极点形式

$$G(s)H(s) = \frac{K^*(s+1)}{s^2+2s+2} = \frac{K^*[s-(-1)]}{[s-(-1+j)][s-(-1-j)]}$$

由此可知：

(1) 系统有两个开环极点 $-1+j$、$-1-j$，故有两条根轨迹分支。

(2) 根轨迹起始于开环极点 $-1+j$、$-1-j$，终止于开环零点 -1，另一条趋向于无穷远处。

(3) 实轴上根轨迹区域为 $(-\infty, -1)$，$-\infty$ 与 -1 皆为开环零点，所以在中间必有汇合点。

(4) 求汇合点坐标。根据式 (4 - 9) 有

$$\frac{1}{d+1-j} + \frac{1}{d+1+j} = \frac{1}{d+1}$$

解得 $d_1 = 0$，$d_2 = -2$。d_1 不在根轨迹区域内，则舍弃。

(5) 绘制根轨迹如图 4 - 9 所示。

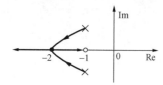

图 4 - 9   [例 4 - 2] 根轨迹图

【例 4 - 3】 设系统开环传递函数为

$$G(s)H(s) = \frac{K^*}{s^3+2s^2+2s}$$

试绘制出系统根轨迹图。

解 先将系统开环传递函数表示成零点、极点形式

$$G(s)H(s) = \frac{K^*}{s^3+2s^2+2s} = \frac{K^*}{s[s-(-1+j)][s-(-1-j)]}$$

由此可知：

(1) 系统有三个开环极点 0、$-1+j$、$-1-j$，故有三条根轨迹。

(2) 无开环零点，因此三条根轨迹均趋向于无穷远处。

(3) 实轴上的根轨迹 $(-\infty, 0)$，方向由 0 指向 $-\infty$。

(4) 确定渐近线，计算式为

$$\sigma = \frac{\sum_{i=1}^{n} p_i - \sum_{j=1}^{m} z_j}{n-m} = \frac{0+(-1+j)+(-1-j)}{3} = -\frac{2}{3}$$

$$\varphi = \frac{(2k+1)\pi}{n-m} = \frac{(2k+1)\pi}{3} \quad (\varphi = 60°, 180°, -60°)$$

(5) 确定根轨迹与虚轴的交点。

系统的特征方程为 $s^3+2s^2+2s+K^* = 0$，令 $s = j\omega$，代入可得

$$\begin{cases} K^* - 2\omega^2 = 0 \\ 2\omega - \omega^3 = 0 \end{cases} \quad (\omega = 0, \pm\sqrt{2}, \text{其中 } 0 \text{ 舍弃；} K^* = 4)$$

(6) 绘制根轨迹如图 4 - 10 所示。

【例 4 - 4】 系统开环传递函数为

$$G(s)H(s) = \frac{K^*(s+1)}{s^2(s+2)}$$

试绘制出该系统根轨迹图。

解 先将系统开环传递函数表示成零点、极点形式

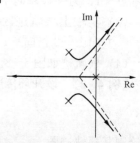

图 4 - 10   [例 4 - 3] 根轨迹图

$$G(s)H(s) = \frac{K^*[s-(-1)]}{ss[s-(-2)]}$$

由此可知：

（1）系统有三个开环极点：0、0、-2，故有三条根轨迹分支。

（2）系统有一个开环零点-1，所以有一条根轨迹会指向-1，另两条指向无穷远处。

（3）实轴上根轨迹区域为（-2，-1），因为区域右侧实

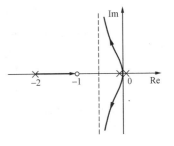

轴上有三个零、极点。

（4）确定渐近线，计算式为

$$\sigma = \frac{\sum_{i=1}^{n} p_i - \sum_{j=1}^{m} z_j}{n-m} = \frac{0+0+(-2)-(-1)}{2} = -\frac{1}{2}$$

$$\varphi = \frac{(2k+1)\pi}{n-m} = \frac{(2k+1)\pi}{2} \quad (\varphi = 0°, -90°)$$

（5）绘制根轨迹如图 4-11 所示。

图 4-11　［例 4-4］根轨迹图

第三节　控制系统的根轨迹法

利用系统特征根可以分析出系统的主要性能。通过对一阶系统、二阶系统的时域分析可知，特征根形式不同对系统性能的影响也是不同的。高阶系统特征根个数较多，形式也有所不同，分析起来比较困难。因此对于高阶系统，在实际应用中常常运用"主导极点"的概念，快速估计系统的基本特性。

在闭环极点中离虚轴最近且附近无零点的闭环极点，对系统的影响最大，起主要作用的极点，称为主导极点。工程上一般将其他极点（实部大于主导极点实部 2~3 倍及以上）对系统的影响忽略，所以可以利用主导极点将高阶系统简化为一阶系统、二阶系统对系统进行性能分析。例如一阶系统的阶跃响应与二阶系统过阻尼的阶跃响应基本一致，这是因为二阶系统过阻尼状态时具有两个不相等的负实根，可看做是具有一个主导极点的一阶系统。主导极点距离虚轴越远，意味着系统的稳定性越好，快速性越差。

除此之外，通过用根轨迹法对控制系统进行分析还可以研究增加开环零点和极点时，系统性能的变化，这是后续研究控制系统的校正的必要基础。

【例 4-5】　系统开环传递函数为

$$G(s)H(s) = \frac{K^*}{s^2(s+a)} \quad (a > 0)$$

试用根轨迹法分析系统的稳定性；如果使系统增加一个开环零点，试分析附加开环零点对系统性能的影响。

解　（1）系统的根轨迹如图 4-12（a）所示。由于根轨迹全部位于 s 右半部，所以无论 K^* 取何值，系统都不稳定。

（2）如果给系统增加一个负开环实零点 $z = -b$，$b > 0$，则开环传递函数为

$$G(s)H(s) = \frac{K^*(s+b)}{s^2(s+a)}$$

当 $b < a$ 时，根轨迹如图 4-12（b）所示，这时，无论 K^* 取何值，系统都是稳定的；

当 $b>a$ 时，根轨迹如图 4-12（c）所示，系统始终有两根在 s 右半平面，系统仍不稳定。

通过以上分析，可以知道增加适当的零点、极点对根轨迹形状的影响，这样在系统设计时便可以把握如何将系统的闭环零点、极点设在最佳位置或希望的位置上。

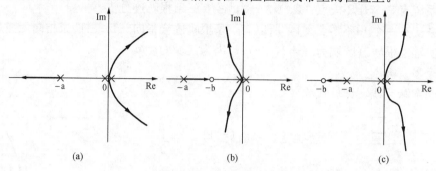

图 4-12 系统根轨迹图

小 结

（1）根轨迹法是一种图解方法。它在已知控制系统的开环零点、极点基础上，研究某一个或某些参数变化时系统闭环极点（特征根）在 s 平面的分布情况。利用根轨迹能够分析结构和参数已确定的系统的稳定性和暂态响应特性，还可以用来改造一个系统，使其根轨迹满足自动控制系统期望的要求。

（2）绘制根轨迹图时应把握绘制根轨迹图的八项基本规则，对于一些特殊点（如分离点）特殊角（如起始角、终止角），若与分析问题无关，则不必准确求出，只要找出大概范围就可以。

（3）如果系统存在主导极点，则高阶系统可以降阶为一阶系统、二阶系统进行分析。

习 题

4-1 已知系统的开环零、极点分布如图 4-13 所示，试概略绘制出系统的根轨迹图。

4-2 已知系统的开环传递函数如下：

(1) $G(s)H(s) = \dfrac{K}{s(s+1)(s+2)}$；

(2) $G(s)H(s) = \dfrac{K}{s(s+1)(s^2+2s+2)}$；

(3) $G(s)H(s) = \dfrac{K(s+5)}{s(s+3)}$；

(4) $G(s)H(s) = \dfrac{K(s+1)}{s(s+3)(s+5)}$。

试绘制 K 从 $0 \to \infty$ 变化时的根轨迹。

4-3 已知系统的开环传递函数 $G(s)H(s) = \dfrac{K}{s^2(s+2)}$，试完成：

（1）做 K 从 $0 \to \infty$ 变化时的根轨迹概略图。

（2）若增加一个开环零点 $z = -1$，绘制其根轨迹，系统的稳定性有何变化？

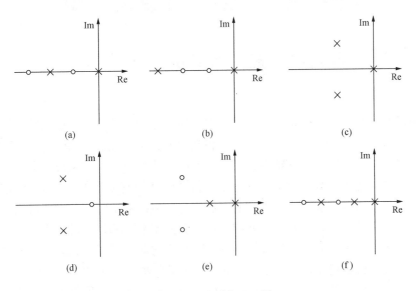

图 4 - 13 习题 4 - 1 图

4 - 4 系统的开环传递函数为 $G(s)H(s) = \dfrac{K(2s+1)}{s^2(0.2s+1)^2}$，画出 K 从 $0 \rightarrow \infty$ 变化时的根轨迹，并确定闭环系统稳定时 K 的取值范围。

4 - 5 设系统的开环传递函数为 $G(s)H(s) = \dfrac{K(s+2)}{s(s+1)}$，试从数学上证明复数根轨迹部分是以 $(-2, j0)$ 为圆心，$\sqrt{2}$ 为半径的一个圆。

4 - 6 已知单位负反馈系统闭环传递函数为 $\varPhi(s) = \dfrac{as}{s^2 + as + 16}$，$a > 0$，试完成：

(1) 绘制闭环系统的根轨迹。

(2) 判断 $(-\sqrt{3}, j)$ 点是否在根轨迹上。

第五章　控制系统的频域分析

　　控制系统的时域分析法是分析系统的最基本方法，能准确地描述系统的动态性能，但是求解高阶系统时域响应十分困难，所以时域分析法主要适用于低阶系统的性能分析。因此，人们在工程实践中，经常应用频率特性分析法又称频域分析法来研究系统。

　　频域分析法主要适用于线性定常系统，是分析和设计控制系统的一种实用的工程方法，其避免了求解高阶系统时域响应十分困难的缺点，可以根据系统的开环频率特性来判断闭环系统的稳定性，分析系统参数对系统性能的影响，在控制系统的校正设计中应用非常广泛。

　　频率特性是频域分析法分析和设计控制系统时所用的数学模型，它既可以根据系统的工作原理，应用机理分析法建立，也可以由系统的其他数学模型（传递函数、微分方程等）方便地转换而来，还可用实验法来确定。频域分析法、时域分析法和根轨迹法一并作为经典控制理论的重要组成部分，相互渗透、相互补充，在经典控制理论中占有重要的地位。

　　本章介绍频率特性的基本概念、典型环节和系统的开环频率特性、奈奎斯特稳定判据和系统的相对稳定性、由系统开环频率特性求闭环频率特性的方法、系统性能的频域分析方法以及频率特性的实验确定方法。

第一节　频　率　特　性

一、频率特性的基本概念

　　前面的章节讨论了阶跃、斜坡、加速度以及脉冲等函数的输入信号对控制系统的作用。现在考虑另一种重要函数，即正弦函数作为输入信号对系统的作用。

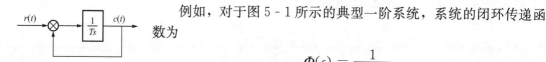

　　例如，对于图 5-1 所示的典型一阶系统，系统的闭环传递函数为

图 5-1　典型一阶系统

$$\varPhi(s) = \frac{1}{Ts+1}$$

　　若输入一正弦信号 $r(t) = R_0 \sin\omega t$，其拉氏变换为

$$R(s) = \frac{R_0\omega}{s^2+\omega^2}$$

则系统输出量的拉氏变换为

$$C(s) = \varPhi(s)R(s) = \frac{1}{Ts+1} \times \frac{R_0\omega}{s^2+\omega^2}$$

　　通过拉氏反变换，得

$$c(t) = \frac{R_0\omega T}{1+\omega^2 T^2}\mathrm{e}^{-t/T} + \frac{R_0}{\sqrt{1+\omega^2 T^2}}\sin[\omega t - \mathrm{arctg}(\omega T)] \qquad (5-1)$$

　　由式（5-1）可见，系统的输出 $c(t)$ 由两项组成：第一项为瞬态分量，其值随着时间的增长而趋于零；第二项为稳态分量，是一个频率为 ω 的正弦信号。当时间 t 趋于无穷大

时，稳态分量即为系统的稳态输出，由此说明在正弦信号作用下系统的稳态输出为一个频率为 ω 的正弦信号。

可以证明，对于一个稳定的线性定常系统，输入端施加一个正弦信号，当动态过程结束后，其输出端必然得到一个与输入信号同频率的正弦信号，其幅值和初始相位为输入信号频率的函数。

对于一般线性定常系统，可列出描述输出量 $c(t)$ 和输入量 $r(t)$ 关系的微分方程

$$\frac{\mathrm{d}^n c(t)}{\mathrm{d}t^n} + a_{n+1}\frac{\mathrm{d}^{n-1}c(t)}{\mathrm{d}t^{n-1}} + \cdots + a_1\frac{\mathrm{d}c(t)}{\mathrm{d}t} + a_0 c(t)$$

$$= b_m\frac{\mathrm{d}^m r(t)}{\mathrm{d}t_m} + b_{m-1}\frac{\mathrm{d}^{m-1}r(t)}{\mathrm{d}t^{m-1}} + \cdots + b_1\frac{\mathrm{d}r(t)}{\mathrm{d}t} + b_0 r(t) \qquad (5-2)$$

与其对应的传递函数为

$$\Phi(s) = \frac{C(s)}{R(s)} = \frac{b_m s^m + b_{m-1}s^{m-1} + \cdots + b_1 s + b_0}{a_n s^n + a_{n-1}s^{n-1} + \cdots + a_1 s + a_0} \qquad (5-3)$$

如果在系统输入端加一个正弦信号，

$$r(t) = R_0 \sin\omega t \qquad (5-4)$$

式中：R_0 是幅值；ω 是频率。

由于

$$R(s) = \frac{R_0 \omega}{s^2 + \omega^2} \qquad (5-5)$$

所以

$$C(s) = \Phi(s)R(s) = \sum_{i=1}^{n}\frac{C_i}{s - s_i} + \frac{B}{s + \mathrm{j}\omega} + \frac{D}{s - \mathrm{j}\omega} \qquad (5-6)$$

式中：s_i 为系统的闭环极点；C_i、B、D 为常数。

对式 (5-6) 进行拉氏反变换，可求得系统的输出。

其稳态分量为

$$C_s(t) = B\mathrm{e}^{-\mathrm{j}\omega t} + D\mathrm{e}^{\mathrm{j}\omega t} \qquad (5-7)$$

$$B = \Phi(s)R(s)(s + \mathrm{j}\omega)\Big|_{s=-\mathrm{j}\omega} = \Phi(-\mathrm{j}\omega)R_0\frac{1}{-2\mathrm{j}} = \frac{1}{2}\big|\Phi(\mathrm{j}\omega)\big|R_0\mathrm{e}^{-\mathrm{j}\left[\angle\Phi(\mathrm{j}\omega)-\frac{\pi}{2}\right]}$$

$$D = \frac{1}{2}\big|\Phi(\mathrm{j}\omega)\big|R_0\mathrm{e}^{\mathrm{j}\left[\angle\Phi(\mathrm{j}\omega)-\frac{\pi}{2}\right]}$$

故稳态分量为

$$C_s(t) = \big|\Phi(\mathrm{j}\omega)\big|R_0\frac{1}{2}\left\{\mathrm{e}^{\mathrm{j}\left[\omega t+\angle\Phi(\mathrm{j}\omega)-\frac{\pi}{2}\right]} + \mathrm{e}^{-\mathrm{j}\left[\omega t+\angle\Phi(\mathrm{j}\omega)-\frac{\pi}{2}\right]}\right\}$$

$$= \big|\Phi(\mathrm{j}\omega)\big|R_0\cos\left[\omega t+\angle\Phi(\mathrm{j}\omega)-\frac{\pi}{2}\right]$$

$$= \big|\Phi(\mathrm{j}\omega)\big|R_0\sin\left[\omega t+\angle\Phi(\mathrm{j}\omega)\right]$$

稳定系统的瞬态分量随着时间的增长而趋于零，稳态分量 $C_s(t)$ 即为系统的稳态响应，可见系统的稳态响应是与输入信号同频率的正弦信号。定义该正弦信号的幅值与输入信号的幅值之比为幅频特性 $A(\omega)$，相位之差为相频特性 $\varphi(\omega)$，则有

$$A(\omega) = \big|\Phi(\mathrm{j}\omega)\big| \qquad (5-8)$$

$$\varphi(\omega) = \angle\Phi(\mathrm{j}\omega) \qquad (5-9)$$

频率特性是指系统的幅频特性和相频特性，通常用复数来表示，即

$$A(\omega)e^{j\varphi(\omega)} = \varPhi(j\omega) = \varPhi(s)\mid_{s=j\omega} \tag{5-10}$$

一般地，频率特性用 $\varPhi(j\omega)$ 符号表示，则幅频特性用 $A(\omega)$ 表示，相频特性用 $\varphi(\omega)$ 表示。显然，只要在传递函数中令 $s=j\omega$ 即可得到频率特性。

二、频率特性与传递函数的关系

频率特性作为一种数学模型，与传递函数有着密切的关系。若已知系统或环节的传递函数 $G(s)$，则其频率特性为 $G(j\omega)$，即只要令传递函数 $G(s)$ 中的 $s=j\omega$，便可求得 $G(j\omega)$。计算式为

$$G(j\omega) = G(s)\mid_{s=j\omega}$$

对于不稳定的线性定常系统，在正弦信号作用下，其输出信号的瞬态分量不可能消失，瞬态分量和稳态分量始终存在，系统的稳态分量是无法观察到的，但稳态分量是与输入信号同频率的正弦信号，可定义该正弦信号的幅值与输入信号的幅值之比为幅频特性 $A(\omega)$，相位之差为相频特性 $\varphi(\omega)$。据此可定义出不稳定线性定常系统的频率特性。

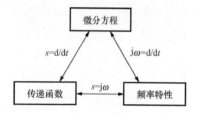

图 5 - 2　微分方程、频率特性、传递函数之间的关系图

式（5 - 8）～式（5 - 10）同样适用于不稳定的线性定常系统，差别在于系统不稳定时，瞬态分量不可能消失，瞬态分量和稳态分量始终存在，所以不稳定系统的频率特性是观察不到的。频率特性和传递函数、微分方程一样，也是系统的数学模型。三种数学模型之间的关系如图 5 - 2 所示。

【例 5 - 1】　单位负反馈系统的开环传递函数为 $\varPhi(s) = \dfrac{4}{s(s+2)}$，若输入信号 $r(t)=2\sin 2t$，试求系统的稳态输出和稳态误差。

解　在正弦信号作用下，稳定的线性定常系统的稳态输出和稳态误差也是正弦信号，本题可以利用频率特性的概念来求解。

控制系统的闭环传递函数为　　　$\varPhi(s) \dfrac{4}{s^2 + 2s + 4}$

对应的频率特性为　　　　　　　$\varPhi(j\omega) = \dfrac{4}{4 - \omega^2 + j2\omega}$

由于输入正弦信号的频率为 $\omega=2$，可以算得

$$\varPhi(j2) = -j = 1e^{j90°}$$

即 $A(2) = 1, \varphi(2) = -90°$，因此稳态输出为

$$C_s(t) = 2A(2)\sin[2t + \varphi(2)] = 2\sin(2t - 90°)$$

在计算稳态误差时，可把误差作为系统的输出量，利用误差传递函数来计算，即

$$\varPhi_e(s) = \dfrac{s^2 + 2s}{s^2 + 2s + 4}$$

$$\varPhi_e(j\omega) = \dfrac{-\omega^2 + j2\omega}{4 - \omega^2 + j2\omega}$$

$$\varPhi_e(j2) = \dfrac{-4 + j4}{j4} = \sqrt{2}e^{j45°}$$

因此稳态误差为

$$e_{ss}(t) = 2\sqrt{2}\sin(2t + 45°)$$

从［例 5-1］可以看出，在正弦信号作用下求系统的稳态输出和稳态误差时，由于正弦信号的象函数 R_s 的极点位于虚轴上，不符合拉氏变换终值定理的应用条件，不能利用拉氏变换的终值定理来求解，但运用频率特性的概念来求解却非常方便。必须注意的是，此时的系统应当是稳定的。

三、频率特性图形表示

在工程分析和设计中，通常把频率特性画成曲线，从频率特性曲线出发进行研究。这些曲线包括幅频特性曲线和相频特性曲线、幅相频率特性曲线、对数频率特性曲线以及对数幅相曲线等。

幅频特性曲线和相频特性曲线是指在直角坐标系中分别画出幅频特性和相频特性随频率 ω 变化的曲线，其中横坐标表示频率 ω，纵坐标分别表示幅频特性 $A(\omega)$ 和相频特性 $\varphi(\omega)$。

例如，设 $\Phi(j\omega) = \dfrac{1}{1 + j\omega T_0}$，则有 $\varphi(\omega) = -\text{arctg}\,\omega T_0$。

表 5-1 列出了幅频特性和相频特性的计算数据，图 5-3 是根据表 5-1 绘制 $A(\omega) = 1/\sqrt{1 + (\omega T)^2}$ 的幅频和相频特性曲线。

表 5-1   **幅频特性和相频特性数据**

ω	0	$1/2T$	$1/T$	$2/T$	$3/T$	$4/T$	$5/T$	∞
$A(\omega)$	1	0.89	0.71	0.45	0.32	0.24	0.20	0
$\varphi(\omega)$	0°	−26.6°	−45°	−63.5°	−71.5°	−76°	−78.7°	−90°

幅相频率特性曲线简称幅相曲线，是频率响应法中的一种常用曲线。其特点是把频率 ω 看作参变量，将频率特性的幅频特性和相频特性同时表示在复数平面上。例如，按表 5-1 所示频率特性数据，可画出幅相曲线，如图 5-4 所示，图中实轴正方向为相角的零度线，逆时针转过的角度为正角度，顺时针转过的角度为负角度。

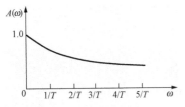

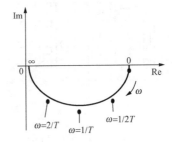

图 5-3 幅频和相频特性曲线   图 5-4 $\varphi(j\omega) = 1/(1 + j\omega T)$ 幅相曲线

对于某一频率 ω，必有一个幅频特性的幅值和一个相频特性的相角与之对应，此幅值和相角在复数平面上代表一个向量。当频率 ω 从零到无穷大变化时，相应向量的矢端可绘出一条曲线。这条曲线称作幅相曲线（又称尼柯尔斯图）。幅相曲线中常用箭头方向代表 ω 增加时幅相曲线改变的方向。鉴于幅频特性为 ω 的偶函数，相频特性为 ω 的奇函数，一旦绘出 ω

从零到无穷大时的幅相曲线，则 ω 从零到负无穷大时的幅相曲线，即可根据对称于实轴的原理立即获得。因此，一般只需研究 ω 从零到无穷大时的幅相曲线，这种绘有幅相曲线的图形称为极坐标图（又称奈奎斯特图）。

对数频率特性曲线（又称伯德曲线），包括对数幅频曲线和对数相频曲线两条曲线，是频域分析法中广泛使用的一组曲线。这两条曲线连同它们的坐标组成了对数坐标图或称伯德图。对数频率特性曲线的横坐标表示频率 ω，并按对数分度，单位是 rad/s。所谓对数分度，是指横坐标以 $\lg\omega$ 进行均匀分度，即横坐标对 $\lg\omega$ 来讲是均匀的，对 ω 而言却是不均匀的，如图 5-5 所示。

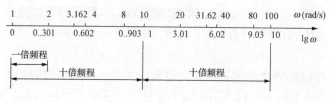

图 5-5 对数分度示意图

从图 5-5 中可以看出，频率 ω 每变化十倍（称为一个十倍频程），横坐标的间隔距离为一个单位长度。横坐标以 ω 标出，一般情况下，不应标出 $\omega=0$ 的点（因为此时 $\lg\omega$ 不存在）。若 ω_2 位于 ω_1 和 ω_3 的几何中点，此时应有 $\lg\omega_2-\lg\omega_1=\lg\omega_3-\lg\omega_2$，即 $\omega_2^2=\omega_1\omega_3$，例如 $\omega_1=1\text{rad/s}$ 和 $\omega_3=10\text{rad/s}$ 两点的几何中点为 $\omega=3.162\text{rad/s}$。

对数幅频特性曲线的纵坐标表示对数幅频特性的数值，均匀分度，单位是 dB（分贝），对数幅频特性定义为 $L(\omega)=20\lg A(\omega)$；对数相频特性曲线的纵坐标表示相频特性的数值，均匀分度，单位是°（度）。图 5-6 所示为 $\Phi(j\omega)=1/(1+j\omega T)$ 的对数幅频曲线和对数相频曲线。

频域分析法中常见的另一种曲线是对数幅相曲线（又称尼可尔斯曲线），对应的曲线图称为对数幅相图（又称尼可尔斯图）。对数幅相图的特点是以 ω 为参变量，横坐标和纵坐标都均匀分度，横坐标表示对数相频特性的角度，纵坐标表示对数幅频特性的分贝数。图 5-7 所示为 $1/(1+j\omega T)$ 的对数幅相曲线。

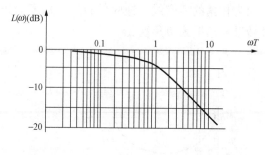

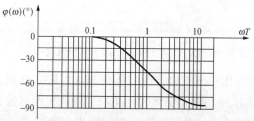

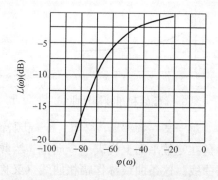

图 5-6 $1/(1+j\omega T)$ 的对数幅频曲线和对数相频曲线　　　图 5-7 $1/(1+j\omega T)$ 的对数幅相曲线

四、频率特性与时域响应的关系

系统的频率特性与时域响应之间存在一定的关系，这种关系是频域分析和设计方法的依据。

设线性定常系统的输入和输出均满足狄里赫利条件，并且绝对可积，则可求得其傅里叶变换

$$R(j\omega) = \int_{-\infty}^{\infty} r(t)e^{-j\omega t}dt \tag{5-11}$$

$$C(j\omega) = \int_{-\infty}^{\infty} c(t)e^{-j\omega t}dt \tag{5-12}$$

根据频率特性的定义，若系统的频率特性为 $\Phi(j\omega)$，有

$$C(j\omega) = \Phi(j\omega)R(j\omega) \tag{5-13}$$

对式（5-13）进行傅里叶反变换，即可求得系统的时域响应。例如，系统的单位脉冲响应为

$$\delta(t) = \frac{1}{2\pi}\int_{-\infty}^{\infty} \Phi(j\omega)e^{-j\omega t}dt \tag{5-14}$$

一般情况下，当输入信号为 $r(t)$ 时，系统的响应可用卷积分求得，计算式为

$$h(t) = \int_0^t g(t-\tau)r(\tau)d\tau \tag{5-15}$$

第二节　典型环节的频率特性

通常，线性定常系统的开环传递函数可看作是由一些典型环节串联而成，这些典型环节包括比例环节 K，惯性环节 $\frac{1}{Ts+1}(T>0)$，积分环节 $\frac{1}{s}$，微分环节 s，振荡环节 $\frac{\omega_n^2}{s^2+2\omega_n\xi s+\omega_n^2}(0<\xi<1)$，一阶微分环节 $1+Ts(T>0)$，二阶微分环节 $T^2s^2+2\xi Ts+1$ $(0<\xi<1)$ 以及延迟环节 $e^{-\tau s}$。

本节着重研究这些典型环节的幅相曲线、对数频率特性曲线的绘制方法及其特点。

一、比例环节

比例环节的传递函数为常数 K，其频率特性为

$$G(j\omega) = K \tag{5-16}$$

比例环节的幅频特性和相频特性的表达式为

$$\begin{cases} A(\omega) = K \\ \varphi(\omega) = 0 \end{cases} \tag{5-17}$$

相应的对数幅频特性和相频特性为

$$\begin{cases} L(\omega) = 20\lg A(\omega) = 20\lg K \\ \varphi(\omega) = 0 \end{cases} \tag{5-18}$$

比例环节的幅相曲线和对数频率特性曲线如图 5-8 所示。

二、惯性环节

惯性环节的传递函数为 $G(s) = \dfrac{1}{Ts+1}$，其频率特性为

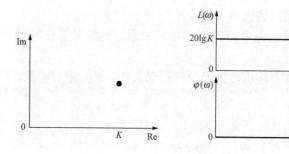

图 5 - 8　比例环节的幅相曲线及对数幅频和对数相频特性曲线

$$G(\mathrm{j}\omega) = \frac{1}{1+\mathrm{j}\omega T} = \frac{1}{\sqrt{1+(\omega T)^2}} \mathrm{e}^{\mathrm{jarctg}(\omega T)} \qquad (5-19)$$

惯性环节的幅频特性和相频特性的表达式为

$$\begin{cases} A(\omega) = 1/\sqrt{1+(\omega T)^2} \\ \varphi(\omega) = -\mathrm{arctg}(\omega T) \end{cases} \qquad (5-20)$$

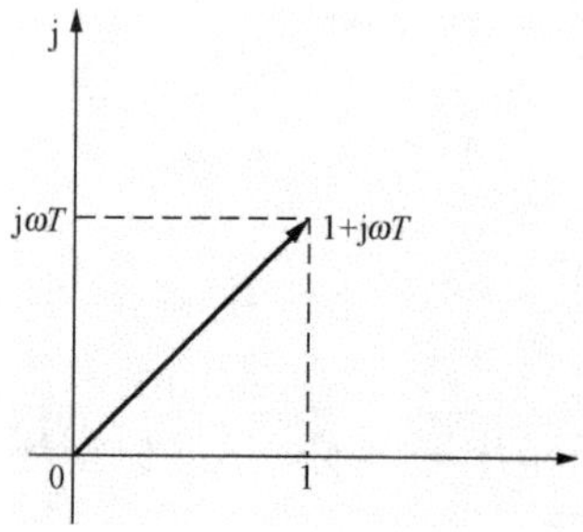

如图 5 - 9 所示，在绘制幅相曲线时，向量 $1+\mathrm{j}\omega T$ 在 ω 由 $0 \rightarrow \infty$ 变化时，其幅值由 1 变化到 ∞，而相角由 $0°$ 变化到 $90°$，说明惯性环节 $\dfrac{1}{1+\mathrm{j}\omega T}$ 的幅值由 1 变化到 0，相角由 $0°$ 变化到 $-90°$，据此可以画出惯性环节幅相曲线的大致形状。通过逐点计算，可以画出惯性环节幅相曲线的精确曲线，如图 5 - 4 所示。惯性环节的幅相曲线为半圆。

图 5 - 9　$1+\mathrm{j}\omega T$ 的向量图

惯性环节的对数幅频特性和相频特性为

$$\begin{cases} L(\omega) = -20\lg\sqrt{1+(\omega T)^2} \\ \varphi(\omega) = -\mathrm{arctg}(\omega) T \end{cases} \qquad (5-21)$$

可以通过计算若干点的数值来绘制惯性环节的对数幅频特性和相频特性的精确曲线，如图 5 - 10 所示。

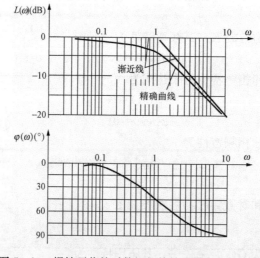

图 5 - 10　惯性环节的对数幅频特性和对数相频特性曲线

工程上，此环节的对数幅频特性可以采用渐近线来表示。定义 $\omega_1 = 1/T$ 为交接频率，渐近线表示为

$$L(\omega) = 0 \qquad (\omega \ll \omega_1) \tag{5-22}$$

$$L(\omega) = -20\lg(\omega T) = -20\lg\omega + 20\lg\omega_1 \qquad (\omega \gg \omega_1) \tag{5-23}$$

从渐近线的表达式可以看出，在 $\omega \ll \omega_1$ 时，式（5-22）为一条零分贝的水平线；在 $\omega \gg \omega_1$ 时，$L(\omega)$ 与 $\lg\omega$ 成线性关系，由于在伯德图中，横坐标是以 $\lg\omega$ 线性分度的，故渐近线式（5-23）为一条斜率为 $-20\mathrm{dB}/$（十倍频程）（记为 $-20\mathrm{dB/dec}$）的直线（即 ω 每增加十倍，对数幅频特性下降 20dB）。为方便起见，在 $\omega < \omega_1$ 的区段，以式（5-22）作为惯性环节对数幅频特性曲线的渐近线（或称近似曲线）；在 $\omega > \omega_1$ 的区段，以式（5-23）作为惯性环节对数幅频特性曲线的渐近线（或称近似曲线），两段渐近线在交接频率 ω_1 处相交，如图 5-10 所示。

对数幅频特性曲线渐近线与准确曲线之间存在误差，若规定误差 $\Delta L(\omega)$ 为准确值减去近似值，可得到 $\Delta L(\omega)$ 表达式为

$$\Delta L(\omega) = \begin{cases} -20\lg\sqrt{1+\omega^2 T^2} & (\omega < \omega_1) \\ -20\lg\sqrt{1+\omega^2 T^2} + 20\lg\omega T & (\omega > \omega_1) \end{cases} \tag{5-24}$$

由式（5-24）可制作出误差曲线，必要时可利用误差公式或误差曲线来进行修正，最大的误差发生在交接频率 ω_1 处，其值为 $-3\mathrm{dB}$。

对数相频特性曲线的绘制没有类似的简化方法。只能给出若干个 ω 值，逐点求出相应的 $\varphi(\omega)$ 值，然后用平滑曲线连接。有时，也可以采用预先制好的模板绘制。对数相频特性曲线如图 5-10 所示。交接频率 ω_1 也称为惯性环节的特征点，此时 $A(\omega_1) = 0.707$，$L(\omega_1) = -3\mathrm{dB}$，$\varphi(\omega_1) = -45°$。

三、积分环节

积分环节的传递函数是，其频率特性为

$$G(\mathrm{j}\omega) = \frac{1}{\mathrm{j}\omega} = \frac{1}{\omega}\mathrm{e}^{-\mathrm{j}\frac{\pi}{2}} \tag{5-25}$$

积分环节的幅频特性和相频特性的表达式为

$$\begin{cases} A(\omega) = \dfrac{1}{\omega} \\ \varphi(\omega) = -\dfrac{\pi}{2} \end{cases} \tag{5-26}$$

其幅相曲线如图 5-11 所示。显然 ω 由 $0 \to \infty$ 变化时，其幅值由 ∞ 变化到 0，而相角始终为 $-90°$。

积分环节的对数幅频特性和相频特性为

$$\begin{cases} L(\omega) = -20\lg\omega \\ \varphi(\omega) = -\dfrac{\pi}{2} \end{cases} \tag{5-27}$$

其相应的对数幅频特性和相频特性曲线如图 5-12 所示。由图可见，其对数幅频特性为一条斜率为 $-20\mathrm{dB/dec}$ 的直线，此线通过 $\omega = 1\mathrm{rad/s}$，$L(\omega) = 0\mathrm{dB}$ 的点。相频特性是一条平行于横轴的直线，其纵坐标为 $-\pi/2$。

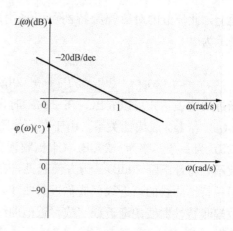

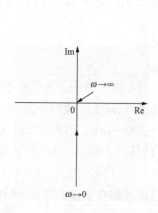

图 5-11　积分环节的幅相曲线　　　　图 5-12　积分环节的伯德图

四、微分环节

微分环节的传递函数是 s，其频率特性为

$$G(j\omega) = j\omega = \omega e^{j\frac{\pi}{2}} \tag{5-28}$$

微分环节的幅频特性和相频特性的表达式为

$$\begin{cases} A(\omega) = \omega \\ \varphi(\omega) = \dfrac{\pi}{2} \end{cases} \tag{5-29}$$

其幅相曲线如图 5-13 所示。显然 ω 由 $0 \rightarrow \infty$ 变化时，其幅值由 0 变化到 ∞，而相角始终为 $+90°$。

微分环节的对数幅频特性和相频特性为

$$\begin{cases} L(\omega) = 20\lg\omega \\ \varphi(\omega) = \dfrac{\pi}{2} \end{cases} \tag{5-30}$$

其相应的对数幅频特性和相频特性曲线如图 5-14 所示。由图可见，其对数幅频特性为一条斜率为 $+20$dB/dec 的直线，此线通过 $\omega=1$rad/s，$L(\omega)=0$dB 的点。相频特性是一条平行于横轴的直线，其纵坐标为 $\pi/2$。

积分环节和微分环节的传递函数互为倒数，它们的对数幅频特性和相频特性则对称于横轴。如图 5-11 和图 5-13 及图 5-12 和图 5-14 所示。

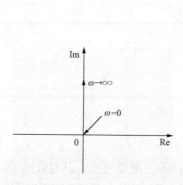

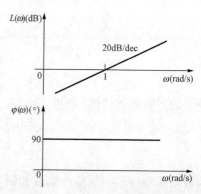

图 5-13　微分环节的幅相曲线　　　　图 5-14　微分环节的伯德图

五、振荡环节

振荡环节的传递函数是 $\dfrac{\omega_n^2}{s^2+2\omega_n\xi s+\omega_n^2}$（$0<\xi<1$），振荡环节的频率特性为

$$G(\mathrm{j}\omega)=\frac{1}{1-\left(\dfrac{\omega}{\omega_n}\right)^2+\mathrm{j}\dfrac{2\xi\omega}{\omega_n}} \tag{5-31}$$

幅频特性解析表达式为

$$A(\omega)=\frac{1}{\sqrt{\left(1-\dfrac{\omega^2}{\omega_n^2}\right)^2+4\xi^2\dfrac{\omega^2}{\omega_n^2}}} \tag{5-32}$$

相频特性的解析表达式为

$$\varphi(\omega)=\begin{cases} -\operatorname{arctg}\dfrac{2\xi\dfrac{\omega}{\omega_n}}{1-\dfrac{\omega^2}{\omega_n^2}} & \left(-\dfrac{\omega}{\omega_n}\leqslant 1\right) \\[4mm] -\left[\pi-\operatorname{arctg}\dfrac{2\xi\dfrac{\omega}{\omega_n}}{\dfrac{\omega^2}{\omega_n^2}-1}\right] & \left(\dfrac{\omega}{\omega_n}>1\right) \end{cases} \tag{5-33}$$

幅相曲线的起点为 $G(\mathrm{j}0)=1\angle 0°$，终点为 $G(\mathrm{j}\infty)=0\angle-180°$。当 ω 由 $0\to\infty$ 变化时，$A(\omega)$ 由 $1\to 0$，$\varphi(\omega)$ 由 $0°\to-180°$ 变化。据此可以画出振荡环节幅相曲线的大致形状。通过逐点计算，可以画出振荡环节幅相曲线的精确形状。振荡环节的幅相曲线如图 5-15 所示，图上以频率 $\mu=\omega/\omega_n$ 为参变量。由图可见，无论 ξ 多大，$\mu=1$（即 $\omega=\omega_n$）时，相角都等于 $-90°$，而幅值为 $1/2\xi$。

图 5-16 所示为 $A(\omega)$ 与 μ 的关系曲线。由曲线可知，ξ 小于某个值时，幅频特性出现谐振峰值 M_r，峰值对应的频率称为谐振频率 ω_r，$\mu_r=\omega_r/\omega_n$ 称作无因次谐振频率。μ_r 随 ξ 减小而增大，最终趋于 1。

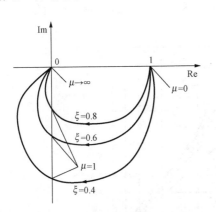

图 5-15　振荡环节的幅相曲线

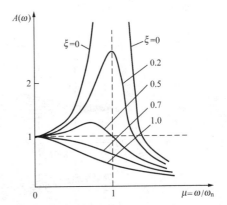

图 5-16　振荡环节的 $A(\omega)$ 与 μ 的关系曲线

将式（5-32）对 μ 求导，并令其等于零，得

$$\mu_r=\sqrt{1-2\xi^2} \qquad (\xi\leqslant 0.707) \tag{5-34}$$

或谐振频率为

$$\omega_r = \sqrt{1 - 2\xi^2}\,\omega_n \qquad (\xi \leqslant 0.707) \tag{5-35}$$

幅频特性谐振峰值

$$M_r = \frac{1}{2\xi\sqrt{1-\xi^2}} \qquad (\xi \leqslant 0.707) \tag{5-36}$$

式（5-34）和式（5-35）只在 $\xi \leqslant 0.707$ 时才有意义，因为 $\xi > 0.707$ 时，幅频特性的斜率恒为负值没有谐振峰值。

式（5-36）表明了幅频特性谐振峰值 M_r 与阻尼比 ξ 关系。对于振荡环节来说，阻尼比越小，M_r 越大，系统的单位阶跃响应的超调量也越大；反之，阻尼比越大，M_r 越小，超调量也越小。可见，M_r 直接表征了系统超调量的大小，故称为振荡性指标。

振荡环节的对数幅频特性为

$$L(\omega) = -20 \lg \sqrt{(1 - \omega^2/\omega_n^2)^2 + (2\xi\omega/\omega_n)^2} \tag{5-37}$$

振荡环节的对数相频特性为

$$\varphi(\omega)\begin{cases} -\operatorname{arctg}\dfrac{2\xi\dfrac{\omega}{\omega_n}}{1-\dfrac{\omega^2}{\omega_n^2}} & \left(\dfrac{\omega}{\omega_n} \leqslant 1\right) \\[6mm] -\left[\pi - \operatorname{arctg}\dfrac{2\xi\dfrac{\omega}{\omega_n}}{\dfrac{\omega^2}{\omega_n^2}-1}\right] & \left(\dfrac{\omega}{\omega_n} > 1\right) \end{cases} \tag{5-38}$$

在绘制对数幅频特性曲线时，注意到其渐近线可表示为

$$L(\omega) = 0 \qquad (\omega \ll \omega_n) \tag{5-39}$$

$$L(\omega) = -40\lg\omega/\omega_n \qquad (\omega \gg \omega_n) \tag{5-40}$$

即在 $\omega \ll \omega_n$ 时，渐近线是一条零分贝的水平线，而在 $\omega \gg \omega_n$ 时渐近线是一条斜率为 $-40\mathrm{dB/dec}$ 的直线，与零分贝线交于横坐标 $\omega = \omega_n$ 的地方。因为自然频率 ω_n 是两条渐近线交接点的频率，故称为振荡环节的交接频率。振荡环节的对数幅频特性曲线及其渐近线如图 5-17 所示。

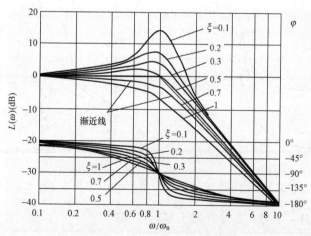

图 5-17　振荡环节的伯德图

由图 5 - 17 可见，用渐近线来表示对数幅频特性曲线时存在误差，误差大小既与 ω 有关也与 ξ 有关。若规定误差 $\Delta L(\omega,\xi)$ 为准确值减去近似值，可得误差计算公式

$$\Delta L(\omega,\xi) = -20\lg\sqrt{(1-\omega^2/\omega_n^2)^2+(2\xi\omega/\omega_n)^2} \qquad (\omega\leqslant\omega_n) \tag{5-41}$$

$$\Delta L(\omega,\xi) = -20\lg\sqrt{(1-\omega^2/\omega_n^2)^2+(2\xi\omega/\omega_n)^2}+20\lg\omega^2/\omega_n^2 \quad (\omega\geqslant\omega_n) \tag{5-42}$$

根据式（5 - 41）和式（5 - 42）可绘制出误差曲线，误差的大小与 ξ 有关，必要时可以用误差公式或误差曲线进行修正。

振荡环节的对数相频特性曲线如图 5 - 17 所示，ξ 不同，曲线的形状也有所不同。

六、一阶微分环节

一阶微分环节的传递函数为 $1+Ts$，其频率特性为

$$G(j\omega) = 1+j\omega T = \sqrt{1+(\omega T)^2}\,e^{j\mathrm{arctg}(\omega T)} \tag{5-43}$$

一阶微分环节的幅频特性和相频特性的表达式为

$$\begin{cases} A(\omega) = \sqrt{1+(\omega T)^2} \\ \varphi(\omega) = \mathrm{arctg}(\omega T) \end{cases} \tag{5-44}$$

注意到向量 $1+j\omega T$ 在 ω 由 $0\to\infty$ 变化时，其幅值由 1 变化到 ∞，而相角由 $0°$ 变化到 $90°$，其实部始终为 1。一阶微分环节的幅相曲线如图 5 - 14 所示。

一阶微分环节的对数幅频特性和相频特性为

$$\begin{cases} L(\omega) = 20\lg\sqrt{1+(\omega T)^2} \\ \varphi(\omega) = \mathrm{arctg}(\omega T) \end{cases} \tag{5-45}$$

可以采用计算若干点的数值的方法来绘制一阶微分环节的对数幅频特性曲线和相频特性曲线。工程上，此环节的对数幅频特性可以采用渐近线来表示。定义 $\omega_1 = 1/T$ 为交接频率，渐近线表示为

$$L(\omega) = 0 \qquad (\omega\ll\omega_1) \tag{5-46}$$

$$L(\omega) = 20\lg(\omega T) = 20\lg\omega - 20\lg\omega_1 \qquad (\omega\gg\omega_1) \tag{5-47}$$

比较惯性环节和一阶微分环节可以发现，它们的传递函数互为倒数，而它们的对数幅频特性和相频特性则对称于横轴，这是一个普遍规律，即传递函数互为倒数时，对数幅频特性和相频特性对称于横轴。

七、二阶微分环节

二阶微分环节的传递函数是 $T^2s^2+2\xi Ts+1$ 或 $\dfrac{s^2}{\omega_n^2}+\dfrac{2\xi s}{\omega_n}+1$，式中 $\omega_n>0$，$0<\xi<1$。相应的频率特性为

$$G(j\omega) = 1-\omega^2/\omega_n^2+j2\xi\omega/\omega_n \tag{5-48}$$

可知幅相曲线的起点为 $G(j0) = 1\angle 0°$，终点为 $G(j\infty) = \infty\angle 180°$，当 ω 由 $0\to\infty$ 变化时，$A(\omega)$ 由 $1\to\infty$，$\varphi(\omega)$ 由 $0°\to+180°$ 变化，据此可以画出二阶微分环节幅相曲线的大致形状。通过逐点计算，可以画出二阶微分环节幅相曲线的精确形状，如图 5 - 18 所示。

二阶微分环节和振荡环节的传递函数互为倒数，它们的对数幅频特性和相频特性对称于横轴。二阶微分环节的伯德图如图 5 - 19 所示。注意到对数幅频特性曲线的渐近线在 $\omega<\omega_n$ 时是一条零分贝的水平线，而在 $\omega>\omega_n$ 时是一条斜率为 40dB/dec 的直线，与零分贝线交于横坐标 $\omega=\omega_n$ 的地方。ω_n 称为二阶微分环节的交接频率。

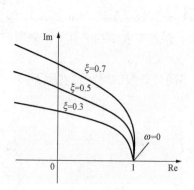

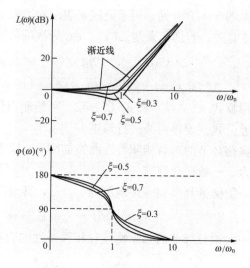

图 5-18　二阶微分环节的幅相曲线

图 5-19　二阶微分环节的伯德图

八、延迟环节

输出量毫不失真地复现输入量的变化，但时间上存在恒定延迟的环节称为延迟环节，如图 5-20 所示。

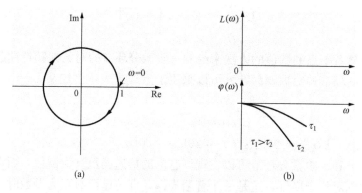

图 5-20　延迟环节的幅相曲线和伯德图

(a) 幅相曲线；(b) 伯德图

延迟环节输出和输入间的关系式是

$$c(t) = r(t-\tau)1(t-\tau) \tag{5-49}$$

故延迟环节的传递函数是

$$G(s) = e^{-\tau s} \tag{5-50}$$

对应的频率特性是

$$G(j\omega) = e^{-j\omega\tau} \tag{5-51}$$

幅频特性和相频特性分别为

$$A(\omega) = 1 \tag{5-52}$$

$$\varphi(\omega) = -57.3\omega\tau \tag{5-53}$$

由此可知，幅频特性恒等于1，相频特性是 ω 的线性函数。ω 为零时，相角等于零；ω 趋于无穷大时，相角趋于负无穷大。延迟环节的幅相曲线是一个以原点为圆心、半径为1的圆,如图 5 - 20(a)所示。

延迟环节的对数幅频特性恒为零分贝,即

$$L(\omega) = 0 \tag{5-54}$$

其伯德图如图 5 - 20(b)所示。由图可知,τ 越大,相角滞后就越大。

实际中的元部件和系统常包含延迟环节。例如,有分布参数的长传输线就可用延迟环节表征。在这种传输线内,脉冲可以保持原波形,经时间 τ 沿传输线传送过去。又如,多个小时间常数的惯性环节串联后,其等效特性也可用延迟环节近似。

第三节 系统开环频率特性

线性定常系统有开环传递函数和闭环传递函数,在分析系统时应注意区分。类似地,线性定常系统的频率特性也有开环频率特性和闭环频率特性。显然,在系统的开环传递函数中令 $s=j\omega$ 可得到开环频率特性,而在系统的闭环传递函数中令 $s=j\omega$ 可得到闭环频率特性。本节讨论系统开环频率特性的绘制。

一、概述

设开环系统由 n 个典型环节串联组成,其传递函数为

$$G(s) = G_1(s)G_2(s)\cdots G_n(s)$$

系统的开环频率特性为

$$G(j\omega) = G_1(j\omega)G_2(j\omega)\cdots G_n(j\omega)$$

可见

$$A(\omega) = A_1(\omega)A_2(\omega)\cdots A_n(\omega) \tag{5-55}$$

$$L(\omega) = L_1(\omega) + L_2(\omega) + \cdots + L_n(\omega) \tag{5-56}$$

$$\varphi(\omega) = \varphi_1(\omega) + \varphi_2(\omega) + \cdots + \varphi_n(\omega) \tag{5-57}$$

式中:$G_i(s)(i=1,2,\cdots,n)$ 表示各典型环节的传递函数;$G_i(j\omega)(i=1,2,\cdots,n)$ 表示各典型环节的频率特性;$A_i(\omega)(i=1,2,\cdots,n)$ 表示各典型环节的幅频特性;$L_i(\omega)(i=1,2,\cdots,n)$ 表示各典型环节的对数幅频特性;$\varphi_i(\omega)(i=1,2,\cdots,n)$ 表示各典型环节的相频特性。

若控制系统开环传递函数的所有零点、极点均位于虚轴以及 s 左半平面,则称为最小相位系统;否则称为非最小相位系统。也就是说,组成最小相位系统的各典型环节中不含有不稳定环节。也不能含有延迟环节。这是因为

$$e^{-\tau s} = 1 - \tau s + \frac{1}{2!}\tau^2 s^2 - \frac{1}{3!}\tau^3 s^3 + \cdots$$

显然,含有延迟环节的传递函数必有位于右半 s 平面的零点。对应的系统属于非最小相位系统。

在前节典型环节的频率特性中发现,在幅频特性完全一致的情况下,组成最小相位系统的各典型环节(如惯性环节,振荡环节等)的相频特性比相应的不稳定环节(如不稳定惯性环节,不稳定振荡环节等)的相频特性大。由于相频特性通常为负值,所以在相同的频率下,组成最小相位系统的各典型环节相角滞后最小。从式(5 - 55)~式(5 - 57)中可以看出,系统的相频特性为组成系统的各典型环节的相频特性之和,幅频特性完全一致的系统,最小相位系统的开环相频特性最大,或相角滞后最小。

　　最小相位系统的开环幅频特性和相频特性是直接关联的，也即一个幅频特性只能有一个相频特性与之对应；反之亦然。因此，对于最小相位系统，只要根据其对数幅频特性曲线就能确定系统的开环传递函数；而对于非最小相位系统，仅根据其对数幅频特性曲线是无法确定系统的开环传递函数的。

二、最小相位系统与非最小相位系统

　　最小相位系统是个比较难理解的概念。下面通过给出的两系统分析来引入最小相位系统的概念。

　　例如，由系统为
$$\begin{cases} G_1(s) = \dfrac{1}{Ts+1} \rightarrow G_1(j\omega) = \dfrac{1}{1+j\omega T} = \sqrt{\dfrac{1}{1+\omega^2 T^2}}\,e^{-jtg^{-1}\omega T} \\[3mm] G_2(s) = \dfrac{1}{Ts-1} \rightarrow G_2(j\omega) = \dfrac{1}{j\omega T-1} = \sqrt{\dfrac{1}{1+\omega^2 T^2}}\,e^{-jtg^{-1}(\omega T)} \end{cases}$$

可见两者的极坐标图不同，一个在第四象限，一个在第三象限。

　　因为对数幅频特性为 $A_1(\omega) = A_2(\omega) = \sqrt{\dfrac{1}{1+\omega^2 T^2}}$，所以 $L_1(\omega) = L_2(\omega)$，但 $\varphi_1(\omega) \neq \varphi_2(\omega)$。

　　因为 $\varphi_1(\omega) = -tg^{-1}\omega T$，所以 $\begin{cases} \varphi(0) = 0° \\ \varphi_1(\infty) = -90° \end{cases}$；而 $\varphi_2(\omega) = -tg^{-1}(-\omega T)$，所以 $\begin{cases} \varphi_2(0) = -180° \\ \varphi_2(\infty) = -90° \end{cases}$。

　　可见 $G_1(s)$ 和 $G_2(s)$ 具有相同的幅频特性 $A(\omega)$，但其相频特性却不同。比较对数相频特性 $\varphi(\omega)$，可发现其中 $\varphi_1(\omega)$ 的值最小，所以称 $G_1(s)$ 为最小相位系统，而称 $G_2(s)$ 为非最小相位系统。

　　最小相位系统可以定义为在 s 右半平面上没有零点、极点的系统。非最小相位系统可以定义为在右半 s 平面上有零点、极点的系统。

　　最小相位系统的特征首先是 $\varphi(\omega)$ 与 $A(\omega)$ 之间存在确定关系。一个 $L(\omega)$ 只能有一个 $\varphi(\omega)$ 与之对应，$\varphi(\infty) = -90°(n-m)$。因此对系统进行校正时，只需画出 $L(\omega)$ 即可，而系统的稳定性由 $L(\omega)$ 确定即可。其次，根据 $L(\omega)$ 曲线求系统传递函数 $G(s)$ 时也必须是最小相位系统，否则没有确定的对应关系，无法由 $L(\omega)$ 曲线写出 $G(s)$ 的表达式。最后，具有相同 $L(\omega)$ 的两个系统，最小相位系统的相角最小。

　　非最小相位系统的频率特性如下：

　　首先，必须分别画出 $L(\omega)$ 和 $\varphi(\omega)$，且 $\varphi(\infty) \neq -90°(n-m)$。

　　如 $\angle\dfrac{1}{Ts-1} = -180° \cdots -90°$，$\angle\tau s-1 = 180° \cdots 90°$；

　　$\angle\dfrac{1}{1-Ts} = 0° \cdots 90°$　　　　，$\angle 1-\tau s = 0° \cdots -90°$。

　　其次，绘制其极坐标图时，起点不再按前面规定的那样，根据 v 确定方位，那是指最小相位系统。这时应先判断 $v=0$ 时起点在什么地方，然后再据 v 判断。如 $G_k = \dfrac{K}{s(Ts-1)}$，若 $v=0$，起点在 $(-K, j0)$，故现在 $v=1$ 应再负转 $90°$，应在正虚轴无穷远处。

　　最后，由于延时环节的 $\varphi(\omega)$ 在 ω 从 $0 \rightarrow \infty$ 时由 $0° \rightarrow -\infty$，也没有给出最小相位，所以

它也是非最小相位系统。

三、系统开环幅相曲线

开环系统的幅相曲线简称开环幅相曲线。这类曲线的绘制方法和绘制典型环节幅相曲线的方法相同。也就是说，可以列出开环幅频特性和相频特性的表达式，用解析计算法绘制，也可以用图解计算法绘制。这里着重介绍绘制开环幅相曲线的方法。

【例 5 - 2】 系统的开环传递函数为 $G(s) = \dfrac{Ts}{Ts+1}$，试绘制它的幅相曲线。

解 系统的开环频率特性为

$$G(j\omega) = \frac{j\omega T}{j\omega T + 1}$$

开环幅相曲线的起点为 $G(j0)=0\angle 90°$，终点为 $G(j\infty)=1\angle 0°$。在 ω 由 0 到 ∞ 变化时，$G(j\omega)$ 分子的相角始终为 90°，分母相角由 0° 变化到 90°，故 $G(j\omega)$ 的相角应由 90° 变化到 0°。而 $G(j\omega)$ 的幅值由 0 变化到 1，幅相曲线从原点开始，终止于 (1，j0) 点，位于第一象限。概略绘制幅相曲线如图 5 - 21 所示。

【例 5 - 3】 某零型控制系统，开环传递函数为 $G(s) = \dfrac{1}{(T_1 s+1)(T_2 s+1)}$，试概略绘制系统开环幅相曲线。

解 系统开环频率特性为

$$G(j\omega) = \frac{1}{(j\omega T_1 + 1)(j\omega T_2 + 1)}$$

开环幅相曲线的起点为 $G(j0)=1\angle 0$，终点为 $G(j\infty)=0\angle -180°$。ω 由 0 到 ∞ 变化时，$G(j\omega)$ 的幅值由 1 变化到 0，相角由 0° 减小到 $-180°$，幅相曲线应位于第三、四象限，如图 5 - 22 所示。

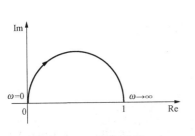

图 5 - 21 幅相曲线

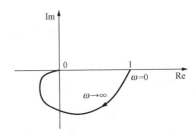

图 5 - 22 幅相曲线

以上两例可以看出，在概略绘制幅相曲线时，首先应当计算出系统幅相曲线的起点 $G(j0)$ 和终点 $G(j\infty)$，再利用 ω 由 0 到 ∞ 变化时，$G(j\omega)$ 的幅值和相角的变化情况，必要时可以计算若干点的数值，即可画出幅相曲线的大致形状。如果幅相曲线和负实轴有交点，应当计算出相交时的频率以及交点的位置。具体做法可参考［例 5 - 4］。

对于最小相位系统，可以总结出幅相曲线的起点和终点的分布规律。

设最小相位系统的开环传递函数为

$$G(s) = \frac{K(b_m s^m + b_{m-1}s^{m-1} + \cdots + b_1 s + 1)}{s^v(a_n s^{n-v} + a_{n-1}s^{n-v-1} + a_{n-2}s^{n-v-2} + \cdots + 1)} \quad (n > m) \qquad (5 - 58)$$

令 $s = j\omega$ 即可得到系统的开环频率特性。

在 $\omega \to 0$ 时，有

$$G(j\omega) = \frac{K}{(j\omega)^v} \tag{5-59}$$

式（5-59）为幅相曲线起点的计算公式。具体地说，对于零型系统（$v=0$），幅相曲线起始于（K，j0）点；对于Ⅰ型系统（$v=1$），幅相曲线在无穷远处起始于虚轴的负方向；对于Ⅱ型系统（$v=2$），幅相曲线在无穷远处起始于实轴的负方向；对于Ⅲ型系统（$v=3$），幅相曲线在无穷远处起始于虚轴的正方向，如图5-23所示。

在 $\omega \to \infty$ 时，有

$$G(j\omega) = \frac{Kb_m}{(j\omega)^{n-m}} \tag{5-60}$$

式（5-60）为幅相曲线终点的计算公式。具体地说，当 $n-m=1$ 时，系统幅相曲线以 $-90°$ 方向终止于原点；当 $n-m=2$ 时，幅相曲线以 $-180°$ 方向终止于原点；当 $n-m=3$ 时，幅相曲线以 $-270°$ 方向终止于原点；当 $n-m=4$ 时，幅相曲线则以 $-360°$（即 $0°$）方向终止于原点，如图5-24所示。

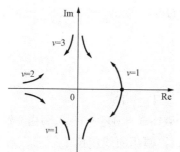

图5-23　幅相曲线起点示意图

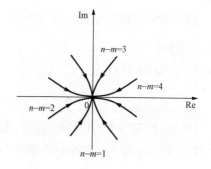

图5-24　幅相曲线终点示意图

【例5-4】 某单位反馈系统，其开环传递函数为 $G(s) = \dfrac{K}{s(T_1s+1)(T_2s+1)(T_3s+1)}$，试概略绘制系统的开环幅相曲线。

解 开环频率特性为

$$G(j\omega) = \frac{K}{j\omega(j\omega T_1+1)(j\omega T_2+1)(j\omega T_3+1)}$$

显然，$G(j0^+) = \infty \angle -90°$，$G(j\infty) = 0 \angle -360°$。也就是说，幅相曲线起于虚轴负方向，从 $-360°$ 方向终止于原点，如图5-25所示。

若把频率特性写成实部与虚部的形式

$$G(j\omega) = \frac{-K[\omega(T_1+T_2+T_3)-\omega^3 T_1T_2T_3]}{\omega(1+\omega^2 T_1^2)(1+\omega^2 T_2^2)(1+\omega^2 T_3^2)} + j\frac{-K[1-\omega^2(T_1T_2+T_2T_3+T_3T_1)]}{\omega(1+\omega^2 T_1^2)(1+\omega^2 T_2^2)(1+\omega^2 T_3^2)}$$

幅相曲线与负实轴有交点 P。为求交点的数值，可令 $G(j\omega)$ 的虚部为零，解得

$$\frac{-K[1-\omega^2(T_1T_2+T_2T_3+T_3T_1)]}{\omega(1+\omega^2 T_1^2)(1+\omega^2 T_2^2)(1+\omega^2 T_3^2)} = 0$$

$$\omega_x = \frac{1}{\sqrt{T_1T_2+T_2T_3+T_3T_1}}$$

再把 ω_x 代入 $G(j\omega)$ 可得

$$G(j\omega_x) = \frac{-K[T_1 + T_2 + T_3] - \omega_x^2 T_1 T_2 T_3}{(1 + \omega_x^2 T_1^2)(1 + \omega_x^2 T_2^2)(1 + \omega_x^2 T_3^2)}$$

ω_x 和 $G(j\omega_x)$ 即为幅相曲线与负实轴相交时所对应的频率以及交点的数值。

【例 5 - 5】 概略绘制 $G(j\omega) = \dfrac{10e^{-j0.5\omega}}{1+j\omega}$ 的幅相曲线。

解 系统的频率特性包括三个典型环节，即比例、惯性环节和滞后环节，可以求得幅频特性和相频特性为

$$\angle G(j\omega) = -\text{arctg}\,\omega - 57.3 \times 0.5\omega$$

ω 由 $0 \to \infty$ 变化时，$|G(j\omega)|$ 由 10 减小到 0，$\angle G(j\omega)$ 由 $0°$ 减小到 $-\infty$，注意到幅相曲线的起点为 $G(j0) = 10\angle 0°$，可概略绘出幅相曲线如图 5 - 26 所示。幅相曲线与负实轴有多个交点，若令 $\angle G(j\omega) = -180°$，可求得最左边的交点，此时 $\omega = 3.7\text{rad/s}$，$G(j\omega) = -2.6$。

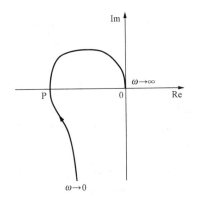

图 5 - 25 幅相曲线

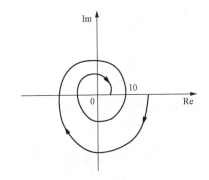

图 5 - 26 幅相曲线

四、开环对数频率特性曲线

从式（5 - 56）和式（5 - 57）可以看出，如果 $G(s)$ 由 n 个典型环节串联而成，则其对数幅频特性曲线和对数相频特性曲线可由典型环节对应曲线叠加而得。

【例 5 - 6】 某单位反馈系统，其开环传递函数为 $G(s) = \dfrac{7}{s(0.5s+1)(0.05s+1)}$，要求绘制近似对数幅频曲线和对数相频曲线，并修正近似对数幅频曲线。

解 根据开环传递函数表达式可知，$G(s)$ 由如下四个典型环节组成：比例环节 K、积分环节 $1/s$ 和惯性环节 $1/(0.5s+1)$、$1/(0.05s+1)$。

绘制上述典型环节对数频率特性的数据是 $20\lg K = 20\lg 7 = 16.9\text{dB}$。

转折频率为 $1/0.5 = 2$（rad/s）、$1/0.05 = 20$（rad/s）

四个典型环节的对数频率特性曲线如图 5 - 27 所示。将四个典型环节的对数幅频曲线和对数相频曲线相加，即得开环对数幅频和开环对数相频曲线。图中虚线表示已修正曲线。

分析图 5 - 27 的近似开环对数幅频曲线可知，它有以下特点：

（1）最左端直线的斜率为 -20dB/dec。这一斜率完全由 $G(s)$ 的积分环节数决定。

（2）在 ω 等于 1 时，曲线的分贝值等于 $20\lg K$。最左端直线和零分贝线的交点频率在数值上恰好等于 K。

（3）在惯性环节交接频率 11.5rad/s 处，斜率从 -20dB/dec 变为 -40dB/dec。

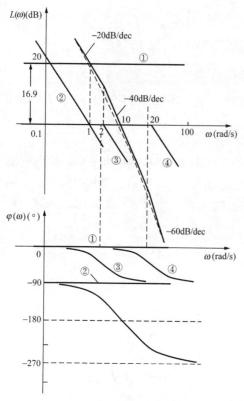

图 5 - 27　　[例 5 - 6] 的伯德图
①比例环节；②积分环节；
③惯性环节 $1/(0.5s+1)$；④惯性环节 $1/(0.05s+1)$

事实上，在低频段（对应开环频率特性曲线的最左端）系统开环频率特性近似为式（5 - 59），式中 v 是积分环节数目。

根据式（5 - 59）可以得到系统近似对数幅频曲线最左端直线的表达式为

$$L(\omega) = 20\lg K - 20v\lg\omega \qquad (5 - 61)$$

由式（5 - 61）可以得出如下结论：

（1）近似对数幅频曲线最左端直线斜率为 $-20v\mathrm{dB/dec}$。

（2）ω 等于 1 处，最左端直线（当 $\omega<1$ 的频率范围内有交接频率时为最左端直线的延长线）的分贝值等于比例环节的分贝值 $20\lg K$；最左端直线或其延长线与零分贝线的交点频率此时 $L(\omega)=0$，在数值上等于 $K^{1/v}$，如图 5 - 28 所示。

根据以上两点可确定近似对数幅频曲线最左端直线，在交接频率的地方，曲线的斜率发生改变，改变多少视典型环节种类而异。如果典型环节为惯性环节或振荡环节，在交接频率之后，斜率要减小 $20\mathrm{dB/dec}$ 或 $40\mathrm{dB/dec}$；如果典型环节为一阶微分环节或二阶微分环节，在交接频率之后，斜率要增加 $20\mathrm{dB/dec}$ 或 $40\mathrm{dB/dec}$。

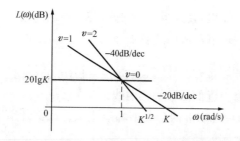

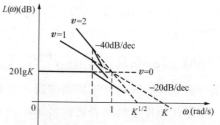

图 5 - 28　数幅频曲线渐近线低频段曲线

另外，在绘制对数幅频曲线渐近线的时候，经常遇到图 5 - 29 所示的情况，了解图中各频率之间的关系，对绘图很有帮助。

完成了对数幅频曲线渐近线的绘制之后，还以根据典型环节的误差曲线对其进行修正。

对于对数相频曲线，原则上讲，应计算若干点的数值进行绘制。工程上，重点应掌握 ω 从 $0\to\infty$ 变化时，$\varphi(\omega)$ 的变化趋势，必要时再计算一些特殊点的数值。

【例 5 - 7】　绘制传递函数 $G(s) = \dfrac{10(s+3)}{s(s+2)(s^2+s+2)}$ 的对数幅频特性曲线。

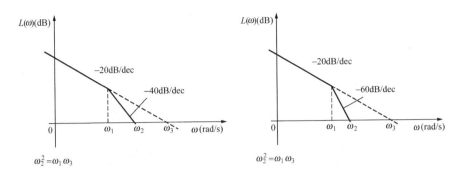

图 5 - 29 对数幅频曲线渐近线中几个频率之间的关系

解 绘制对数幅频特性曲线时，应先将 $G(s)$ 化成由典型环节串联组成的标准形式。如令

$$G(s) = \frac{7.5(s/3+1)}{s(s/2+1)\left[(s/\sqrt{2})^2 + 2\times0.35s/\sqrt{2}+1\right]}$$

然后可按以下步骤绘制近似对数幅频特性曲线：

(1) 求 $20\lg K$。由 $K=7.5$，可得 $20\lg K=17.5$dB。

(2) 画最左端直线。在横坐标 $\omega=1$rad/s、纵坐标为 17.5dB 这一点，根据积分环节数 $v=1$ 画斜率 -20dB/dec 的最左端直线，或者在零分贝线上找到频率为 $K^{1/v}=17.5$rad/s 的点，过此点画 -20dB/dec 线，也得到最左端直线，如图 5 - 30 所示。

(3) 根据交接频率直接绘制近似对数幅频特性曲线。由于振荡环节、惯性环节和一阶微分环节的交接频率分别为 1.4、2 和 3，所以将最左端直线画到 $\omega=$ 1.4rad/s 时，直线斜率由 -20dB/dec 变为 -60dB/dec；$\omega=2$rad/s 时，直线斜率由 -60dB/dec 变为 -80 dB/dec；$\omega=3$rad/s 为时，直线斜率又由 -80dB/dec 变为 -60dB/dec，如图 5 - 30 中细实线所示。

(4) 修正近似的对数幅频特性曲线。修正后的曲线如图 5 - 30 中的粗实线所示。

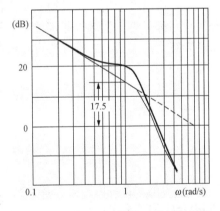

图 5 - 30 〔例 5 - 7〕的对数幅频曲线

【例 5 - 8】 绘制下列传递函数的对数幅频和对数相频曲线（$T_1 > T_2 > 0$）：

$$G_1(s) = \frac{T_1 s + 1}{T_2 s + 1}$$

$$G_2(s) = \frac{T_1 s - 1}{T_2 s + 1}$$

解 $G_1(s)$ 和 $G_2(s)$ 的对数幅频特性基本相同，差别在于 $G_1(s)$ 为最小相位系统、$G_2(s)$ 为非最小相位系统。先绘制 $G_1(s)$ 和 $G_2(s)$ 的近似对数幅频曲线，其共有两个交接频率 $1/T_1$ 和 $1/T_2$，最左端直线为零分贝的水平线，过 $1/T_1$ 斜率变为 $+20$dB/dec，过 $1/T_2$ 斜率变为 0dB/dec，如图 5 - 31 所示。图中的细实线为近似对数幅频曲线，粗实线为修正后的对数幅频曲线。

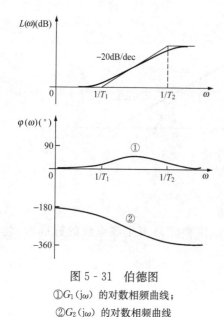

图 5 - 31 伯德图

①$G_1(j\omega)$ 的对数相频曲线；

②$G_2(j\omega)$ 的对数相频曲线。

在画对数相频曲线时，先讨论一下 $G_1(s)$ 和 $G_2(s)$ 相角的变化情况。

首先，$G_1(s)$ 为最小相位系统，在 ω 由零到无穷大变化时，由于 $T_1 > T_2 > 0$，$1+j\omega T_1$ 和 $1+j\omega T_2$ 的相角皆由 0°变化到 90°，且前者大于后者，故 $G_1(j\omega)$ 的相角由 0°变化到 0°，始终为正，如图 5 - 31 中曲线 1 所示。

其次，$G_2(s)$ 为非最小相位系统，ω 由 0°到无穷大变化时，$j\omega T_1 - 1$ 的相角由 -180°变化到 -270°，而 $1+j\omega T_2$ 的相角则由 0°变化到 90°，故 $G_2(j\omega)$ 的相角应由 180°变化到 -360°，如图 5 - 31 中曲线 2 所示。

从 [例 5 - 8] 中可以看出，在幅频特性相同时，最小相位系统的相频特性大于非最小相位系统的相频特性，也就是说，最小相位系统的相位滞后最小。对于最小相位系统，根据幅频特性曲线可以写出其传递函数。

第四节　频域稳定性判据

在前面已经指出，闭环控制系统稳定的充分和必要条件是，其特征方程式的所有根（闭环极点）都具有负实部，即都位于 s 平面的左半部。本节介绍一种重要并且实用的方法——奈奎斯特稳定判据。这种方法可以根据系统的开环频率特性判断闭环系统的稳定性，并能确定系统的相对稳定性。

奈奎斯特稳定判据的数学基础是复变函数论中的映射定理，又称幅角原理。

一、映射定理

设有一复变函数为

$$F(s) = \frac{K^*(s-z_1)(s-z_2)\cdots(s-z_m)}{(s-p_1)(s-p_2)\cdots(s-p_n)} \tag{5 - 62}$$

式中：s 为复变量，以 s 复平面上的 $s=\sigma+j\omega$ 表示；$F(s)$ 为复变函数，以 $F(s)$ 复平面上的 $F(s)=U+jV$ 来表示。

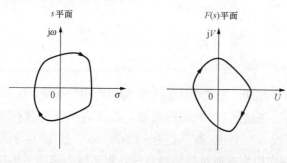

图 5 - 32　s 平面与 $F(s)$ 平面的映射关系

设对于 s 平面上除了有限奇点之外的任一点 s，复变函数 $F(s)$ 为解析函数，即单值、连续的正则函数，那么，对于 s 平面上的每一点，在 $F(s)$ 平面上必定有一个对应的映射点。因此，如果在 s 平面画一条封闭曲线，并使其不通过 $F(s)$ 的任一奇点，则在 $F(s)$ 平面上必有一条对应的映射曲线，如图 5 - 32 所示。若 s 平面上的封闭曲线沿着顺时针方向运动，则在 $F(s)$ 平面上的映射曲线的运动方向可能为顺时针，亦可能为逆时针，其取决于 $F(s)$ 函数的特性。

人们感兴趣的不是映射曲线的形状，而是其包围坐标原点的次数和运动方向，因为这两者与系统的稳定性密切相关。

根据式（5-62），$F(s)$ 复变函数的相角可表示为

$$\angle F(s) = \sum_{j=1}^{m} \angle(s - z_j) - \sum_{i=1}^{n} \angle(s - p_i) \qquad (5 - 63)$$

假定在 s 平面上的封闭曲线包围了 $F(s)$ 的一个零点 z_1，而其他零点、极点都位于封闭曲线之外，则当 s 沿着 s 平面上的封闭曲线顺时针方向移动一周时，向量 $(s - z_1)$ 的相角变化为 $-2\pi\text{rad}$，而其他向量的相角变化为零。这意味着在 $F(s)$ 平面上的映射曲线沿顺时针方向围绕着原点旋转一周，也就是向量 $F(s)$ 的相角变化了 $-2\pi\text{rad}$，如图 5-33 所示。

若 s 平面上的封闭曲线包围了 $F(s)$ 的 Z 个零点，则在 $F(s)$ 平面上的映射曲线将沿顺时针方向围绕着坐标原点旋转 Z 周。

用类似分析方法可以推论，若 s 平面上的封闭曲线包围了 $F(s)$ 的 P 个极点，则当 s 沿着 s 平面上的封闭曲线顺时针方向移动一周时，在 $F(s)$ 平面上的映射曲线将沿逆时针方向围绕着坐标原点旋转 P 周。

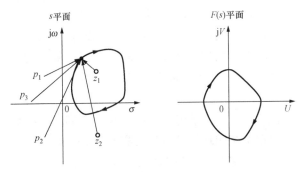

图 5-33　封闭曲线包围 z_1 时的映射情况

综上所述，可以归纳映射定理如下：

设 s 平面上的封闭曲线包围了复变函数 $F(s)$ 的 Z 个零点和 P 个极点，并且此曲线不经过 $F(s)$ 的任一零点和极点，则当 s 沿着 s 平面上的封闭曲线顺时针方向移动一周时，在 $F(s)$ 平面上的映射曲线将沿逆时针方向围绕着坐标原点旋转 $P-Z$ 周。

二、奈奎斯特稳定判据

现在讨论闭环控制系统的稳定性。设系统的特征方程为

$$F(s) = 1 + G(s)H(s) = 0$$

系统的开环传递函数可以写为

$$G(s)H(s) = \frac{K^*(s - z_1)(s - z_2)\cdots(s - z_m)}{(s - p_1)(s - p_2)\cdots(s - p_n)}$$

代入特征方程，得

$$F(s) = 1 + \frac{K^*(s - z_1)(s - z_2)\cdots(s - z_m)}{(s - p_1)(s - p_2)\cdots(s - p_n)} = \frac{(s - s_1)(s - s_2)\cdots(s - s_m)}{(s - p_1)(s - p_2)\cdots(s - p_n)} \qquad (5 - 64)$$

由式（5-64）可见，复变函数 $F(s)$ 的零点为系统特征方程的根（闭环极点）s_1、s_2、$\cdots$、s_n，而 $F(s)$ 的极点则为系统的开环极点 p_1、p_2、$\cdots$、p_n。

闭环系统稳定的充分和必要条件是，特征方程的根，即 $F(s)$ 的零点，都位于 s 平面的左半部。

为了判断闭环系统的稳定性，需要检验 $F(s)$ 是否具有位于 s 平面右半部的零点。为此可以选择一条包围整个 s 平面右半部的按顺时针方向运动的封闭曲线，通常称为奈奎斯特回

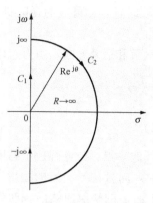

图 5-34　奈奎斯特回线

线，简称奈氏回线，如图 5-34 所示。

奈奎斯特回线由两部分组成。一部分是沿着虚轴由下向上移动的直线段 C1，在此线段上 $s=j\omega$，ω 由 $-\infty$ 变到 $+\infty$。另一部分是半径为无穷大的半圆 C2。按此定义的封闭曲线肯定包围了 $F(s)$ 的位于 s 平面右半部的所有零点和极点。

设复变函数 $F(s)$ 在 s 平面右半部有 Z 个零点和 P 个极点。根据映射定理，当 s 沿着 s 平面上的奈奎斯特回线移动一周时，在 $F(s)$ 平面上的映射曲线 $\Gamma=1+G(j\omega)H(j\omega)$ 将按逆时针方向围绕原点旋转 $P-Z$ 周。

由于闭环系统稳定的充要条件是 $F(s)$ 在 s 平面右半部无零点，即 $Z=0$。因此可得以下的稳定判据：

如果在 s 平面上，s 沿着奈奎斯特回线顺时针方向移动一周时，在 $F(s)$ 平面上的映射曲线 Γ_F 围绕坐标原点按逆时针方向旋转 $N=P$ 周，则系统稳定。

事实上，闭环系统在 s 平面右半部的极点数 Z，开环系统在 s 平面右半部的极点数 P，映射曲线 Γ_F 围绕坐标原点按逆时针方向旋转周数 R 之间的关系为

$$Z=P-R \tag{5-65}$$

Z 等于零时，系统稳定；Z 不等于零时，系统稳定。

根据系统闭环特征方程式有 $G(s)H(s)=F(s)-1$，这意味着 $F(s)$ 的映射曲线 Γ_F 围绕原点的运动情况，相当于 $G(s)H(s)$ 的封闭曲线 Γ_{GH} 围绕着 $(-1, j0)$ 点的运动情况，如图 5-35 所示。

当 s 沿着奈奎斯特回线顺时针方向移动一周时，绘制映射曲线 Γ_{GH} 的方法是：令 $s=j\omega$ 代入 $G(s)H(s)$，得到开环频率特性 $G(j\omega)H(j\omega)$，当 ω 由零至无穷大变化时，映射曲线 Γ_{GH} 即为系统的开环频率特性曲线，即幅相曲线。一旦画出了 ω 从零到无穷大时的幅相曲线，则 ω 从零到负无穷大时的幅相曲线，可根据对称于实轴的原理立即获得。

综上所述，可将**奈奎斯特稳定判据（简称奈氏判据）** 表述如下：

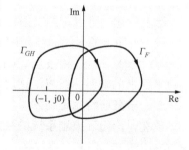

图 5-35　Γ_{GH} 和 Γ_F 的关系

闭环控制系统稳定的充分和必要条件是，当 ω 从 $-\infty$ 变化到 $+\infty$ 时，系统的开环频率特性曲线 $G(j\omega)H(j\omega)$ 按逆时针方向包围 $(-1, j0)$ 点 P 周，P 为位于 s 平面右半部的开环极点数目。

在实际应用中，常常只需画出 ω 从 0 变化到 $+\infty$ 时，系统的开环频率特性曲线 $G(j\omega)H(j\omega)$，这时上述判据中的 P 周应改为 $P/2$ 周。

闭环系统位于 s 平面右半部的极点数 $Z=P-2N$，这里 N 为 ω 从 0 变到 $+\infty$ 时，系统开环频率特性曲线 $G(j\omega)H(j\omega)$ 逆时针方向包围 $(-1, j0)$ 点的周数。显然，若开环系统稳定，即位于 s 平面右半部的开环极点数 $P=0$，则闭环系统稳定的充分和必要条件是，系统的开环频率特性 $G(j\omega)H(j\omega)$ 不包围 $(-1, j0)$ 点。

【例 5-9】 绘制开环传递函数为 $G(s)H(s)=\dfrac{K}{T_1 s-1}$ 的系统的幅相曲线，并判断系统的

稳定性。

　　解　此系统的开环传递函数中，不稳定的极点个数 $P=1$，开环频率特性为

$$G(j\omega)H(j\omega) = \frac{K}{j\omega T_1 - 1}$$

　　由上式可见，当 $\omega=0$ 时，$G(j\omega)H(j\omega)=-K$；当 $\omega=\infty$ 时，$G(j\omega)H(j\omega)=0$。通过计算若干个点的数值，可以画出系统的幅相曲线，如图 5‑36 所示。

　　由图 5‑36 可见，当 $0<K<1$ 时，幅相曲线不包围（−1，j0）点，$N=0$，闭环系统位于 s 平面右半部的极点数 $Z=P-2N=1$，系统不稳定。当 $K>1$ 时，幅相曲线逆时针包围（−1，j0）点 1/2 周，$N=1/2$，$Z=P-2N=0$，系统稳定。

　　1. 虚轴上有开环极点时的奈奎斯特稳定判据

　　虚轴上有开环极点的情况通常出现于系统中有串联积分环节的时候，即在 s 平面的坐标原点有开环极点。这时不能直接应用图 5‑37 所示的奈奎斯特回线，因为映射定理要求此回线不经过 $F(s)$ 的奇点。

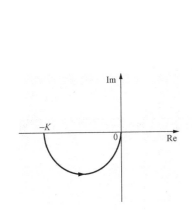

图 5‑36　［例 5‑9］的幅相曲线

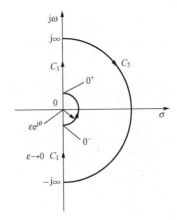

图 5‑37　开环系统有积分环节时的奈奎斯特回线

　　为了在这种情况下应用奈奎斯特稳定判据，可以选择图 5‑37 所示的奈奎斯特回线。它与奈奎斯特回线的区别仅在于，此回线经过一个以原点为圆心，以无穷小量 ε 为半径的，位于 s 平面右半部的小半圆，绕开了开环极点所在的原点。当 $\varepsilon \to 0$ 时，此小半圆的面积也趋近于零。因此，$F(s)$ 的位于 s 平面右半部的零点和极点均被此奈奎斯特回线包围在内，而将位于坐标原点处的开环极点划到了 s 平面左半部。这样处理是为了适应奈奎斯特判据的要求，因为应用奈奎斯特稳定判据时必须首先明确位于 s 平面右半部和左半部的开环极点的数目。

　　当 s 沿着上述小半圆移动时，有

$$s = \lim_{\varepsilon \to 0} \varepsilon e^{j\theta} \tag{5-66}$$

　　当 ω 从 0^- 沿小半圆变到 0^+ 时，θ 按逆时针方向旋转了 π，$G(s)H(s)$ 在其平面上的映射为

$$G(s)H(s)\big|_{s=\lim\limits_{\varepsilon \to 0}\varepsilon e^{j\theta}} = \lim_{\varepsilon \to 0}\frac{k}{\varepsilon^v}e^{-jv\theta} = \infty e^{-jv\theta} \tag{5-67}$$

式中：v 为积分环节数目。

由以上分析可见，当 s 沿着小半圆从 $\omega=0^-$ 变化到 $\omega=0^+$ 时，θ 角从 $-\pi/2$ 经 0 变化到 $\pi/2$，这时 $G(s)H(s)$ 平面上的映射曲线将沿着半径为无穷大的圆弧按顺时针方向从 $\upsilon\pi/2$ 经过 0 转到 $-\upsilon\pi/2$，相当于沿着半径为无穷大的圆弧按顺时针方向旋转 $\upsilon/2$ 周。

若要画出 ω 从零到无穷大变化时的 $G(\mathrm{j}\omega)H(\mathrm{j}\omega)$ 曲线，应先画出 ω 从 0^+ 到无穷大变化时的 $G(\mathrm{j}\omega)H(\mathrm{j}\omega)$ 曲线，至于 ω 从 0 到 0^+ 时的 $G(\mathrm{j}\omega)H(\mathrm{j}\omega)$ 曲线，应按顺时针方向补画半径为无穷大的圆弧 $\upsilon/4$ 周。

将 $G(\mathrm{j}\omega)H(\mathrm{j}\omega)$ 曲线补画后，可照常使用奈奎斯特判据，此时在计算不稳定的开环极点数目 P 时，$s=0$ 的开环极点不应计算在内。

【例 5 - 10】 设系统的开环传递函数为 $G(s)H(s)=\dfrac{K}{s(Ts+1)}$，试绘制系统的开环幅相曲线，并判断闭环系统的稳定性。

解　令 $s=\mathrm{j}\omega$ 代入，给定若干 ω 值，画出幅相曲线如图 5 - 38 所示。系统开环传递函数有一极点在 s 平面的原点处，因此 ω 从 0 到 0^+ 时，幅相曲线应以无穷大半径顺时针补画 1/4 周，如图 5 - 38 所示。

系统的开环传递函数在 s 平面右半部没有极点，开环频率特性 $G(\mathrm{j}\omega)H(\mathrm{j}\omega)$ 又不包围 $(-1,\ \mathrm{j}0)$ 点，故闭环系统稳定。

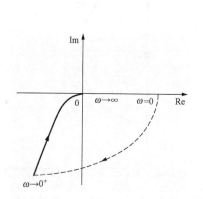

图 5 - 38　［例 5 - 10］的幅相曲线

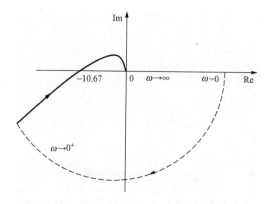

图 5 - 39　［例 5 - 11］的幅相曲线

【例 5 - 11】 设系统的开环传递函数为 $G(s)H(s)=\dfrac{(4s+1)}{s^2(s+1)(2s+1)}$，试绘制系统的开环幅相曲线，并判断稳定性。

解　与该系统对应的开环频率特性为

$$G(\mathrm{j}\omega)H(\mathrm{j}\omega)=\frac{(\mathrm{j}4\omega+1)}{-\omega^2(1-2\omega^2+\mathrm{j}3\omega)}$$

$$=\frac{1+10\omega^2+\mathrm{j}\omega(1-8\omega^2)}{-\omega^2[(1-2\omega^2)^2+9\omega^2]}$$

该系统为最小相位系统，经分析，可以画出概略的幅相曲线如图 5 - 39 所示。幅相曲线与负实轴有交点，可令 Im 方向的 $G(\mathrm{j}\omega)H(\mathrm{j}\omega)$ 为零，得 $\omega_2^2=1/8$，$\omega=0.354\mathrm{rad/s}$。此时，Re 方向的 $G(\mathrm{j}\omega)H(\mathrm{j}\omega)=-10.67$，即幅相曲线与负实轴的交点为 $(-10.67,\ \mathrm{j}0)$。

开环系统有两个极点在 s 平面的坐标原点，因此 ω 从 0 到 0^+ 时，幅相曲线应以无穷大半径顺时针补画 1/2 周，如图 5 - 39 所示。

由图可见，$G(j\omega)H(j\omega)$ 顺时针方向包围了（-1，$j0$）点一周，即 $N=-1$，由于系统无开环极点位于 s 平面的右半部，故 $P=0$，所以 $Z=P-2N=2$，说明系统不稳定，并有两个闭环极点在 s 平面的右半部。

2. 根据伯德图判断系统的稳定性

系统开环频率特性的幅相曲线［极坐标图或奈奎斯特图，叫"对数频率判据"（简称奈氏图）］和伯德图之间存在着一定的对应关系。奈氏图上 $|G(j\omega)H(j\omega)=1|$ 的单位圆与伯德图对数幅频特性的零分贝线相对应，单位圆以外对应于 $L(\omega)>0$。奈氏图上的负实轴对应于伯德图上相频特性的 $-\pi$ 线。

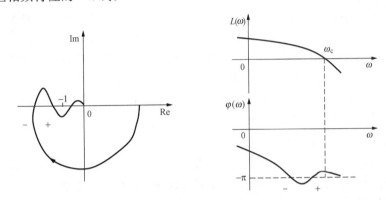

图 5 - 40   奈氏图与伯德图的对应关系

如开环频率特性按逆时针方向包围（-1，$j0$）点一周，则 $G(j\omega)H(j\omega)$（$0<\omega<\infty$）必然从上到下穿过负实轴的（-1，$-\infty$）段一次，这种穿越伴随着相角增加，称为正穿越。在正穿越处，$|G(j\omega)H(j\omega)>1|$。相应地在伯德图上，规定在 $L(\omega)>0$ 范围内，相频曲线 $\varphi(\omega)$ 由下而上穿越 $-\pi$ 线为正穿越。反之，如开环频率特性按顺时针方向包围（-1，$j0$）点一周，则 $G(j\omega)H(j\omega)$（$0\leqslant\omega\leqslant\infty$）必然从下到上穿过负实轴的（$-1$，$-\infty$）段一次，这种穿越伴随着相角减小，称为负穿越。在负穿越处，$|G(j\omega)H(j\omega)>1|$。相应地在伯德图上，规定在 $L(\omega)>0$ 范围内，相频曲线 $\varphi(\omega)$ 由上而下穿越 $-\pi$ 线为负穿越。请参考图5-40，在图上，正穿越以"$+$"表示，负穿越以"$-$"表示。

综上所述，采用对数频率特性时的奈奎斯特稳定判据可表述如下：闭环系统稳定的充要条件是，当 ω 由 0 变到 $+\infty$ 时，在开环对数幅频特性 $L(\omega)>0$ 的频段内，相频特性曲线 $\varphi(\omega)$ 穿越 $-\pi$ 线的次数 $N=N_+-N_-$（式中：N_+ 为正穿越次数；N_- 为负穿越次数）为 $P/2$，P 为 s 平面右半部开环极点的数目。

对于 s 平面原点有开环极点的情况，对数频率特性曲线也需要作出相应的修改。设 v 为积分环节数目，当 ω 由变到 0^+ 时，相频特性曲线 $\varphi(\omega)$ 应在 ω 趋于 0 处，由上而下补画 $v\pi/2$。计算正负穿越次数时，应将补画的曲线看成对数相频曲线的一部分。

【例 5 - 12】 一反馈控制系统，其开环传递函数为 $G(s)H(s)=\dfrac{K}{s^2(Ts+1)}$，试采用对数频率特性时的奈奎斯特稳定判据判断系统的稳定性。

解 系统的开环对数频率特性曲线如图 5 - 41 所示。由于 $G(s)H(s)$ 有两个积分环节，故在对数相频曲线 ω 趋于 0 处，补画了 0° 到 $-180°$ 的虚线，作为对数相频曲线的一部分。显

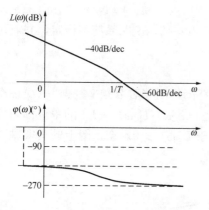

图 5 - 41 　[例 5 - 12] 的伯德图

见 $N=N_+-N_-=-1$，根据 $G(s)H(s)$ 的表达式知道，$P=0$，所以，$Z=P-2N=2$，说明闭环系统不稳定，有 2 个闭环极点位于 s 平面右半部。

3. 条件稳定系统

一个反馈控制系统，若开环传递函数 s 平面右半部的极点数 $P=0$，开环频率特性曲线如图 5 - 40 所示，则开环系数（即开环增益）改变时，闭环系统的稳定性将发生变化。

开环增益改变，只影响系统的开环幅频特性，不影响开环相频特性。所以当开环增益增加时，幅相曲线与负实轴的交点将按比例向左边移动（在伯德图上，表现为对数幅频特性曲线向上移动）。如果开环增益增加到足够大，以至于 $N=N_+-N_-=1-2=-1$，那么 $Z=P-2N=2$，系统就由稳定状态变为不稳定状态。当开环增益减小时，幅相曲线与负实轴的交点将按比例向右边移动（在伯德图上，表现为对数幅频特性曲线向下移动）。如果开环增益减到足够小，以致 $N=N_+-N_-=0-1=-1$，那么 $Z=P-2N=2$，系统也由稳定状态变为不稳定状态。只有开环增益在一定范围内时，N 才等于零，$Z=P-2N=0$，闭环系统才稳定。故这一系统的稳定是有条件的，这种系统称为条件稳定系统。

理论上，线性定常系统的稳定性与输入信号大小无关。在实际中，有时输入信号的大小会影响系统的参数，从而影响系统的稳定性（此时的系统已不再是线性定常系统）。例如，对于条件稳定系统来说，输入信号过大时，往往会出现不稳定现象，这是由于输入信号过大而引起系统元部件输出饱和，导致系统开环增益下降。实践中，必须防止饱和现象发生，以免系统不稳定。

三、奈奎斯特曲线与开环对数频率特性曲线的关系

应用对数频率稳定判据判断多环系统稳定性比较方便。多环系统结构如图 5 - 42 所示，图中内回路系统 $G(s)$ 的开环传递函数是 $G_2(s)H_2(s)$，$G_2(s)H_2(s)$ 位于 s 平面右半部的极点数为 P_1，画出 $G_2(s)H_2(s)$ 对数频率特性曲线，可得正负穿越次数之差 N_1。由对数频率稳定判据，可得 $G(s)$ 在 s 平面右半部的极点数 $Z_1=P_1-2N$。由于

$$G(s)=\frac{G_2(s)}{1+G_2(s)H_2(s)},$$ 可以绘出 $G(s)$ 的对数幅频和对数相频特性曲线。多环系

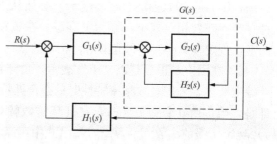

图 5 - 42 　多环系统结构图

统的稳定性由 $G_1(s)G(s)H_1(s)$ 的对数频率曲线及其在 s 平面右半部的极点数来判断。$G_1(s)G(s)H_1(s)$ 的 s 平面右半部极点数 P_2 可由 $G_1(s)$、$G(s)$ 和 $H_1(s)$ 的 s 平面右半部的极点数决定，而根据 $G_1(s)G(s)H_1(s)$ 的对数频率特性曲线，可以确定多环系统开环频率特性曲线的正负穿越次数之差 N_2，于是由对数频率稳定判据，多环系统 s 平面右半部的特征根数 $Z=P_2-N_2$。若 $Z=0$，多环系统稳定；否则不稳定。

原则上，多环系统的稳定性都可以按此方法分析。但是，回路越多，分析工作量就越大。每多一个回路，就要多画一次类似于 $G(s)$ 这样的对数频率特性曲线。

第五节　系统的稳定裕度

上面介绍了根据开环频率特性判断系统稳定性的奈奎斯特稳定判据，利用这种方法不仅可以定性地判别系统稳定性，而且可以定量地反映系统的相对稳定性，即稳定的裕度。后者与系统的暂态响应指标有着密切的关系。

前面已经指出，若开环系统稳定，则闭环系统稳定的充分必要条件是，开环频率特性曲线不包围（−1，j0）点。如果开环频率特性曲线包围（−1，j0）点，则闭环系统不稳定；而当开环频率特性曲线穿过（−1，j0）点时，意味着系统处于稳定的临界状态。因此，系统开环频率特性曲线靠近（−1，j0）的程度，表征了系统的相对稳定性，距离（−1，j0）点越远，闭环系统的相对稳定性越高。

系统的相对稳定性通常用相角裕度 γ 和幅值裕度 K_g 来衡量。

一、相角裕度 γ

在频率特性上对应于幅值 $A(\omega)=1$ 的角频率称为剪切频率 ω_c 或截止频率。在剪切频率 ω_c 处，使系统达到稳定的临界状态所要附加的相角滞后量，称为相角裕度，以 γ 或 PM 表示。不难看出

$$\gamma = 180° + \varphi(\omega_c) \tag{5-68}$$

式中：$\varphi(\omega_c)$ 为开环相频特性在 $\omega=\omega_c$ 处之相角。

二、幅值裕度 K_g

在频率特性上对应于相角 $\varphi(\omega)=-\pi\mathrm{rad}$ 处的角频率称为相角交界频率 ω_g，开环幅频特性的倒数 $1/A(\omega_g)$ 称为幅值裕度，以 K_g 或 GM 表示，即

$$K_g = \frac{1}{A(\omega_g)} \tag{5-69}$$

式（5-69）中 K_g 是一个系数，若开环增益增加该系数倍，则开环频率特性曲线将穿过（−1，j0）点，闭环系统达到稳定的临界状态。在伯德图上，幅值裕度用分贝数表示为

$$h = -20\lg A(\omega_g) \quad \mathrm{dB} \tag{5-70}$$

对于一个稳定的最小相位系统，其相角裕度应为正值，幅值裕度应大于1（或大于零分贝）。图 5-43 中给出了稳定系统和不稳定系统的频率特性，并标明了其相角和幅值裕度，请读者分析比较。

严格地讲，应当同时给出相角裕度和幅值裕度，才能确定系统的相对稳定性。但在粗略估计系统的暂态响应指标时，有时主要对相角裕度提出要求。

保持适当的稳定裕度，可以预防系统中元件性能变化可能带来的不利影响。为了得到较满意的暂态响应，一般相角裕度应当在 $30°\sim70°$ 之间，而幅值裕度应大于 60dB。

对于最小相位系统，开环对数幅频和对数相频曲线存在单值对应关系。当要求相角裕度在 $30°\sim70°$ 之间时，意味着开环对数幅频曲线在截止频率 ω_c 附近的斜率应大于 −40dB/dec，且有一定的宽度。在大多数实际系统中，要求斜率为 −20dB/dec。如果此斜率设计为 −40dB/dec，系统即使稳定，相角裕度也过小。如果此斜率为 −60dB/dec 或更小，则系统不稳定。

【例 5-13】 一单位负反馈控制系统，其开环传递函数为 $G(s) = \dfrac{K}{s(s+1)(s/5+1)}$，试

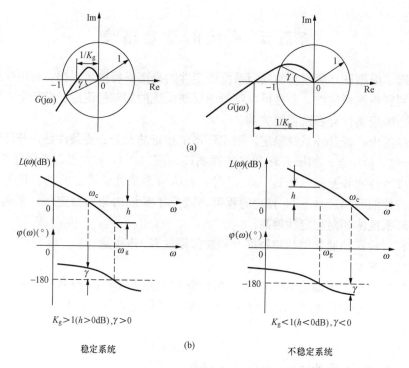

图 5 - 43　稳定和不稳定系统的频率特性

(a) 幅相曲线；(b) 伯德图

分别求 $K=2$ 和 $K=20$ 时，系统的相角裕度和幅值裕度的分贝值。

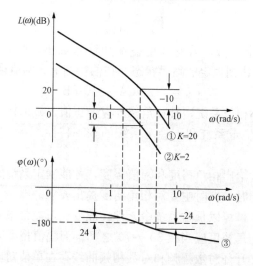

图 5 - 44　［例 5 - 13］的伯德图

解　系统的开环对数频率特性曲线如图 5 - 44 所示。由曲线②和曲线③可知，$K=2$ 时相角裕度和幅值裕度的分贝值是 $\gamma=24°$，$h=10\mathrm{dB}$，对应的闭环系统稳定。

$K=20$ 时，由曲线①和曲线③可知，$\gamma=-24°$，$h=-10\mathrm{dB}$，故对应的闭环系统不稳定。

第六节　系统的闭环频率特性与闭环频域指标

一、闭环频率特性

在系统开环频率特性已知的情况下，采用图解法或计算机分析方法，可以求出系统的闭环频率特性。本节介绍图解法。

1. 单位反馈系统的闭环频率特性

单位反馈系统开环频率特性和闭环频率特性之间关系为

$$\frac{C(j\omega)}{R(j\omega)} = \frac{G(j\omega)}{1 + G(j\omega)} \qquad (5-71)$$

根据式（5-71），可以用图解法求闭环频率特性。

设系统的开环频率特性如图5-45所示。由图可见，当 $\omega = \omega_1$ 时有

$$G(j\omega) = \overline{OA} = |\overline{OA}| e^{j\varphi}$$

$$1 + G(j\omega_1) = \overline{PA} = |\overline{PA}| e^{j\theta}$$

由此不难求得闭环频率特性为

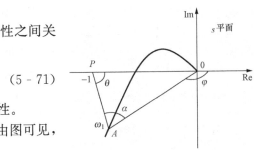

图5-45　用图解法
求闭环频率特性

$$\frac{C(j\omega_1)}{R(j\omega_1)} = \left|\frac{\overline{OA}}{\overline{PA}}\right| e^{j(\varphi-\theta)} \qquad (5-72)$$

式（5-72）表示，$\omega = \omega_1$ 时闭环频率特性的幅值等于向量 $\overline{OA}$ 与 $\overline{PA}$ 幅值之比，而闭环频率特性的相角等于 $\phi - \theta = \alpha$。这样，测量出不同频率处向量的大小和相角，就可以求出闭环频率特性。

2. 非单位反馈系统的闭环频率特性

对于单位反馈系统 $\Phi(j\omega) = \dfrac{G(j\omega)}{1 + G(j\omega)}$，在已知开环频率特性 $G(j\omega)$ 的情况下，可以利用等 M 圆图、等 N 圆图求取系统的闭环频率特性。对于非单位反馈系统，由于闭环频率特性为

$$\Phi(j\omega) = \frac{G(j\omega)}{1 + G(j\omega)H(j\omega)}$$

$$= \frac{1}{H(j\omega)}\left[\frac{G(j\omega)H(j\omega)}{1 + G(j\omega)H(j\omega)}\right]$$

因此，若已知开环频率特性 $G(j\omega)H(j\omega)$，可以先求取 $\dfrac{G(j\omega)H(j\omega)}{1 + G(j\omega)H(j\omega)}$ 的特性，然后再求闭环频率特性 $\varphi(j\omega)$。

二、闭环系统的频域性能指标

针对系统的闭环频率特性可定义一组频域性能指标。频率特性曲线在数值上和形状上的一般特点，常用峰值 A_m（或 M_r）、频带 ω_b、相频宽 $\omega_{b\varphi}$、零频幅比 $A(0)$，几个特征量来表示，如图5-46所示。这些特征量又称频域性能指标，在很大程度上能够间接地表明系统动态过程的品质。

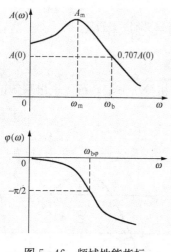

图 5-46　频域性能指标

（1）峰值 A_m 是指幅频特性 $A(\omega)$ 的最大值。峰值大，表明系统对某个频率的正弦信号反映强烈，有共振的倾向。这意味着系统的平稳性较差，阶跃响应将有过大的超调量。一般要求 $A_m < 1.5A(0)$。

（2）频带 ω_b 是指幅频特性 $A(\omega)$ 的数值衰减到 $0.707A(0)$ 时所对应的频率。ω_b 高，则 $A(\omega)$ 曲线由 $A(0)$ 到 $0.707A(0)$ 所占据的频率区间较宽，一方面表明系统重现输入信号的能力强，这意味着系统的快速性好，阶跃响应的上升时间和调节时间短；另一方面系统抑制输入端高频声的能力就弱。设计中应折中考虑。

（3）相频宽 $\omega_{b\varphi}$ 是指相频特性 $\varphi(\omega)$ 等于 $-\pi/2$ 时所对应的频率，也可以作为快速性的指标。相频 $\varphi(\omega)$ 为负值，表明系统的稳态输出在相位上落后于输入。相频宽 $\omega_{b\varphi}$ 高一些，即输入信号的频率较高，变化较快时，输出才落后 $\pi/2$，这意味着系统反应迅速，快速性好。

（4）$A(0)$ 是指零频（$\omega=0$）时的振幅比。输入一定幅值的零频信号，即直流或常值信号，若 $A(0)=1$，则表明系统响应的终值等于输入，静差为零；如 $A(0) \neq 1$，表明系统有静差。所以 $A(0)$ 与 1 相差的大小，反映了系统的稳态精度，$A(0)$ 越接近 1，系统的精度越高。

频带宽，峰值小，过渡过程性能好。这是稳定系统动态响应的一般准则。

经验表明，闭环对数幅频特性曲线带宽频率附近斜率越小，则曲线越陡峭，系统从噪声中区别有用信号的特性越好；但是，一般这也意味着谐振峰值 M_r 较大，因而系统稳定程度较差。

一阶系统和二阶系统，带宽和瞬态响应速度的关系很明确。

一阶系统，若其传递函数为 $\Phi(s) = \dfrac{1}{Ts+1}$，按定义，可求出系统带宽频率为

$$\omega_b = \frac{1}{T} \tag{5-73}$$

显然，带宽频率和上升时间、调节时间成反比，说明带宽大的系统响应速度快。对于二阶系统，也有类似结论。

设欠阻尼二阶系统的传递函数为

$$\Phi(s) = \frac{\omega_n^2}{s^2 + 2\xi\omega_n s + \omega_n^2}$$

系统幅频特性为

$$M(\omega) = \frac{1}{\sqrt{\left(1 - \dfrac{\omega^2}{\omega_n^2}\right)^2 + 4\xi^2 \dfrac{\omega^2}{\omega_n^2}}}$$

根据带宽频率的定义，$\omega=\omega_b$ 时，系统幅值应是零频率幅值的 0.707 倍，于是可得

$$\omega_b = \omega_n\left[(1-2\xi^2) + \sqrt{(1-2\xi^2)^2 + 1}\right]^{1/2} \tag{5-74}$$

由式（5-74）可见，ω_b 正比于 ω_n，必反比于上升时间和调节时间。

对于高阶系统，带宽和系统参数之间的关系较为复杂，一般定性地认为，带宽大的系统，响应速度就快。

小　　结

频率特性是根据线性定常系统在正弦信号作用下输出的稳态分量而定义的，但它能反映系统动态过程的性能，故可视为动态数学模型。

频域分析法是一种常用的图解分析法。其特点是可以根据系统的开环频率特性去判断闭环系统的性能，并能较方便地分析系统参量对系统性能的影响，从而指出改善系统性能的途径。本章介绍的频域分析和设计方法已经发展成为一种实用的工程方法，应用十分广泛。其主要内容有以下几项：

（1）频率特性是线性定常系统的数学模型之一。它既可以根据系统的工作原理，应用机理分析法建立起来，也可以由系统的其他数学模型（传递函数、微分方程等）方便地转换过来，或用实验法来确定。

（2）在工程分析和设计中，通常把频率特性画成一些曲线，从频率特性曲线出发进行研究。这些曲线包括幅频特性和相频特性曲线、幅相频率特性曲线、对数频率特性曲线以及对数幅相曲线等，其中以幅相频率特性曲线、对数频率特性曲线应用最广。在绘制对数幅频特性曲线时，可用简单的渐近线近似地绘制，必要时可进行修正。

（3）对于最小相位系统，幅频特性和相频特性之间存在着唯一的对应关系，故根据对数幅频特性，可以唯一地确定相应的相频特性和传递函数；而对于非最小相位系统则不然。

（4）利用奈奎斯特稳定判据，可根据系统的开环频率特性来判断闭环系统的稳定性，并可定量地反映系统的相对稳定性，即稳定裕度。稳定裕度通常用相角裕度和幅值裕度来表示。

（5）在系统开环频率特性已知的情况下，采用图解法或计算机分析方法，可以求出系统的闭环频率特性，本章采用的是图解法。针对系统的闭环频率特性可定义一组频域性能指标。频率特性曲线在数值上和形状上的一般特点，常用几个特征量来表示，即峰值 A_m（或 M_r）、带宽频率 ω_b、相频宽频率 $\omega_{b\phi}$ 和零频幅比 $A(0)$。这些特征量又称频域性能指标，在很大程度上能够间接地表明系统动态过程的品质。

习　　题

5-1　什么叫最小相位系统，最小相位系统有什么特点？

5-2　闭环频率特性和开环频率特性有什么区别？

5-3　什么叫奈奎斯特稳定判据？

5-4　设某Ⅱ型系统的开环传递函数为 $G(s)=\dfrac{250(s+1)}{s^2(s+5)(s+10)}$，试绘制系统的开环奈奎斯特曲线。

5-5　绘出开环传递函数为 $G(s)=\dfrac{250(s+1)}{s^2(s+5)(s+10)}$ 的系统的开环对数频率特性。

5-6　闭环频域指标有哪些？

5-7　设两个系统的开环传递函数分别为 $G_1(s) = \dfrac{1+T_1s}{1+T_2s}$、$G_2(s) = \dfrac{1-T_1s}{1+T_2s}$。（$0 < T_1 < T_2$）试画出两系统开环对数频率特性曲线，并分析其各自特点。

5-8　某最小相位系统，其开环对数幅频特性如图 5-47 所示，试写出该系统的开环传递函数。

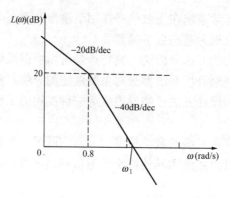

图5-47　某最小相位系统的近似对数幅频曲线

5-9　若系统的传递函数 $G(s) = \dfrac{1}{2s+1}$，试求在 $r(t) = 3\cos(2t - 45°)$ 输入信号作用下，系统的稳态输出量。

第六章　控制系统的校正

在前面几章里主要介绍了控制系统时域分析、频域分析和根轨迹分析方法，这些控制系统的分析方法基于控制系统的数学模型，无论是开环还是闭环控制系统，为满足系统的稳定性、准确性和快速性，进行多方位的定性或定量的分析，用一些的相关性能指标来表示其分析结果。那么当控制系统不能满足实际工程所需要的性能指标，怎么办？控制系统又如何保证工程需要的性能指标呢？那就要对原有的系统进行改造或重新设计。在构造控制系统时，为了满足性能指标，适当地改变控制对象的动态特性，可能是一种比较简单的方法。但是，在很多实际情况中，由于控制对象可能是固定的和不可改变的，所以上述方法行不通。因此，必须调整固定的控制对象以外的参数。一种常用的方法就是在控制系统中加入一个校正环节，使得校正过的系统性能得到改善，从而达到所期望的系统性能。

第一节　校　正　概　述

一、控制系统的校正方式

所谓校正，就是改变系统的动态特性，使系统满足特定的技术要求。通过改变系统结构或在系统中加入一些参数可调的装置，改善系统的稳态、动态性能，使系统满足给定的性能指标。为了满足性能指标而加入到系统的装置，称为校正装置。校正的实质就是改变系统的极点数目和极点位置。从某种角度看校正环节，就是控制器，它在控制系统中的位置及其连接方式称为校正方式。

对单输入、单输出系统，校正方式的连接方式一般可归纳为并联、串联、局部反馈和前馈四种，相应的四种校正方式为并联校正、串联校正、局部反馈校正和复合校正。在四种校正方式中，由于串联校正比较经济，易于实现，且设计简单，故在实际应用中大多采用此校正方法。

1. 串联校正

图 6-1 所示串联校正方式系统，校正环节 $G_c(s)$ 串接在系统的前向通道中。未接校正环节时，系统的开环传递函数为 $G(s)H(s)$，系统的闭环传递函数为

$$\Phi(s) = \frac{G(s)}{1+G(s)H(s)} \tag{6-1}$$

在加入串联校正环节后，校正后系统的开环传递函数为 $G_c(s)G(s)H(s)$，闭环传递函数变为

$$\Phi(s) = \frac{G_c(s)G(s)}{1+G_c(s)G(s)H(s)}$$

$$\tag{6-2}$$

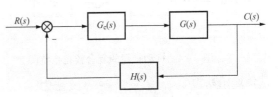

图 6-1　串联校正方式系统图

可见，校正后系统的零点和极点均发生了变化，从而使系统的性能发生改变。加上串联校正环节设计简单，容易实现，所以此种校正方式较为常用。

2. 并联校正

图 6 - 2 所示，并联校正方式系统接法，校正环节与前向通道的某一个或几个环节并接，经并联校正后的闭环传递函数为

$$\Phi(s) = \frac{[G_c(s) + G_1(s)]G_2(s)}{1 + [G_c(s) + G_1(s)]G_2(s)H(s)} \qquad (6-3)$$

可见，校正后的系统零点、极点也发生了变化，从而达到改善系统性能的目的。不过并联校正方式应用比较少见。

3. 局部反馈校正

如图 6 - 3 所示，局部反馈校正方式系统接法，校正环节并接在前向通道的一个或几个环节的两端，形成局部反馈回路。经局部反馈校正后的系统的闭环传递函数为

$$\Phi(s) = \frac{G_1(s)G_c(s)}{1 + G_1(s)G_2(s) + G_1(s)G_c(s)H(s)} \qquad (6-4)$$

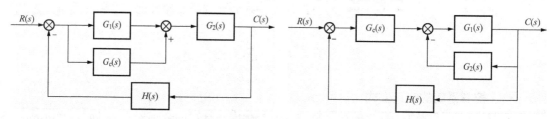

图 6 - 2　并联校正方式系统图　　　　　　图 6 - 3　局部反馈校正方式系统图

局部反馈校正也是一种常用的校正方式。局部反馈校正环节的输入信号一般功率较大，所以不需要放大环节。

4. 复合校正

串联校正和局部反馈校正都能在一定程度上改善系统性能，然而，仍会遇到动态性能和稳态性能难以兼顾的情况。例如，为减小稳态误差，可以采用提高系统的开环增益 K 或增加串联积分环节的办法，但由此可能导致系统的相对稳定性甚至稳定性难以保证。如果在系统的反馈控制回路中加入前馈通路，组成反馈控制和前馈控制相结合的系统，若使用得当，既能减小系统稳态误差，又保证系统稳定，这种控制方式即为复合控制。复合校正可分为以可测扰动为前馈信号和以设定值为前馈信号两种情况。复合校正本身只是一种开环控制模式，因此在实际中很少单独使用，一般都是前馈与反馈相结合构成前馈反馈复合控制系统。

扰动补偿的复合校正系统如图 6 - 4 所示。

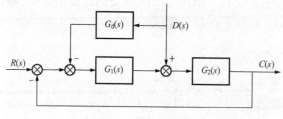

图 6 - 4　扰动补偿的复合校正系统图

其传递函数为

$$\Phi(s) = \frac{1}{G_1(s)} \qquad (6-5)$$

由扰动量产生的系统误差为零，实现了扰动量引起系统误差的全补偿。在实际应用中要

实现全补偿是比较困难的，但可以实现近似的全补偿，从而可以大幅度地减小扰动误差，显著改善系统的动态性能和稳态性能。

二、控制系统的基本规律

在确定校正装置时，应先了解所需校正装置提供的基本控制规律，以便选择相应的元件，因此了解校正装置的控制规律对选择合适的校正装置及校正方式很有必要。一般包含校正装置在内的控制器常采用的控制规律有比例、积分、微分等基本控制规律，或者采用这些基本控制规律的某些组合，如比例—积分、比例—微分、比例—积分—微分等组合控制规律，以实现对被控对象的有效控制。

1. 比例（P）控制规律

具有比例控制规律的控制器，称为 P 控制器，如图 6-5 所示。比例控制器输出与输入的关系为

$$c(t) = K_p e(t) \tag{6-6}$$

式中：K_p 为比例控制器放大系数。

比例控制器实质上是一个具有可调增益的放大器，在信号变换过程中，比例控制器只改变信号的增益而不影响其相位。在串联校正中，加大控制器增益，可以提高系统的开环增益，减小系统稳态误差，从而提高系统的控制精度，而且它的强励作用可以提高系统响应的快速性，但会降低系统的相对稳定性，甚至可能造成闭环系统不稳定。因此在控制系统中只采用比例控制很难满足控制系统的稳态及动态性能，在工程中常将比例控制规律与其他控制规律组合使用。

2. 积分（I）控制规律

具有积分控制规律的控制器，称为 I 控制器，如图 6-6 所示。积分控制器输出与输入的关系为

$$c(t) = K_i \int_0^t e(t) \mathrm{d}t \tag{6-7}$$

式中：K_i 为可调比例系数。

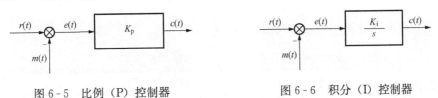

图 6-5 比例（P）控制器   图 6-6 积分（I）控制器

输出信号 $c(t)$ 与其输入信号的积分成比例。当 $e(t)$ 消失后，输出信号 $c(t)$ 有可能是一个不为零的常量。在串联校正中，采用 I 控制器可以提高系统的型级（无差度），有利于提高系统稳态性能，但积分控制增加了一个位于原点的开环极点，使信号产生 90° 的相角滞后，对系统的稳定不利。因此，不宜采用单一的 I 控制规律。

3. 比例—积分（PI）控制规律

具有比例—积分控制规律的控制器，称为 PI 控制器，如图 6-7 所示。比例—积分控制器输出与输入的关系为

$$c(t) = K_p e(t) + \frac{K_p}{T_i} \int_0^t e(t) \mathrm{d}t \tag{6-8}$$

式中：K_p 为可调比例系数；T_i 为可调积分时间常数。

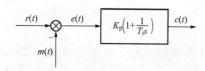

图 6-7　比例—积分（PI）控制器

比例—积分控制器是比例和积分两个控制器的合成，兼有比例和积分两种控制规律的特点。在串联校正时，引入比例—积分控制器，相当于在系统中增加了一个位于 s 平面原点的开环极点，同时也增加了一个位于左半 s 平面的负实开环零点。增加的开环极点和开环零点提高了系统的型级，提高了系统的阻尼程度，减小了稳态误差，缓解了 PI 极点对系统产生的不利影响，从而改善了系统的稳态性能。

4. 比例—微分（PD）控制规律

具有比例—微分控制规律的控制器，称为 PD 控制器，如图 6-8 所示。比例—微分控制器输出与输入的关系为

$$c(t) = K_p e(t) + K_p \tau \frac{\mathrm{d}e(t)}{\mathrm{d}t} \tag{6-9}$$

式中：K_p 为比例系数；τ 为微分时间常数。

比例—微分控制规律中的微分控制规律能反映输入信号的变化趋势，产生有效的早期修正信号，以增加系统的阻尼程度，从而改善系统的稳定性；在串联校正时，可使系统增加一个 $-\dfrac{1}{\tau}$ 的开环零点，使系统的相角裕度提高，因此有助于系统动态性能的改善。单独用微分控制规律的情况比较少，原因是微分控制规律对噪声敏感。

5. 比例—积分—微分（PID）控制规律

具有比例—积分—微分控制规律的控制器，称为 PID 控制器，如图 6-9 所示。

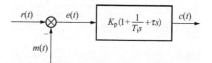

图 6-8　比例—微分（PD）控制器　　图 6-9　比例—积分—微分控制器

比例—积分—微分控制器输出与输入的关系为

$$c(t) = K_p e(t) + \frac{K_p}{T_i} \int_0^t e(t)\,\mathrm{d}t + K_p \tau \frac{\mathrm{d}e(t)}{\mathrm{d}t} \tag{6-10}$$

其传递函数为

$$\Phi_c(s) = K\left(1 + \frac{1}{T_i s} + \tau s\right) = \frac{K_p}{T_i}\left(\frac{T_i \tau s^2 + T_i s + 1}{s}\right) \tag{6-11}$$

当 $\dfrac{4\tau}{T_i} < 1$ 时，式（6-11）可改写为

$$\Phi_c(s) = \frac{K_p}{T_i} \frac{(\tau_1 s + 1)(\tau_2 s + 1)}{s} \tag{6-12}$$

式中：$\tau_1 = \dfrac{1}{2} T_i\left(1 + \sqrt{1 - \dfrac{4\tau}{T_i}}\right)$，$\tau_2 = \dfrac{1}{2} T_i\left(1 - \sqrt{1 - \dfrac{4\tau}{T_i}}\right)$。

由上式可知，当利用 PID 控制器进行串联校正时，除了可以使控制系统的型级提高一级，使系统的无差度提高一级外，还可以使控制系统增加两个位于 s 平面左半部的开环零

点。与 PI 控制器相比，PID 控制器除了具有改善控制系统稳态性能的优点外，还多提供一个负实开环零点，从而在提高控制系统的动态性能方面，具有更大的优越性。PID 控制器广泛应用于工业过程控制系统中，其参数的选择，一般在控制系统的现场调试中最后确定。通常，参数选择应使积分部分发生在系统开环频率特性的低频段，用于改善控制系统的稳态性能，而使微分部分发生在系统开环频率特性的中频段，以改善控制系统的动态性能。

第二节 校正环节及其特性

一、校正环节特性

在实际中，校正环节的特性各式各样，可以根据校正的方式、期望的性能指标和已知的约束条件，利用多种方法来设计任意可实现的校正环节的结构和参数。常见的校正环节种类并不多，对于串联校正，常见的校正环节可以分为超前校正、滞后校正和滞后—超前校正三种；对于局部反馈校正，常用的校正环节是比例环节和微分环节；对于前馈校正，常用的校正环节是比例环节和微分环节，有时也用惯性环节。

二、校正环节实现

校正环节的特性可用实际的物理装置来实现，常见的是使用电气或电子的装置。常使用的电气校正装置又可分为无源网络和有源调节器两种。表 6-1 给出的为常见的电气无源网络校正装置的原理图和传递函数。电气无源网络只用电阻和电容两种元件组成，结构简单，实现简便，但可实现的特性有限。表 6-2 给出的为常见的以运算放大器为核心的有源调节器型校正装置的工作线路和传递函数。用运算放大器为核心的有源调节器具有实现更多校正规律的能力，并且参数易于调整。

表 6-1 常见电气无源网络校正装置

类 型	原 理 图	传 递 函 数
超前校正		$\Phi(s) = \dfrac{1}{\alpha} \dfrac{1+\alpha T s}{1+T s}$ $\alpha = \dfrac{R_1 + R_2}{R_2}, T = \dfrac{R_1 R_2}{R_1 + R_2} C$
滞后校正		$\Phi(s) = \dfrac{1+\beta T s}{1+T s}$ $\beta = \dfrac{R_2}{R_1 + R_2}, \beta T = R_2 C$
滞后—超前校正		$\Phi(s) = \left(\dfrac{1+\alpha T_1 s}{1+T_1 s}\right)\left(\dfrac{1+\beta T_2 s}{1+T_2 s}\right)$ $\alpha T_1 = R_1 C_p \beta T_2 = R_2 C_2$ $\alpha\beta = 1$ $R_1 C_1 + R_2 C_2 + R_1 C_2 = T_1 + T_2$ $R_1 R_2 C_1 C_2 = T_1 T_2$

表 6 - 2　　　　　　　　　　　**有源调节器型校正装置**

类　　型	工 作 线 路	传 递 函 数
超前校正		$\Phi(s) = \dfrac{1 + T_D s}{Ts}$ $T_D = R_2 C T_i = R_1 C$
滞后校正		$\Phi(s) = K_P(1 + T_D s)$ $K_P = \dfrac{R_2}{R_1}, T_D = R_1 C$
滞后—超前校正		$\Phi(s) = -K_P \dfrac{(1 + T_{D1} s)(1 + T_{D2} s)}{T_{D1} s}$ $K_P = \dfrac{R_2}{R_1}, T_{D1} = R_2 C_1, T_{D2} = R_3 C_2$ 条件：$R_2 \gg R_3, C_2 \gg C_1$
滤波型调节器 （一阶惯性环节）		$\Phi(s) = -K_P \dfrac{1}{1 + Ts}$ $K_P = \dfrac{R_2}{R_1}, T_{D1} = R_2 C$

三、串联校正典型环节特性

串联校正是最常用的校正方式，串联校正环节的特性按照其频率特性上的相位超前或滞后可分为三类：超前校正、滞后校正和滞后—超前校正。

1. 超前校正环节特性

图 6 - 10 所示为一个无源超前校正装置的电路图。

设输入信号源内阻为零，输出端负载阻抗无穷大，其传递函数为

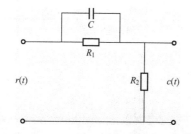

图 6 - 10　无源超前校正装置电路图

$$\Phi(s) = \frac{C(s)}{R(s)} = \frac{1 + \alpha T_2 s}{\alpha(1 + T_2 s)} \tag{6 - 13}$$

$$\alpha = \frac{R_1 + R_2}{R_2} > 1 \tag{6 - 14}$$

$$T_2 = \frac{R_1 R_2}{R_1 + R_2} C \tag{6 - 15}$$

由式（6 - 3）看出，串入无源超前校正装置后，系统开环增益要下降 α 倍，若下降的开环增益由提高系统放大器增益加以补偿，这样无源超前校正装置的传递函数

$$\alpha \Phi_c(s) = \frac{1 + \alpha T_2 s}{1 + T_2 s} \tag{6 - 16}$$

图 6 - 11 所示为无源超前校正装置的对数特性。由特性图可看出：

（1）在频率 ω 为 $1/\alpha T_2$ 至 $1/T_2$ 之间对输入信号有明显的微分作用。

（2）ω_m 正好处于两个转折频率的几何中心。

（3）ω_m 处的对数幅频为 $10\lg\alpha$。

（4）最大超前角 φ_m 只与参数 α 有关，二者之间单调递增。当 $\alpha=4\sim20$，$\varphi_m=42°\sim65°$；当 $\alpha>20$，φ_m 增加不大。在上述频率范围内，输出信号相角超前于输入信号相角，在 $\omega=\omega_m$ 处为最大超前相角 φ_m。

由式（6-14）可将其传递函数看成由两个典型环节构成，其相角计算如下

$$\varphi_c(\omega) = \tan^{-1}\alpha T_2\omega - \tan^{-1}T_2\omega$$

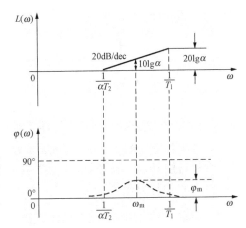

图 6-11　无源超前校正装置的对数幅、相特性图

由两角和公式得

$$\varphi_c(\omega) = \tan^{-1}\frac{(\alpha-1)T_2\omega}{1+\alpha T_2^2\omega^2} \tag{6-17}$$

对式（6-17）求导并令其等于零，得最大超前角频率

$$\omega_m = \frac{1}{T_2\sqrt{\alpha}} \tag{6-18}$$

而 $1/\alpha T_2$ 和 $1/T_2$ 的几何中心为

$$\lg\omega = \frac{1}{2}\left(\lg\frac{1}{\alpha T_2} + \lg\frac{1}{T_2}\right) = \lg\frac{1}{T_2\sqrt{\alpha}} \tag{6-19}$$

即

$$\omega = \frac{1}{T_2\sqrt{\alpha}} \tag{6-20}$$

式（6-18）中的 ω_m。将式（6-18）代入式（6-17）得最大超前角正好是

$$\varphi_m = \tan^{-1}\frac{(\alpha-1)T_2\dfrac{1}{T_2\sqrt{\alpha}}}{1+\alpha T_2^2\dfrac{1}{T_2^2\alpha}} = \tan^{-1}\frac{\alpha-1}{2\sqrt{\alpha}} \tag{6-21}$$

应用三角公式改写为

$$\omega_m = \sin\frac{\alpha-1}{\alpha+1} \text{ 或 } \alpha = \frac{1+\sin\varphi_m}{1-\sin\varphi_m} \tag{6-22}$$

式（6-22）表明，φ_m 仅与 α 值有关。α 值选得越大，则超前校正装置的微分效应越强。为了保持较高的信噪比，实际选用的 α 值一般不大于 20。

通过计算，可以求出 ω_m 处的对数值

$$L_c(\omega_m) = 20\lg|\alpha G_c(j\omega)| = 10\lg\alpha \tag{6-23}$$

2. 滞后校正环节特性

控制系统具有满意的动态特性，但其稳态性能不能满足要求时，可采用串联滞后校正。图 6-12 所示为无源滞后校正网络的电路图。设输入信号内阻为零，负载阻抗为无穷大，可推出滞后网络的传递函数

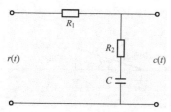

图 6 - 12　无源滞后
校正网络电路图

$$\Phi_c(s) = \frac{1 + \beta T_1 s}{1 + T_1 s} \qquad (6 - 24)$$

$$\beta = \frac{R_2}{R_1 + R_2} < 1 \qquad (6 - 25)$$

$$T_1 = (R_1 + R_2)C \qquad (6 - 26)$$

由式（6-24）得出如图 6-13 所示的滞后网络对数频率特性。由频率特性可知，滞后网络在频率 $1/T_1$ 至 $1/\beta T_1$ 之间呈积分效应，即为 PI 控制，而对数相频呈滞后特性。与超前网络特性相似，滞后网络特性产生一个最大滞后角 φ_m，出现在 $1/T_1$ 与 $1/\beta T_1$ 的几何中心 ω_m 处。可以计算出

$$\omega_m = \frac{1}{\sqrt{\beta}T_1} \qquad (6 - 27)$$

$$\varphi_m = \sin^{-1}\frac{1 - \beta}{1 + \beta} \qquad (6 - 28)$$

从图 6-13 看出，滞后网络在 $\omega < \dfrac{1}{T_1}$ 时，对信号没有衰减作用；$\dfrac{1}{\beta T_1} < \omega < \dfrac{1}{T_1}$ 时，对信号有积分作用，呈滞后特性；$\beta > \dfrac{1}{\beta T_1}$ 时，对信号衰减作用为 $20\lg\beta$。β 越大，这种衰减作用越强。采用无源滞后网络进行串联校正时，主要利用其高频幅值衰减的特性，以降低系统的开环截止频率，提高系统的相角裕度。

3. 滞后—超前环节特性

滞后—超前环节校正兼有滞后、超前两种校正的优点。超前校正部分可以提高系统的相角裕度，增加系统的稳定性，改善系统的动态性能；滞后校正部分可以改善系统的稳态性能。串联滞后—超前校正可以用比例—积分—微分控制器（PID 控制器）实现。图 6-14 所示为无源滞后—超前校正网络的电路图。

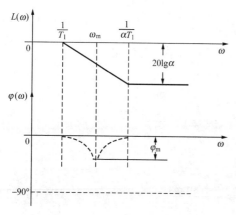

图 6 - 13　无源滞后网络对数频率特性

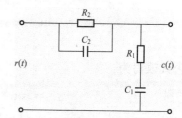

图 6 - 14　无源滞后—超前网络电路图

其传递函数为

$$\Phi_c(s) = \frac{(T_1 s + 1)(T_2 s + 1)}{T_1 T_2 s^2 + (T_1 + T_2 + T_{12})s + 1} \qquad (6 - 29)$$

式中：$T_1 = R_1 C_1$，$T_2 = R_2 C_2$，$T_{12} = R_1 C_2$。

令式（6-29）的分母多项式具有两个不等的负实根，则可将式（6-24）写成

$$\Phi_c = \frac{(T_1 s + 1)(T_2 s + 1)}{(T_1' s + 1)(T_2' s + 1)} \qquad (6 - 30)$$

将式（6-29）分母展开，与式（6-30）分母比较有

$$T_1' T_2' = T_1 T_2 \text{ 或 } \frac{T_1}{T_1'} = \frac{T_2'}{T_2} \tag{6-31}$$

$$T_1' + T_2' = T_1 + T_2 + T_{12} \tag{6-32}$$

设 $T_1' > T_1$，$\dfrac{T_1}{T_1'} = \dfrac{T_2'}{T_2} = \dfrac{1}{\alpha}$（$\alpha > 1$），则有

$$T_1' = \alpha T_1 \tag{6-33}$$

$$T_2' = T_2/\alpha \tag{6-34}$$

将式（6-33）、式（6-34）代入式（6-30），得

$$\Phi_c(s) = \frac{(T_1 s + 1)(T_2 s + 1)}{(\alpha T_1 s + 1)\left(\dfrac{T_2}{\alpha} s + 1\right)} \tag{6-35}$$

与超前网络和滞后网络的传递函数比较，式（6-35）前半部分起滞后作用，后半部分起超前作用，因此图6-14所示为一个起滞后—超前作用的网络，其对数渐近幅频特性如图6-15所示。由图看出其形状由参数 T_1、T_2 和 α 确定。

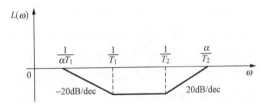

图6-15　对数渐近幅频特性图

第三节　校正方法及设计

一、基于频率法的串联校正

校正装置是以有源或无源网络来实现某种控制规律的装置，在讨论各种校正装置时，主要讨论无源校正装置。

1. 串联超前校正

当系统设计时要求满足的性能指标属频域特征量，则一般采用频率特性法进行校正。而应用超前网络进行串联校正的基本原理，是利用超前网络的相角超前特性，即安排串联超前校正网络最大超前角出现的频率等于要求的系统剪切频率 ω_c''。充分利用超前网络相角超前的特点，目的是保证系统的快速性。显然，$\omega_m = \omega_c''$ 的条件是原系统在 ω_c'' 处的对数幅值 $L(\omega_c'')$ 与超前网络在 ω_m 处的对数幅值之和为零，即 $-L(\omega_c'') = L'(\omega_m) = 10\lg\alpha$。正确的选择好转角频率 $1/\alpha T_2$ 和 $1/T_2$，串入超前网络后，便能使被校正系统的剪切频率和相角裕度满足性能指标要求，从而改善闭环系统的动态性能。闭环系统的稳态性能要求，可通过合理选择已校正系统的开环增益来保证。

用频率特性法设计超前网络的步骤如下：

（1）根据性能指标对稳态误差系数的要求，确定开环放大系数 K。

（2）利用求得的 K，绘制原系统的伯德图，主要是对数幅频特性图。

（3）在伯德图上测取原系统的相位裕量和增益裕量，或在对数幅频特性图上测取剪切频率 ω_c，通过计算求出原系统的相位裕量 γ；再确定使相位裕量达到希望值 γ'' 所需要增加的相位超前相角 φ_m，即 $\varphi_m = \gamma'' - \gamma + (5° \sim 15°)$（裕度）。

（4）计算超前校正装置的参数 α，计算式为

$$\alpha = \frac{1 + \sin\varphi_m}{1 - \sin\varphi_m}$$

（5）将对应最大超前相位角 φ_m 的频率 ω_m 作为校正后新的对数幅频特性的剪切频率 ω_c''，即令 $\omega_c'' = \omega_m$，利用作图法可以求出 ω_m。因为校正装置在 $\omega = \omega_m$ 时的幅值为 $10\lg\alpha$，所以可知在未校正系统的 $L(\omega)$ 曲线上的剪切频率 ω_c 的右侧距横轴 $-10\lg\alpha$ 处即为新的剪切频率 ω_c'' 的对应点。可以作一离横轴为 $-10\lg\alpha$ 的平行线，从此线与原 $L(\omega)$ 线的交点作垂直线至横轴，即可求得 ω_m。

（6）求出超前校正装置的另一个参数 T_2，计算式为

$$T_2 = \frac{1}{\omega_m \sqrt{\alpha}}$$

（7）画出校正后系统的伯德图，检验已校正系统的相角裕度 γ'' 性能指标是否满足设计要求。验算时，已知 ω_c'' 计算出校正后系统在 ω_c'' 处相角裕度 $\gamma''(\omega_c'')$，计算式为

$$\gamma''(\omega_c'') = 180° + \varphi''(\omega_c'')$$

当验算结果 γ'' 不满足指标要求时，需另选 ω_m 值，并重复以上计算步骤，直到满足指标为止。重选 ω_m 值，一般是使 $\omega_m = \omega_c''$ 的值增大。

应当指出，有些情况采用串联超前校正是无效的。串联超前校正受以下两个因素的限制：

（1）闭环带宽要求。若原系统不稳定，为了获得要求的相角裕度，超前网络应具有较大的相角超前量，这样，超前网络的 α 值必须选得很大，从而造成已校正系统带宽过大，使通过系统的高频噪声电平很高，很可能使系统失控。

（2）如果原系统在剪切频率附近相角迅速减小，一般不宜采用串联超前校正。因为随着剪切频率向 ω 轴右方移动，原系统相角将迅速下降，尽管串联超前网络提供超前角，而校正后系统相角裕度的改善不大，很难产生足够的相角裕量。

在上述情况下，可采取其他方法对系统进行校正。

【例 6 - 1】 设一单位反馈系统的开环函数为 $\Phi(s) = \dfrac{K}{s(0.5s + 1)}$，试设计一超前校正装置使校正后系统在单位斜坡作用下的稳态误差 $e_{ss} = 0.05$，相位裕度 $\gamma \geqslant 50°$，增益裕量不小于 10dB。

解 （1）根据稳态误差的要求，确定系统的开环增益 K。则 $e_{ss} = 1/K = 0.05$，$K = 20$

当 $K = 20$ 时，未校正系统的开环频率特性为

$$\Phi(j\omega) = \frac{20}{j\omega(0.5j\omega + 1)} = \frac{20}{\omega\sqrt{1 + \left(\dfrac{\omega}{2}\right)^2}} \angle -90° - \arctan\frac{\omega}{2}$$

计算未校正情况下的相角裕度

$$20\lg\frac{20}{\omega\sqrt{1+\left(\frac{\omega}{2}\right)^2}}=0, \quad 即\frac{20}{\omega\sqrt{1+\left(\frac{\omega}{2}\right)^2}}=1$$

$$\gamma=180°-90°-\arctan\frac{\omega}{2}$$

解得

$$\omega=6.17\text{rad/s}, \quad \gamma=17.96°$$

（2）绘制未校正系统的伯德图，如图 6 - 16 所示。由伯德图可知未校正系统的相位裕量为 $\gamma\geqslant17°$。

（3）根据相位裕量的要求确定超前校正网络的相位超前角为

$$\varphi_\text{m}=\gamma''-\gamma+\varepsilon=50°-17°+5°=38°$$

（4）计算超前校正装置的参数 α 为

$$\alpha=\frac{1+\sin\varphi_\text{m}}{1-\sin\varphi_\text{m}}=\frac{1+\sin38°}{1-\sin38°}=4.2°$$

（5）超前校正装置在 ω_m 处的幅值为 $10\lg\alpha=10\lg4.2=6.2\text{dB}$，因此未校正系统的开环对数幅值为 -6.2dB，对应的频率 $\omega=\omega_\text{m}=9\text{rad/s}$，这一频率即校正后系统的截止频率，如图 6 - 17 所示。

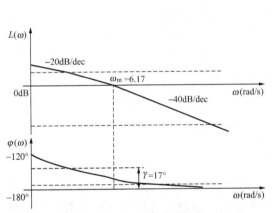

图 6 - 16　校正前系统伯德图　　　　　图 6 - 17　校正后系统转折频率图

（6）计算超前校正网络的转折频率。

由 $\omega_\text{m}=\dfrac{1}{T\sqrt{\alpha}}$ 得出

$$\omega_1=\frac{1}{\alpha T}=\frac{\omega_\text{m}}{\sqrt{\alpha}}=\frac{9}{4.2}=4.4(\text{rad/s})$$

$$\omega_2=\frac{1}{T}=\omega_\text{m}\sqrt{\alpha}=9\times\sqrt{4.2}=18.4(\text{rad/s})$$

传递函数为

$$\varPhi(s)=\frac{s+4.4}{s+18.4}=0.238\frac{1+0.227s}{1+0.054s}$$

为了补偿因超前校正网络的引入而造成系统开环增益的衰减，必须使附加放大器的放大

倍数 $\alpha = 4.2$，则有

$$\alpha \Phi(s) = 4.2 \frac{s+4.4}{s+18.4} = 0.9996 \frac{1+0.227s}{1+0.0542s}$$

（7）校正后系统的框图如图 6-18 所示。其开环传递函数为

$$\Phi(s)\Phi_o(s) = \frac{4.2 \times 40(s+4.4)}{(s+18.2)s(s+2)} = \frac{20(1+0.227s)}{s(1+0.5s)(1+0.0542s)}$$

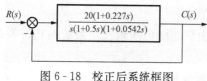

校正后的伯德图如图 6-19 所示。由图可见，校正后系统的相位裕量 $\gamma' = 180° - 90° - \text{arctg}0.5 \times 9 + 38° = 50.5° > 50°$，增益裕量加 20dB，均已满足系统设计要求。

图 6-18　校正后系统框图

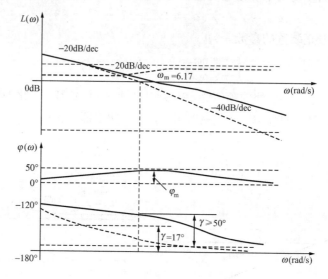

图 6-19　校正后的系统伯德图

2. 串联滞后校正

采用滞后网络进行校正，主要是利用其高频幅值衰减特性，应力求避免最大滞后角发生在已校正系统开环剪切频率 ω''_c 附近，否则将使系统动态性能恶化。因此选择滞后网络参数时，总是使网络的第二个转角频率 $\dfrac{1}{\beta T_1}$ 远小于 ω''_c。一般取

$$\frac{1}{\beta T_1} = \frac{\omega''_c}{5 \sim 10}, \text{其中} \beta = \frac{R_2}{R_1 + R_2} \tag{6-36}$$

应用频率法设计滞后校正装置，其步骤如下：

（1）根据性能指标对误差系数的要求，确定系统的开环增益 K。

（2）作出原系统的伯德图，求出原系统的相角和增益裕量。

（3）如原系统的相角和增益裕量不满足要求，找一新的剪切频率 ω''_c，在 ω''_c 处开环传递函数的相角应等于 $-180°$ 加上要求的相角裕量后再加上 $5° \sim 12°$，以补偿滞后校正网络的相角滞后。

（4）确定使幅值曲线在新的剪切频率 ω''_c 处下降到零分贝所需的衰减量为 $20\lg|G_k(\text{j}\omega''_c)|$，再令 $20\lg\beta = -20\lg|G_k(\text{j}\omega''_c)|$，由此求出校正装置的参数 α。

（5）取滞后校正装置的第二个转折频率 $\omega_2 = \dfrac{1}{\beta T_1} = \left(\dfrac{1}{5} \sim \dfrac{1}{10}\right)\omega_c''$，$\omega_2$ 太小将使 T_1 很大，这是不允许的。ω_2 确定后，T_1 就确定了。

（6）作出校正后系统的伯德图，检验是否全部达到性能指标。

【例 6-2】 设单位反馈系统的开环传递函数为 $\varPhi(s) = \dfrac{K}{s(s+1)(0.2s+1)}$，试设计串联校正装置满足 $K_v = 8\mathrm{rad/s}$，相位裕度 $\gamma^* = 40^\circ$。

解 由 $K_v = 8\mathrm{rad/s}$，$v = 1$，取 $K = 8$，知

$$L(\omega) = \begin{cases} 20\lg \dfrac{8}{\omega} & (\omega < 1\mathrm{rad/s}) \\[2mm] 20\lg \dfrac{8}{\omega\omega} & (1 < \omega < 5\mathrm{rad/s}) \\[2mm] 20\lg \dfrac{8}{\omega \cdot \omega \cdot 0.2\omega} & (\omega > 5\mathrm{rad/s}) \end{cases}$$

令 $L(\omega) = 0$，可得 $\omega_c = 2.8\mathrm{rad/s}$，$\gamma = 180^\circ - 90^\circ - \arctan\omega_c - \arctan(0.2\omega_c) = -9.5^\circ < 40^\circ$，不满足性能要求，需加以校正，选用滞后网络校正。

令 $\varphi(\omega_c'') = \gamma^* + 6^\circ = 46^\circ$，得

$$-90^\circ - \arctan\omega_c'' - \arctan(0.25\omega_c'') = 46^\circ$$
$$\arctan\omega_c'' + \arctan(0.25\omega_c'') = 44^\circ$$

所示

$$\omega_c'' = 0.72$$

根据 $20\lg \dfrac{1}{\beta} + L(\omega_c'') = 0$，得

$$\beta = 1/0.09$$

再由 $\dfrac{1}{\beta T} = 0.1\omega_c''$，$\alpha\beta = 1$，得

$$T = 154.3$$

故选用的串联滞后校正网络为

$$\varPhi_c(s) = \frac{1 + \beta Ts}{1 + Ts} = \frac{1 + 13.9s}{1 + 154.3s}$$

验算 $\gamma'' = 180^\circ + \varphi_c(\omega_c'') + \varphi(\omega_c'')$

$$= 180^\circ + \arctan(13.9\omega_c'') - \arctan(154.3\omega_c'') - 90^\circ - \arctan\omega_c''$$
$$- \arctan(0.2\omega_c'') = 40.9^\circ > 40^\circ$$

满足系统的性能指标。

3. 串联滞后—超前校正方法

用频率法设计滞后—超前校正网络参数，其步骤如下：

（1）根据对校正后系统稳定性能的要求，确定校正后系统的开环增益 K。

（2）把求出的校正后系统的 K 值作为开环增益，作原系统的对数幅频特性，并求出原系统的剪切频率 ω_c、相角裕度 γ 及幅值裕度 K_g。

（3）以未校正系统斜率从 $-20\mathrm{dB/dec}$ 变为 $-40\mathrm{dB/dec}$ 的转折频率作为校正网络超前部分的转折频率 $\omega_b = \dfrac{1}{T_2}$。这种选择不是唯一的，但这种选择可以降低校正后系统的阶次，并

使中频段有较宽的 -20dB/dec 斜率频段。

（4）根据对响应速度的要求，计算出校正后系统的剪切频率 ω_c''，以校正后系统对数渐近幅频特性 $L(\omega_c'')=0\text{dB}$ 为条件，求出衰减因子 $\dfrac{1}{\beta}$。

（5）根据对校正后系统相角裕度的要求，估算校正网络滞后部分的转折频率 $\omega_a=\dfrac{1}{T_1}$。

（6）验算性能指标。

【例 6 - 3】 设某单位反馈系统，其开环传递函数为 $\Phi_k(s)=\dfrac{K}{s(s+1)(0.125s+1)}$，要求 $K_v=20\text{rad/s}$，相角裕量 $\gamma''=50°$，剪切频率 $\omega_c''\geqslant2\text{rad/s}$，试设计串联滞后—超前校正装置，使系统满足性能指标要求。

解 根据对 K_v 的要求，可求出 K 值，计算式为

$$K_v=\lim_{s\to0}sG_k(s)=K=20\text{rad/s}$$

以 $K=20$ 作出原系统的开环对数渐近幅频特性，如图 6 - 20 虚线所示。求出原系统的剪切频率 $\omega_c=4.47\text{rad/s}$，相角裕度为 $-16.6°$，说明原系统不稳定。

选择 $\omega_b=\dfrac{1}{T_2}=1$ 作为校正网络超前部分的转折频率。根据对校正后系统相角裕度及剪切频率的要求，确定出校正后系统的剪切频率为 2.2rad/s，原系统在频率 2.2rad/s 处的幅值为 12.32dB，串入校正网络后在频率为 2.2rad/s 处为零分贝，则有下式

$$-20\lg\beta+20\lg2.2+12.32=0$$

由上式算出 $\beta=9.1$，$\dfrac{T_2}{\beta}=0.11$。校正网络的另一个转折频率 $\beta\omega_b=9.1\times1=9.1$。写出滞后—超前校正网络的传递函数为

$$\Phi_c(s)=\frac{(T_1s+1)(T_2s+1)}{(\beta T_1s+1)\left(\dfrac{T_2}{\beta}s+1\right)}=\frac{\left(\dfrac{1}{\omega_a}s+1\right)(s+1)}{\left(\dfrac{\beta}{\omega_a}s+1\right)(0.11s+1)}$$

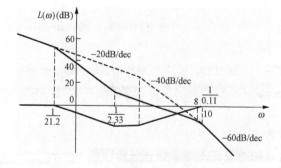

图 6 - 20   系统校正前后的对数渐近幅频特性

校正后系统的开环传递函数

$$\Phi_c(s)\Phi_k(s)=\frac{20\left(\dfrac{1}{\omega_a}s+1\right)}{s(0.125s+1)\left(\dfrac{\alpha}{\omega_a}s+1\right)(0.11s+1)}$$

根据性能指标的要求，取校正后系统的相角裕度 $\gamma = 50°$，即

$$\gamma = 180° + \tan^{-1}\frac{\omega_c}{\omega_a} - 90° + \tan^{-1}0.125\omega_c - \tan^{-1}\frac{\beta\omega_c}{\omega_a} - \tan^{-1}0.11\omega_c$$

$$= 61.01° + \tan^{-1}\frac{2.2}{\omega_a} - \tan^{-1}\frac{19.11}{\omega_a} = 50°$$

$-\tan^{-1}\dfrac{19.11}{\omega_a} \approx -90°$，$\tan^{-1}\dfrac{2.2}{\omega_a} = 78.99°$，代入上式则得 $\omega_a = 0.43\text{rad/s}$。

从而得到校正网络的传递函数

$$\Phi_c(s) = \frac{(2.33s+1)(s+1)}{(21.2s+1)(0.11s+1)}$$

校正后系统开环传递函数

$$\Phi_c(s)\Phi_k(s) = \frac{20(2.33s+1)}{s(0.125s+1)(21.2s+1)(0.11s+1)}$$

校正后系统的对数渐近幅频特性为图 6-20 中的实线。经校验，校正后系统 $K_v = 20\text{rad/}$ s，相角裕度为 51.21°，剪切频率为 2.2rad/s，达到了对系统提出的稳态、动态指标要求。

二、基于根轨迹法的串联校正

1. 串联超前校正

将无源超前校正装置的传递函数改写为

$$\Phi(s) = \frac{1+\alpha T_2 s}{1+T_2 s} = \frac{\alpha T_2}{T_2}\frac{s+\dfrac{1}{\alpha T_2}}{s+\dfrac{1}{T_2}} \tag{6-37}$$

可得无源超前校正装置的零点、极点在根平面上的分布如图 6-21 所示。由于 $\alpha > 1$，其负实数零点位于负实数极点右侧靠近坐标原点处。二者之间的距离由常数 α 决定。

当性能指标以时域特征量给出时，采用根轨迹法进行校正比较方便。根轨迹法校正的优点是根据根平面上闭环零点、极点的分布位置，直接估算系统的动态性能。

如果原系统动态性能不能满足要求，则可采取串联超前校正装置进行校正。串联超前校正的基本出发点，是先设置一对能满足性能指标要求的共轭主导极点，称为希望主导极点。由于原系统不满足动态性能要求，希望主导极点自然不会在原系统的根轨迹上。使超前网络

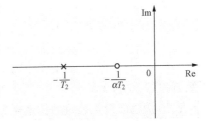

图 6-21 无源超前网络的
零点、极点分布图

的零点落在原系统主导实数极点（坐标原点的极点除外）附近，以构成偶极子，使已校正系统根轨迹形状改变，向左移动，以增大系统的阻尼和带宽，并使希望主导极点落在已校正系统的根轨迹上，从而满足性能指标要求。

应用根轨迹法设计串联超前校正装置的步骤如下：

（1）作出原系统的根轨迹图。

（2）根据对校正后系统性能指标的要求，确定闭环系统希望主导极点的位置。若闭环系统希望主导极点不在原系统的根轨迹上，则可确定为超前校正形式。

（3）一般情况下，通过调整开环增益无法产生希望的主导极点，必须计算出超前网络应

提供相角 φ_c 的值，才能使校正后的系统根轨迹通过希望的主导极点。φ_c 可以这样来求取，设 s_1 为根据性能指标所确定的希望主导极点之一，未校正系统 m 个开环零点和 n 个开环极点的位置均为已知，可算出未校正系统 m 个零点，n 个极点在 s_1 点产生的总的相角，则串入的超前校正网络应产生的超前相角 $\varphi_c = -\varphi - 180°$。

（4）应用图解法确定能产生相角为 φ_c 的串联超前网络的零点、极点位置，即串联超前校正网络的参数。

（5）验算性能指标。

【例 6-4】 设系统校正前开环传递函数为 $\Phi_k(s) = \dfrac{K}{s(s+14)(s+5)}$，要求校正后调节时间 $t_s \leqslant 0.9\mathrm{s}$，超调量 $\sigma_P\% \leqslant 20\%$，稳态速度误差系数 $K_v \geqslant 10\mathrm{rad/s}$，试确定串联超前校正装置参数。

解 （1）根据对系统性能指标的要求，确定希望的闭环主导极点的位置。

由已知的 $\sigma_P\%$、t_s，按二阶系统性能指标与参数的关系求出阻尼系数 ξ 及自然频率 ω_n。

$$\sigma_P = e^{-\frac{\xi\pi}{\sqrt{1-\xi^2}}} \times 100\%$$

$$t_s = \frac{4}{\xi\omega_n}(\text{取}\ \Delta = 2\%)$$

将 $\sigma_P\%$、t_s 数值代入以上两式，得

$$\xi = 0.45, \quad \omega_n = 10.16\mathrm{rad/s}$$

因 $\cos\delta = \xi$，所以 $\delta = 63.26°$。根据对二阶系统的分析和求到的 ξ、ω_n 值，在根平面上过原点作与负实轴夹角为 $\delta = 63.26°$ 的射线并在负实轴上作过 $\sigma = -\xi\omega_n = -4.5$ 的垂线，则两线的交点即可确定希望的闭环主导极点在根平面上的位置，$s_{1,2} = -4.5 \pm \mathrm{j}9.1$。

（2）求需要补偿的超前角 φ_c。

根据上述应用根轨迹法设计串联超前校正装置的步骤（3），$\varphi_c = -\varphi - 180°$，其中 φ 由式（6-31）求出为 $\varphi = -116.7° - 87.3° - 44° = -248°$，则

$$\varphi_c = 248° - 180° = 68°$$

由于 φ_c 小于 $90°$，采用简单的串联超前校正便可得到预期的效果。求出 φ_c，便可确定校正装置参数 z_c 和 p_c。

设串联超前校正装置的传递函数

$$\Phi_c(s) = \frac{1+\alpha T_2 s}{1+T_2 s} = \alpha\frac{s+z_c}{s+p_c}$$

式中 $z_c = \dfrac{1}{\alpha T_2}$，$p_c = \dfrac{1}{T_2}$。

校正后，系统的开环传递函数

$$\Phi_c(s)\Phi_k(s) = \frac{\alpha K}{s(s+14)(s+5)}\frac{(s+z_c)}{(s+p_c)}$$

希望主导极点 s_1、s_2 是一对共轭复数极点，设串入超前校正装置 $\Phi_c(s)$ 后，提供超前相角 φ_c，使 s_1、s_2 均在校正后系统的根轨迹上，因此，s_1 应满足幅值条件，即

$$\left| \frac{\alpha K}{s_1(s_1+14)(s_1+5)} \times \frac{s_1+z_c}{s_1+p_c} \right| = 1$$

或写成

$$\frac{\alpha K}{M} \times \left| \frac{s_1 + z_c}{s_1 + p_c} \right| = 1$$

$$M = |s_1| \times |s_1 + 14| \times |s_1 + 5| = 10.16 \times 9.11 \times 13 = 1203$$

根据稳态指标，取 $K_v = 10 \text{rad/s}$，有

$$K_v = \lim_{s \to 0} s G_k(s) = \lim_{s \to 0} s \frac{K}{s(s+14)(s+5)} = \frac{K}{70} = 10 \text{rad/s}$$

$$K = 700$$

串联超前校正装置中 $\overline{S_1}$ 向量的模已求出，$|\overline{S_1}| = \omega_n = 10.16$，与负实轴的夹角 $\delta = \cos^{-1} \xi = 63.26°$，校正装置的超前角

$$\varphi_c = \angle \Phi_c(s) = \angle \alpha \frac{s_1 + z_c}{s_1 + p_c} = \angle s_1 + z_c - \angle s_1 + p_c = \theta - \theta_1 = 68°$$

由 $\Delta z_c o s_1$ 可得

$$\frac{\sin\gamma}{\sin\delta} = \frac{|\overline{z_c}|}{|s_1 + p_c|} \tag{6-38}$$

由 $\Delta p_c o s_1$ 可得

$$\frac{\sin(\varphi_c + \gamma)}{\sin\gamma} = \frac{|\overline{p_c}|}{|s_1 + p_c|} \tag{6-39}$$

由式（6-38）、式（6-39）消去 $\sin\delta$，得

$$\frac{\sin(\varphi_c + \gamma)}{\sin\gamma} = \frac{|\overline{p_c}|}{|z_c|} \times \frac{|\overline{s_1 + z_c}|}{|s_1 + p_c|} = \alpha \frac{|s_1 + z_c|}{|s_1 + p_c|} \tag{6-40}$$

将 $\dfrac{\alpha K}{M} \dfrac{|S_1 + z_c|}{S_1 + p_c} = 1$ 代入式（6-40），得

$$\frac{\sin(\varphi_c + \gamma)}{\sin\gamma} = \frac{M}{K}$$

将上式展开，经演化，得

$$\cot\gamma = \frac{M}{K} \frac{1}{\sin\varphi_c} - \cot\varphi_c \tag{6-41}$$

将 M、K 及 φ_c 值代入式（6-41），求出 $\gamma = 34.6°$。

在 $\Delta z_c o s_1$ 中，$|\overline{z_c}| = \dfrac{\sin\gamma}{\sin\theta} \times |\overline{os_1}| = \dfrac{\sin 34.6°}{\sin(180° - 63.25° - 34.6°)} \times 10.16 = 5.82$。

在 $\Delta p_c o s_1$ 中，$|\overline{p_c}| = \omega_n \times \dfrac{\sin(\varphi_c + \gamma)}{\sin(\theta - \varphi_c)} = \dfrac{\sin(68° + 34.6°)}{\sin(82.15° - 68°)} \times 10.16 = 40.5$。

得超前校正装置参数 α、T_2

$$\alpha = \frac{|\overline{p_c}|}{|z_c|} = 6.96, T_2 = \frac{1}{|\overline{p_c}|} = 0.025$$

串联超前校正装置的传递函数

$$\Phi_c(s) = 6.96 \times \frac{s + 5.82}{s + 40.5}$$

串入 $G_c(s)$ 后，系统的开环传递函数

$$\Phi_c(s)\Phi_k(s) = \frac{K}{s(s+14)(s+5)} \times 6.96 \times \frac{s + 5.82}{s + 40.5} \tag{6-42}$$

最后还需校验共扼复数点 $s_{1,2} = -4.57 \pm j9.1$ 作为闭环主导极点的准确程度。

若系统为单位反馈系统，可得出系统的闭环传递函数

$$\Phi(s) = \frac{C(s)}{R(s)} = \frac{\Phi_c(s)\Phi_k(s)}{1 + \Phi_c(s)\Phi_k(s)}$$

$$= \frac{K\alpha(s + z_c)}{s(s+5)(s+14)(s+p_c) + K\alpha(s+z_c)} \tag{6-43}$$

已知 $s_{1,2} = -4.57 \pm j9.1$ 为闭环系统一对共轭极点，设另两个闭环极点为 s_3、s_4，则式（6-43）可写成

$$\Phi(s) = \frac{K\alpha(s + z_c)}{(s+s_1)(s+s_2)(s+s_3)(s+s_4)} \tag{6-44}$$

将求到的 α、s_1、s_2、z_c、p_c、K 数值代入式（6-44），求得闭环系统的另外两个极点为 $s_3 = -6.19$，$s_4 = -44.17$。

以上计算看出，当串入超前校正装置 $\Phi_c(s)$，且使 $K = 700$，闭环系统有 4 个极点，即 $s_{1,2} = -4.57 \pm j9.1$ 为共扼复数极点，$s_3 = -6.19$，$s_4 = -44.17$，均为负实轴上的闭环极点，s_3 可认为是闭环零点 $Z_c = -5.82$，s_4 远离虚轴，不起主要作用，因此 s_1、s_2 这对共轭复数极点起主要作用，成为一对主导极点，校正后的系统其动态性能主要由 s_1、s_2 决定，故串入超前校正装置后能满足所要求的性能指标。

2. 串联滞后校正

如前所述，当原系统已具有比较满意的动态性能，而稳态性能不能满足要求时，可采用串联滞后校正。串联滞后校正装置可增大系统的开环增益，满足稳态性能的要求，又不会使希望的闭环极点附近的根轨迹发生明显的变化，这就使系统动态性能基本不变。在根平面上十分接近坐标原点的位置设置串联滞后网络的零点、极点，并使之非常靠近，则有

$$\frac{s + \dfrac{1}{\beta T_1}}{s + \dfrac{1}{T_1}} \approx 1 \angle 0° \tag{6-45}$$

式（6-45）表明串入这样的滞后网络后，对希望主导极点的根轨迹增益和相角几乎没有影响。以 I 型系统为例，说明串联滞后校正的作用。

设原系统开环传递函数为

$$\Phi_k(s) = \frac{K}{s(T_a s + 1)(T_b s + 1)} = \frac{K^*}{s\left(s + \dfrac{1}{T_a}\right)\left(s + \dfrac{1}{T_b}\right)}$$

式中：K 为原系统的根轨迹增益，$K^* = \dfrac{K}{T_a T_b}$。

串入滞后网络后，系统开环传递函数变为

$$\Phi_c(s)\Phi_0(s) = \frac{K(\beta T_1 s + 1)}{s(T_a s + 1)(T_b s + 1)(T_1 s + 1)} = \frac{(K^*)''\left(s + \dfrac{1}{\beta T_1}\right)}{s\left(s + \dfrac{1}{T_a}\right)\left(s + \dfrac{1}{T_b}\right)\left(s + \dfrac{1}{T_1}\right)}$$

式中：$(K^*)''$ 为校正后系统的根轨迹增益，$(K^*)'' = \dfrac{K''\beta}{T_a T_b}$。

令 K_v'' 为校正后系统的速度稳态误差系数，则有

$$K_v'' = \lim_{s \to 0} s\Phi_c(s)\Phi_k(s) = K''$$

如式 (6-45) 成立，系统校正前后在希望极点 s_1 处根轨轨增益不变，则

$$K_v/T_aT_b = K''_v\beta/T_aT_b \Rightarrow K''_v = 1/\beta K_v$$

而 $1/\beta = Z_C/P_C$，当串联滞后网络零点位置一定，可使极点 p_c 靠近坐标原点，使 $1/\beta$ 值较大，从而加大校正后系统的稳态速度误差系数。例如，串联滞后网络的零点 $z_c = -0.1$，选择串联滞后网络的极点 $p_c = -0.01$，可使 $K''_v = 10K_v$。通常 $1/\beta$ 可在 $1\sim15$ 之间选取，以选择 $1/\beta = 10$ 较为适当。由于 p_c 十分接近坐标原点。近似地认为在 $s=0$ 处增加了一个极点，近似于增加了一个积分环节，所以这种校正又称为积分校正。

这样确定的串联滞后网络的零点、极点，比较校正前后系统的根轨迹，除根平面坐标原点附近的根轨迹有较大变化外，其余部分无显著改变，因此主导极点位置基本不变，基本保持了系统原有的动态性能。上面所说的主导极点的位置校正后基本不变，并不是丝毫不变；此外，校正后的系统在根平面坐标原点附近必然存在一个偶极子靠近坐标原点，因此校正后系统的动态性能仍会有变化。在设置希望主导极点时应留有余地，校正后希望主导极点的位置虽有小的变化，但系统的动态性能仍能满足要求。

应用根轨迹法设计串联滞后校正网络，可归纳为如下步骤：

(1) 作出原系统的根轨迹图，根据调节时间的要求，判断采用串联滞后校正的可能性。

如上所述，采用串联滞后校正根轨迹只是局部变化，整个根轨迹不会向虚轴左面移动，因而原系统复数根轨迹在实轴上的分离位置 $|d_{max}|$ 是希望主导极点可能的最大实部，而 $t_{min} \approx 3.5/|d_{max}|$ 则是采用串联滞后校正后系统可能具有的最小调节时间。如果指标要求的调节时间 $t_s \geq t_{min}$，则采用滞后校正是可能的。

(2) 根据动态性能指标确定希望主导极点的位置。

(3) 用 $10°$ 夹角法确定滞后网络零点，并近似计算主导极点处的根轨迹增益。

为使滞后网络的零点、极点充分接近坐标原点，可在希望主导极点之一的 s_1 点作一条与 s_1 直线夹角为 $10°$（或小于 $10°$）的直线，此直线与负实轴的交点设为滞后网络的零点 z_c，这就是 $10°$ 夹角法。由于滞后网络的极点 p_c 更靠近坐标原点，在实际应用时，可认为 p_c 位于坐标原点，这就可以应用幅值条件近似计算出 s_1 的根轨迹增益。

(4) 根据要求的稳态性能指标计算滞后网络参数。

(5) 应用相角条件，验算希望主导极点是否位于已校正系统的根轨迹上。

(6) 校验系统各项性能指标是否满足要求。

【例 6-5】 设系统如图 6-22 (a) 所示，其开环传递函数 $\Phi_k(s) = \dfrac{K^*}{s(s+2)(s+5)}$，要求校正后系统稳态速度误差系数 $K_v \geq 5$rad/s，单位阶跃响应超调量不大于 40%，调节时间小于 6s。试求校正装置的传递函数。

解 (1) 作原系统的根轨迹图 [图 6-22 (b)]，根轨迹在实轴上的分离点为 $|d_{max}| = 0.88$，允许的最小调节时间为 3.08s，小于要求的调节时间，因此，采用串联滞后校正是可能的。

根据对系统单位阶跃响应超调量的要求，计算阻尼比 ξ 约为 0.28，为留有余地，取 $\xi = 0.5$。

(2) 以 $\xi = 0.5$ 作一条直线，与原系统的根轨迹相交于 B 点，B 坐标为 $-0.712 + j1.23$，希望主导极点选择在 $-0.712 \pm j1.23$ 附近，其动态性能能满足指标要求。考虑串联滞后校正

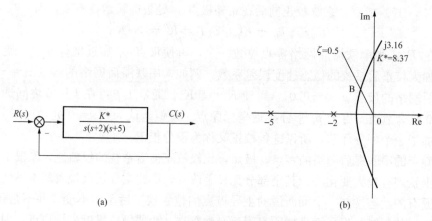

图 6-22　控制系统及其根轨迹图

网络串入系统的影响，将希望主导极点选择为 $s_{1,2}=-0.6\pm j1.039$。s_1 与 B 点非常接近。可以算出 B 点的根轨迹增益为 11.27，用以代替 s_1 点的根轨迹增益。它不能满足稳态指标的要求。

（3）s_1 点的取值正好在 $\xi=0.5$ 的直线上，再作一条与 $\xi=0.5$ 直线成 10° 的直线，与负实轴的交点为 -0.22，取 $z_c=-0.25$，求到 s_1 点的根轨迹增益

$$K^*=\frac{|\overline{s_1}|\times|\overline{s_1}|\times|\overline{s_1+2}|\times|\overline{s_1+5}|}{|s_1+0.25|}=10.35$$

串入滞后校正网络后，系统开环传递函数

$$\begin{aligned}\Phi_c(s)\Phi_k(s)&=K^*\frac{(s+z_c)}{s(s+2)(s+5)(s+p_c)}\\&=\frac{K^*}{2\times5\times\beta}\times\frac{(4s+1)}{s(0.5s+1)(0.2s+1)\left(\dfrac{1}{\alpha z_c}s+1\right)}\end{aligned}$$

由上式可得 $K_v=\dfrac{K^*}{10\beta}$，根据要求 $K_v\geqslant5\text{rad/s}$，算出 $\beta\leqslant0.207$，取 $\beta=0.12$，则 $p_c=-0.25\times0.12=0.03$。已知 z_c、p_c 的取值后，算出根轨迹增益的准确值 $K^*=10.22$，校正后系统开环传递函数为

$$\Phi_c(s)\Phi_k(s)=\frac{10.22(s+0.25)}{s(s+2)(s+5)(s+0.03)}$$

$K_v=8.52\text{rad/s}$，满足稳态指标要求。校正后系统根轨迹如图 6-23 所示。经计算，主导极点 $s_{1,2}$ 满足相角条件，位于校正后系统的根轨迹上，同时也在 $\xi=0.5$ 的直线上。校正后的系统当根轨迹增益为 10.22 时，有一对共轭闭环极点 $s_{1,2}=-0.6\pm j1.039$，另两个闭环极点为 $s_3=-5.51$，s_3 远离虚轴，s_4 靠近零点。因而 $s_{1,2}$ 起主导作用，系统的动态性能主要由 $s_{1,2}$ 来确定。主导极点取在 $\xi=0.5$ 的直线上，校正后系统单位阶跃响应超调量小于 20%，调节时间为 5.3s，稳态速度误差系数 $K_v=8.52\text{rad/s}$，均满足性能指标要求。

如果选择的主导极点不在校正系统的根轨迹上，当确定一个根轨迹增益值，就确定了校正后系统的一对共轭复数极点，只要它距选择的主导极点很近（按性能指标选择主导极点时留有余地），实际的主导极点仍可能使系统满足性能的要求。对校正后系统的性能进行验算

或实验测试，如性能不满足要求，则需另选主导极点，直到满足性能要求为止。

3. 滞后—超前校正

如果系统校正前其动态性能和稳态性能都不满足要求，而且距性能指标甚远，可以采用滞后—超前校正。根据性能指标确定一对闭环主导复数极点，利用滞后—超前校正网络超前部分提供的超前相位补偿，使校正后系统根轨迹通过确定的主导极点，从而使系统满足动态性能指标要求；利用滞后部分，使校正后系统满足稳态性能指标要求。其设计步骤如下：

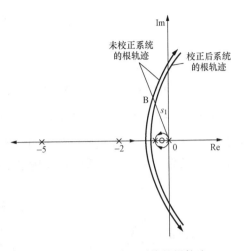

图 6-23 校正前后系统的根轨迹

（1）根据对系统提出的性能指标，在根平面上确定系统的希望闭环主导极点。

（2）为使闭环主导极点位于希望的位置，计算出滞后—超前网络需要的超前相位 φ_c。

（3）根据对系统稳态指标的要求，计算原系统开环增益应提高的倍数。

（4）滞后—超前网络的传递函数

$$\Phi_c(s) = \frac{(T_1 s + 1)(T_2 s + 1)}{(\beta T_1 s + 1)\left(\dfrac{T_2}{\beta} s + 1\right)} = K_c \frac{\left(S + \dfrac{1}{T_1}\right)\left(s + \dfrac{1}{T_2}\right)}{\left(s + \dfrac{1}{\beta T_1}\right)\left(s + \dfrac{\beta}{T_2}\right)} \qquad (\alpha > 1)$$

该式前面部分起滞后作用，后面部分起超前作用。滞后部分的时间常数 T_1 要选得足够大。

设 s_1 是希望主导极点之一，使得

$$\frac{\left|s_1 + \dfrac{1}{T_1}\right|}{\left|s_1 + \dfrac{1}{\beta T_1}\right|} \approx 1 \qquad (6-46)$$

s_1 位于校正后系统的根轨迹上，应满足幅值条件，即

$$\frac{\left|s_1 + \dfrac{1}{T_2}\right|\left|s_1 + \dfrac{1}{T_2}\right|}{\left|s_1 + \dfrac{1}{\beta T_1}\right|\left|s_1 + \dfrac{\beta}{T_2}\right|} \cdot K_c |\Phi_k(s_1)| = 1$$

考虑式（6-46），可得

$$\frac{\left|s_1 + \dfrac{1}{T_2}\right|}{\left|s_1 + \dfrac{\beta}{T_2}\right|} \cdot K_c |\Phi_k(s_1)| = 1 \qquad (6-47)$$

根据步骤 2，超前部分提供超前角 φ_c，即

$$\angle \frac{\left(s_1 + \dfrac{1}{T_2}\right)}{\left(s_1 + \dfrac{\beta}{T_2}\right)} = \varphi_c \qquad (6-48)$$

由式（6-47）和式（6-48）可确定 T_2 和 β 值。

（5）据步骤 4 得到的 β 值选择 T_1 值，使

$$\frac{\left| s_1 + \dfrac{1}{T_1} \right|}{\left| s_1 + \dfrac{1}{\beta T_1} \right|} \approx 1, \quad 0° < \angle \frac{\left(s_1 + \dfrac{1}{T_1} \right)}{\left(s_1 + \dfrac{1}{\beta T_1} \right)} < 3°$$

为在工程中能够实现，滞后—超前网络滞后部分的最大时间常数 αT_1 不宜取得太大。

【例 6-6】 设某单位反馈系统的开环传递函数为 $\Phi_k(s) = \dfrac{4}{s(s+0.5)}$，要求闭环主导极点的阻尼比 $\xi = 0.5$，无阻尼自然振荡频率 $\omega_n = 5\text{rad/s}$，稳态速度误差系数 $K_v = 50\text{rad/s}$。试设计校正装置，将是串入系统后能满足上述性能指标。

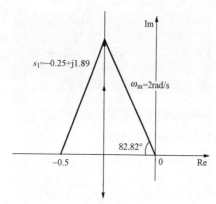

图 6-24　校正前系统的根轨迹图

解 作原系统的根轨迹图，如图 6-24 所示。当根轨迹增益为 4 时，求出原系统闭环极点为 $s'_{1,2} = -0.25 \pm \text{j}1.98$，阻尼比为 $\xi = 0.125$，无阻尼自然振荡频率为 $\omega_n = 2\text{rad/s}$，稳态速度误差系数为 $K_v = 8\text{rad/s}$。从这些数据可以看出，与所要求的性能指标相差很大，因此决定采用滞后—超前校正方案。

由性能指标确定希望主导极点 $s_{1,2} = -\xi\omega_n \pm \text{j}\omega_n \sqrt{1-\xi^2} = -2.5 \pm \text{j}4.33$。原系统折算到希望主导极点 s_1，s_1 的相角为

$$\angle\{4/[s_1(s_1+0.5)]\} = -235°$$

要使 $s_{1,2}$ 位于校正后系统的根轨迹上。滞后—超前校正网络的超前部分必须提供 $\varphi_c = 55°$ 的超前角。设滞后—超前校正网络的传递函数

$$\Phi_c(s) = K_v \frac{\left(s + \dfrac{1}{T_1} \right)\left(s + \dfrac{1}{T_2} \right)}{\left(s + \dfrac{1}{\beta T_1} \right)\left(s + \dfrac{\beta}{T_2} \right)}$$

校正后系统的开环传递函数

$$\Phi_c(s)\Phi_k(s) = K_c \frac{\left(s + \dfrac{1}{T_1} \right)\left(s + \dfrac{1}{T_2} \right)}{\left(s + \dfrac{1}{\beta T_1} \right)\left(s + \dfrac{\beta}{T_2} \right)} \times \frac{4}{s(s+0.5)}$$

要求 $K_v = 50\text{rad/s}$，而 $K_v = \lim\limits_{s \to 0} s\Phi_c(s)\,\Phi_k(s) = 8K_c$，所以 $K_c = K_v/8 = 6.25\text{rad/s}$，于是校正系统的开环传递函数可写为

$$\Phi_c(s)\Phi_k(s) = \frac{25\left(s + \dfrac{1}{T_1} \right)\left(s + \dfrac{1}{T_2} \right)}{s\left(s + \dfrac{1}{\beta T_1} \right)\left(s + \dfrac{\beta}{T_2} \right)(s+0.5)}$$

考虑式（6-47），得出下列幅值条件和相角条件

$$\frac{\left| s_1 + \dfrac{1}{T_2} \right|}{\left| s_1 + \dfrac{\beta}{T_2} \right|} \times \frac{25}{|s_1(s_1+0.5)|} = 1$$

$$\angle[(s_1 + 1/T_2)/(s_1 + \beta/T_2)] = 55°$$

根据上述两个条件，用图解法或计算都能方便地求出 T_2 和 β。图 6-25 标出 s_1 的位置，

设 $\dfrac{-\beta}{T_2}$ 和 $\dfrac{-1}{T_2}$ 位置如图所示，将幅值条件和相角条件按图示位置写成

$$\frac{\left|s_1+\dfrac{1}{T_2}\right|}{\left|s_1+\dfrac{\beta}{T_2}\right|}=\frac{\overline{s_1A}}{\overline{s_1B}}=\frac{|s_1(s_1+0.5)|}{25}=\frac{4.77}{5}$$

$$\angle As_1B=\varphi_c=55°$$

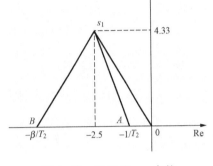

图 6-25　确定 T_2、α 参数

由上列两式并对图 6-25 图解或计算，求到 $\overline{A}_0=$ 0.5，$\overline{B}_0=5$，因此 $\dfrac{-1}{T_2}=-0.5$，$\dfrac{-\beta}{T_2}=-5$，求出 $T_2=2\,(1/s)$，$\beta=10$。这样，滞后—超前校正网络的超前部分的传递函数为 $\dfrac{s+0.5}{s+5}$。

选择滞后部分的参数 T_1，使之同时满足下面的幅值条件和相角条件

$$\frac{\left|s_1+\dfrac{1}{T_1}\right|}{\left|s_1+\dfrac{1}{\beta T_1}\right|}\approx 1$$

$$0°<\angle[(s_1+1/T_1)/(s_1+1/\beta T_1)]<3°$$

为能工程实现，滞后部分的最大时间常数 βT_1 不能太大，因此选取 $T_1=10$，$\beta T_1=100$，于是

$$\frac{\left|s_1+\dfrac{1}{10}\right|}{\left|s_1+\dfrac{1}{100}\right|}=0.991\,14\approx 1$$

$$0°<\angle[(s_1+1/10)/(s_1+1/100)]=0.9°<3°$$

说明取值合理。

经以上计算和选择，得到了滞后—超前校正网络的传递函数

$$\Phi_c(s)=\frac{6.25(s+0.1)(s+0.5)}{s(s+0.01)(s+5)}$$

串入校正网络后，系统开环传递函数为

$$\Phi_c(s)\Phi_k(S)=\frac{25(s+0.1)}{s(s+0.01)(s+5)}$$

校正后系统的根轨迹，如图 6-26 所示。由于滞后部分的零点、极点折算到 s_1 处的滞后角为 $0.9°$，因此，滞后部分引入的零点和极点，基本上不改变主导极点 $s_{1,2}$ 的位置。校正后的系统，当 $K_v=50\mathrm{rad/s}$ 时，系统闭环有一对共轭复数主导极点 $s_{1,2}=-2\pm \mathrm{j}4.33$，第三个闭环极点为 $s_3=-0.102$，与零点 $s_z=0.1$ 很靠近，对系统动态性能影响很小，其性能主要由 $s_{1,2}$ 所确定，满足性能指标的要求。

三、反馈校正

1. 反馈校正的原理

如图 6-27 所示，如将校正装置 $\phi_c(s)$ 与原系统某一部分构成一个局部反馈回路，校正

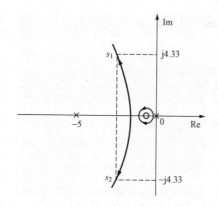

图 6-26　校正后系统根轨迹

装置设置在局部反馈回路的反馈通道中,就形成了反馈校正。

设置局部反馈后,系统的开环传递函数

$$\Phi_k(s) = \frac{\Phi_1(s)\Phi_2(s)}{1 + \Phi_2(s)\Phi_c(s)} \qquad (6-49)$$

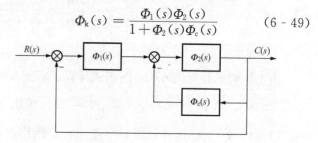

图 6-27　反馈校正系统

如果在对系统动态性能起主要影响的频率范围内有下列关系

$$|\Phi_2(j\omega)\Phi_c(j\omega)| \gg 1$$

成立,则式(6-49)可写为

$$\Phi_k(s) = \frac{\Phi_1(s)}{\Phi_c(s)} \qquad (6-50)$$

式(6-50)表明,接成局部反馈后,系统的开环特性几乎与被反馈校正装置包围的 $\Phi_k(s)$ 无关,而是由局部反馈部分反馈通道校正装置传递函数的倒数确定。而当 $|\Phi_2(j\omega)\Phi_c(j\omega)| \ll 1$ 时,式(6-49)可写成 $\Phi_k(s) \approx \Phi_1(s)\Phi_2(s)$ 与原系统特性一致。这样,只要适当选取反馈校正装置 $\Phi_c(s)$ 的结构和参数,就可以使被校正系统的特性发生预期的变化,从而使系统满足性能指标的要求。于是,反馈校正的基本原理可表述为:用反馈校正装置来包围原系统中所不希望的某些环节,以形成局部反馈回路,在该回路开环幅值远大于1的条件下,被包围环节将由反馈校正装置所取代,只要适当选择反馈校正装置的结构和参数,就可以使校正后系统的动态性能满足指标要求。在初步设计中,一般把 $|\Phi_2(j\omega)\Phi_c(j\omega)| \gg 1$ 的条件简化为 $|\Phi_2(j\omega)\Phi_c(j\omega)| > 1$,在 $|\Phi_2(j\omega)\Phi_c(j\omega)| = 1$ 附近不满足远大于1的条件,将会引起一定的误差。这个误差在工程上是允许的。

反馈校正的这种作用,在系统设计中常被用来改造不希望存在的某些环节,以及消除非线性、变参数的影响和抑止干扰等,得到了广泛地应用。

2. 反馈校正举例

反馈校正实际上是局部反馈校正。采用局部反馈校正时,应根据实际情况解决好从什么部位取反馈信号加到什么部位和选择合适的测量元件等问题。

【例 6-7】 系统如图 6-28 所示,原系统开环传递函数为

$$\Phi_k(s) = \Phi_1(s)\Phi_2(s)\Phi_3(s) = \frac{K_1}{0.007s+1} \times \frac{K_2}{0.9s+1} \times \frac{K_3}{s} = \frac{K}{s(0.007s+1)(0.9s+1)}$$

式中:$K = K_1 K_2 K_3$。

要求采用局部反馈校正,使系统满足以下性能指标:$K_v \geqslant 1000 \mathrm{rad/s}$,调节时间 $t_s \leqslant 0.8\mathrm{s}$,超调量 $\sigma\% \leqslant 25\%$。

解　设采用如图 6-28 所示局部反馈方案。

(1) 以 $K = K_v = 1000\mathrm{rad/s}$ 作原系统开环对数渐近幅频特性,通过计算,判断原系统不

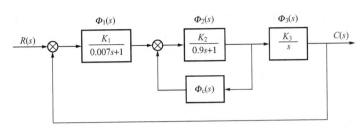

图 6 - 28 局部反馈校正系统

稳定。

（2）作期望特性。根据性能指标要求，算出剪切频率的要求值为 9.66rad/s，取 $\omega''_c=$ 10rad/s，在 ω''_c 附近 -20dB/dec 斜率的频段应有一定的宽度。过 ω''_c 作斜率为 -20dB/dec 的直线，与原有系统特性交于 $\omega=111.1$rad/s 处。期望特性的高频段从 $\omega=111.1$rad/s 起与原有系统特性重合。低频部分选择在 $\omega=2.5$rad/s 处斜率由 -20dB/dec 转为 -40dB/dec，与原系统特性交于 $\omega=0.025$rad/s 处。$\omega<0.025$rad/s 的频段，期望特性与原系统特性重合。校正后系统的开环对数渐近幅频特性就是期望特性。经校验，校正后系统的超调量 $\sigma\%=$ 19.6%，调节时间 $t_s=0.677$s，满足性能指标的要求。

（3）求局部反馈校正装置。由原系统特性 1 减去期望特性 2，得到小闭环的开环特性 $20\lg|\Phi_2(j\omega)\Phi_c(j\omega)|$。在 $\omega=0.025\sim111.1$rad/s 范围内，由特性 3 求出小闭环的开环传递函数

$$\Phi_2(s)\Phi_c(s)=\frac{40s}{(0.9s+1)(0.4s+1)} \tag{6-51}$$

已知 $\Phi_2(s)=\dfrac{K_2}{0.9s+1}$，则可求出局部反馈校正装置 $\Phi_c(s)$ 的传递函数

$$\Phi_c(s)=\frac{(40/K_2)s}{0.4s+1}$$

K_2 已知，可求出 $40/K_2$。

在小闭环开环幅值远大于 1 的情况下，小闭环的特性由反馈通道传递函数的倒数特性来确定。被小闭环包围部分的传递函数为

$$\Phi'_2(s)=\frac{K_1K_2K_3}{s(0.9s+1)(0.007s+1)}$$

反馈通道传递函数

$$\Phi'_c(s)=\frac{s(0.007s+1)}{K_1K_3}\times\Phi_c(s)=\frac{40s^2}{K_1K_2K_3}\times\frac{(0.007s+1)}{(0.4s+1)}$$

小闭环的开环传递函数

$$\Phi'_2(s)\Phi'_c(s)=\frac{40s}{(0.9s+1)(0.4s+1)}$$

四、复合控制校正

串联校正和反馈校正能满足系统校正的一般要求，但对于稳态精度与动态性能均要求较高或存在强烈扰动，特别是低频扰动时，仅靠这两种校正方式往往是不够的，在这种情况下，常常采用复合控制。所谓复合控制，就是在反馈闭环控制的基础上，引入前馈装置，产生与输入（给定输入或扰动输入）有关的补偿作用实行开环控制。开环控制不影响闭环系统

的稳定性，因此，复合控制同时利用开环控制方式、闭环控制方式，提高稳态精度与改善动态性能，或者说使系统既具有较好的跟踪能力又有较强的抗扰动能力，把这两方面的问题分开加以解决。它在高精度控制系统中得到了广泛的应用。复合控制系统的基本思路是：对这两部分分别进行综合，根据动态性能要求综合反馈控制部分，根据稳态精度要求综合前控补偿部分，然后进行校验和修改，直至获得满意的结果。下面介绍两种前馈补偿装置，即按扰动补偿的复合控制系统和按输入补偿的复合控制系统。

1. 按扰动补偿的复合控制系统

设按扰动补偿的复合控制系统如图 6-29 所示，图中的 $\Phi_1(s)$ 和 $\Phi_2(s)$ 是系统前向通道传递函数，$\Phi_N(s)$ 是前馈装置传递函数，$N(s)$ 为系统的扰动输入。由图 6-29 写出的系统输出

$$C(s) = \Phi_1(s)\Phi_2(s)[R(s) - C(s)] + [\Phi_N(s)\Phi_1(s)\Phi_2(s) + \Phi_2(s)] \cdot N(s)$$

若选择前馈装置的传递函数为

$$\Phi_N(s) = -\frac{1}{\Phi_1(s)} \tag{6-52}$$

就完全消除了扰动 $N(s)$ 的对系统输出的影响。式（6-52）称为对扰动引起的误差进行完全补偿的条件，或称为对输出实现不变性的条件。可以看出，要完全补偿扰动对输出的影响，对扰动量进行测量，形成前馈控制通道是先决条件。在实际应用中，往往对 1~2 个主要扰动进行前馈补偿控制。

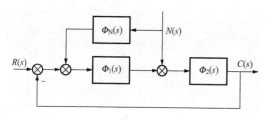

图 6-29 按扰动补偿的复合控制系统

首先设计反馈闭环，即按照动态性能要求校正闭环选择 $\Phi_1(s)$，然后设计前馈开环，按式（6-52）设计前馈装置。然而，按式（6-52）实现完全补偿往往是困难的，因为由物理装置实现的 $\Phi_1(s)$，其分母多项式次数总是大于或等于分子多项式的次数，其倒数就往往难以实现。在实用中即使不能获得动、静态完全补偿，能够做到部分补偿或稳态补偿也是可取的。从抑制扰动的角度来看，前馈控制可以减轻反馈控制的负担，反馈系统的开环增益可以取值小一些，有利于系统的稳定性。

【例 6-8】 设随动系统如图 6-30 所示。图中 K_1 为综合放大器的传递系数；$1/(T_1s+1)$ 为滤波器的传递函数；$K_m/s(T_ms+1)$ 为执行电机的传递函数；$N(s)$ 为负载力矩，即本系统的扰动量。要求选择适当的前馈补偿装置 $\Phi_N(s)$，使系统输出不受扰动影响。

解 设扰动量 $N(s)$ 可测出。选择 $\Phi_N(s)$ 如图 6-27 所示构成前馈通道。由图可求出扰动对输出的影响，即 $N(s)$ 引起的输出 $C_n(s)$ 为

$$C_n(s) = \frac{\left[\frac{K_n}{K_m} + \Phi_N(s)\frac{K_1}{T_1s+1}\right]\frac{K_m}{s(T_ms+1)}}{1 + \frac{K_1K_m}{s(T_1s+1)(T_ms+1)}} \cdot N(s) \tag{6-53}$$

令

$$\Phi_N(s) = -\frac{K_n}{K_1K_m}(T_1s+1) \tag{6-54}$$

则扰动 $N(s)$ 引起系统的输出为零，即系统的输出不受扰动量 $N(s)$ 的影响，扰动作用完全被补偿。但是，从式（6-54）看出，$\Phi_N(s)$ 的分子次数高于分母次数，不便于物理实现。

若令

$$\Phi_N(s) = -\frac{K_n}{K_1 K_m}\frac{T_1 s+1}{T_2 s+1} \quad (T_1 \gg T_2)$$

这样物理上能够实现，可达到近似全补偿的要求，即在扰动信号作用的主要频段内进行了全

补偿。此外，若取 $\Phi_N(s) = -\dfrac{K_n}{K_1 K_m}$，

在稳态情况下系统输出完全不受扰动
的影响，称为稳态全补偿，物理上更
易于实现。

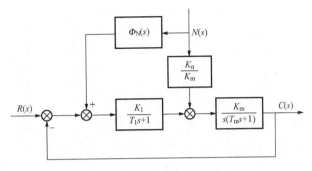

由［例6-8］看出，系统受到的
主要扰动所引起的误差，由前馈控制
进行补偿，次要扰动引起的误差，由
反馈控制予以消除。这样，在不提高
开环增益的情况下，各种扰动引起的

图 6-30　按扰动补偿的复合控制系统

误差均可得到补偿，有利于兼顾提高稳定性和减小系统稳态误差的要求。同时可以看出，实
现前馈控制对扰动进行补偿、扰动量的可测是提高稳定性和减小系统稳态误差的先决条件。

2. 按输入补偿的复合控制系统

图 6-31 所示为按输入补偿的复合控制系统。图中 $\phi_k(s)$ 为原系统的开环传递函数；
$\Phi_r(s)$ 为实现按输入补偿而设置的顺馈装置的传递函数。由图得出系统输出为

$$C(s) = \Phi_k(s)[R(s) - C(s) + R(s)\Phi_r(s)]$$
$$= \frac{\Phi_k(s)}{1+\Phi_k(s)}R(s) + \frac{\Phi_r(s)\Phi_k(s)}{1+\Phi_k(s)}R(s) \tag{6-55}$$

如果选择前馈装置的传递函数，使满足

$$\Phi_r(s) = \frac{1}{\Phi_k(s)} \tag{6-56}$$

则式 (6-55) 变为 $C(s) = R(s)$。

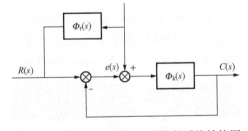

这就是说，如满足式 (6-56) 的条件，系统
在任何时刻的输出量能完全无误地复现输入量，
具有理想的动态跟踪特性。

图 6-31　按输入补偿的复合控制系统结构图

对输入信号的误差进行完全补偿的条件是式

(6-56)。由于 $\Phi_k(s)$ 是原系统的开环传递函数，其形式比较复杂，因此对式 (6-56) 的物
理实现是困难的。为使 $\Phi_r(s)$ 结构较为简单且易于物理实现，工程上大多采用满足跟踪精
度要求的部分补偿条件。

一般情况下，前馈控制信号不是加在系统的输入端，而是加在前向通道中某个环节的输
入端，如图 6-32 所示。

$$C(s) = \Phi_1(s)\Phi_2(s)[R(s) - C(s)] + \Phi_r(s)\Phi_2(s)R(s)$$

则可导出系统等效闭环传递函数和等效误差传递函数

$$\Phi'_b(s) = \frac{\Phi_1(s)\Phi_2(s) + \Phi_2(s)\Phi_r(s)}{1+\Phi_1(s)\Phi_2(s)} \tag{6-57}$$

$$\Phi'_e(s) = \frac{1 - \Phi_2(s)\Phi_r(s)}{1 + \Phi_1(s)\Phi_2(s)} \qquad (6\text{-}58)$$

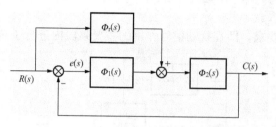

图 6-32　一般情况下的复合控制系统

只要取 $\Phi_r(s) = \dfrac{1}{\phi_2(s)}$，复合控制系统就可实现对误差的完全补偿。同样，基于物理实现的困难，通常只进行部分补偿，将系统误差减小至允许范围内即可。由于前馈控制信号不是如图 6-31 所示加在靠近输入端，而是如图 6-32 所示加在靠近输出端，因此要求前馈信号有较大的功率，前馈装置的结构比较复杂。通常前馈信号加在系统信号综合放大器的输入端，使 $\Phi_r(s)$ 具有比较简单的结构。

从控制系统稳定性的角度来看，引入前馈控制通道使系统的型别提高，达到部分补偿的目的，同时控制系统并不因为引入前馈控制而影响其稳定性。因此，复合控制系统很好地解决了一般反馈控制系统在提高精度和确保系统稳定性之间的矛盾。

【例 6-9】　随动系统如图 6-33 所示，要求在单位斜坡输入时，输出稳态位置误差 $e_{ss} \leqslant 0.02$，开环系统剪切频率 $\omega_c \geqslant 4.41\text{rad/s}$，相角裕度 $\gamma \geqslant 45°$。试设计校正装置。

解　绘出原系统的开环对数渐近幅频特性，如图 6-34 中虚线所示。由图可求出系统开环剪切频率 $\omega_c = 3.16\text{rad/s}$，相角裕度 $\gamma = 17.6°$，因此原系统不能满足性能指标的要求。求出串联超前校正装置的传递函数为

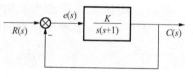

图 6-33　随动系统

$$\Phi_c(s) = \frac{0.456s + 1}{0.114s + 1}$$

串入超前校正装置后，系统特性如图 6-34 所示。求出校正后系统开环剪切频率 $\omega''_c = 4.56\text{rad/s}$，相角裕度为 49.22°，满足了动态要求。校正后系统开环传递函数为

$$\Phi_c(s)\Phi_k(s) = \frac{10(0.456s + 1)}{s(s+1)(0.114s + 1)}$$

$$K_v = \lim_{s \to 0} s\Phi_c(s)\Phi_k(s) = 10\text{rad/s}$$

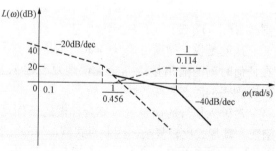

图 6-34　系统对数渐近幅频特性

不能满足对系统稳态性能的要求。为了提高系统稳态性能，在图 6-33 所示随动系统中加入前馈控制，如图 6-35 所示。其传递函数为

$$\Phi_r(s) = \frac{K_2 s^2 + K_1 s}{Ts + 1}$$

选择 k_1、k_2 使系统成为Ⅲ型。系统等效误差传递函数为

$$\Phi'_e(s) = \frac{1 - \Phi_r(s)\Phi_2(s)}{1 + \Phi_1(s)\Phi_2(s)}$$

$$= \frac{0.114Ts^4 + [0.114(T+1) + T - 10 \times 0.114K_2]s^3}{[s(0.114s + 1)(s+1) + (0.456s + 1) \times 10](Ts + 1)}$$

$$+\frac{[0.114+T+1-10(K_2+0.114K_1)]s^2+(1-10K_1)s}{[s(0.114s+1)(s+1)+(0.456s+1)\times 10](Ts+1)}$$

由上式得出，当 $K_1=\dfrac{1}{10}$，$K_2=\dfrac{T+1}{10}$
时，在等效误差传递函数的分子多项
式中，s^2、s 及常数项均为零，最低项
是 s^3，系统成为 Ⅲ 型。输入信号是速
度、加速度信号时，系统稳态误差为
零，挑选好参数使 T 很小，使其对系
统动态性能影响很小。

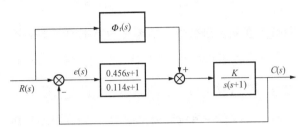

图 6-35　系统采用顺馈控制装置

小　　结

（1）控制系统的校正是古典控制论中最接近生产实际的内容之一。需校正的控制系统往往来源于各个领域，故校正问题关系到能否解决实际问题的关键。掌握好必要的理论方法，积累更多的经验，将有助于知识在生产实践中的转化。

（2）串联校正是应用最为广泛的校正方法。它利用在闭环系统的前向通道上加入合适的校正装置，并按频域指标改善伯德图的形状，达到并满足控制系统对性能指标的要求。

（3）并联校正是另外一种常用的校正方法。它除了可获得与串联校正相似的效果外，还可改变被其包围的被控对象的特性，特别是在一定程度上抵消参数波动对系统的影响；但一般比串联校正略显复杂。

（4）前馈校正是一种利用扰动或输入进行补偿的办法来提高系统性能的校正方法。尤其重要的是将其与反馈控制结合组成复合控制，将进一步改善系统的性能。

（5）串联滞后—超前校正兼有滞后校正和超前校正的优点，即已校正系统响应速度快，超调量小，抑制高频噪声的性能也较好。当未校正系统不稳定，且对校正后的系统的动态和静态性能（响应速度、相位裕度和稳态误差）均有较高要求时，仅采用上述超前校正或滞后校正，均难以达到预期的校正效果。此时宜采用串联滞后—超前校正。

（6）串联滞后—超前校正实质上综合应用了滞后校正和超前校正各自的特点，即利用校正装置的超前部分来增大系统的相位裕度，以改善其动态性能，又利用其滞后部分来改善系统的静态性能，两者分工明确，相辅相成。

总之，控制系统的校正是具有一定创造性的工作，对控制方法和校正装置的选择，要在实践中不断积累和创新。

习　　题

6-1　设单位反馈系统的开环传递函数 $\varPhi(s)=\dfrac{K}{s(s+1)(0.25s+1)}$。试设计串联滞后校正装置，要求校正后的静态速度误差系数 $K_v\geqslant 5$rad/s，相角裕度 $\gamma\geqslant 45°$。

6-2　设单位反馈系统的开环传递函数 $\varPhi(s)=\dfrac{K}{s(s+1)(0.25s+1)}$。试设计一串联校正

网络，使校正后开环增益 $K=5$，相位裕量 $\gamma^* \geqslant 40°$，幅值裕量 $Hg^* \geqslant 10\text{dB}$。

6-3　单位反馈系统的开环传递函数 $\Phi(s) = \dfrac{K}{s(s+1)}$。试确定串联校正装置的特性，使系统满足在斜坡函数作用下系统的稳态误差小于 0.1，相角裕度 $\gamma \geqslant 45°$。

6-4　设单位反馈 I 型系统的开环传递函数 $\Phi(s) = \dfrac{K}{s(s+1)(0.2s+1)}$。试设计串联校正装置，要求校正后系统的静态速度误差系数 $K_v \geqslant 8\text{rad/s}$，相角裕度 $\gamma \geqslant 40°$。

6-5　设有一单位反馈系统的开环传递函数 $\Phi(s) = \dfrac{28(1+0.05s)}{s(s+1)}$。试设计使该系统的阻尼系数为 1 的串联校正环节 $\Phi_c(s)$，设 $\Phi_c(s) = 1+Ts$。

第七章　采样控制系统分析

近年来，随着数字技术、计算机技术的迅速发展，特别是微处理器的蓬勃发展，数字控制器在很多场合取代了模拟控制器。基于工程实践的需要，作为分析与设计数字控制系统的理论基础，采样控制系统理论的发展非常迅速。

本章主要讨论采样控制系统的分析方法。首先讨论信号的采样和复现，介绍采样控制系统的数学基础；然后介绍 Z 变换理论和脉冲传递函数；最后研究采样控制系统稳定性的判定和动态分析。

第一节　概　　述

在控制工程中，控制系统通常分为两大类：一类是连续时间控制系统，另一类是离散时间控制系统。在前几章中主要研究的是线性连续控制系统，在线性连续控制系统中各种信号都是连续的时间函数。而如果控制系统中有一处或数处信号不是时间的连续函数，而是整量化的调幅脉冲信号序列和数字信号，则称这类系统为离散时间控制系统，简称离散系统。通常，将系统中的离散信号是脉冲序列形式的离散系统，称为采样控制系统或脉冲控制系统；而把数字序列形式的离散系统，称为数字控制系统或计算机控制系统。在理想采样及忽略量化误差的情况下，数字控制系统近似于采样控制系统，统称为离散系统，这使得采样控制系统与数字控制系统的分析与综合在理论上统一起来。

一、采样控制系统

在采样控制系统中，有一处或多处的信号不是连续信号，而在时间上是离散的脉冲序列或数码，这种信号称为采样信号。实现采样的装置称为采样器，采样器只在特定的离散时刻上对采样信号进行采样，获取的数据是脉冲序列，通常接于误差信号 $e(t)$ 的作用点。连续误差信号 $e(t)$ 通过采样器时，随着采样开关的重复闭合和断开，变换为一个周期脉冲序列 $e^*(t)$。$e^*(t)$ 在作用于连续部件之前需要通过具有滤波功能的装置复原为连续信号。这类复原装置称为保持器。

根据采样器在系统中所处的位置不同，可以构成各种采样系统。例如，开环采样系统和闭环采样系统。

开环采样系统：采样器位于系统闭合回路之外，或系统本身不存在闭合回路。

闭环采样系统：采样器位于系统闭合回路之内。

常用的采样控制系统是误差采样控制的闭环采样系统，由采样器、脉冲控制器、保持器和被控对象组成。采样器通过等时间间隔（采样周期）的采样把连续的误差信号转换成离散信号，由脉冲控制器对其进行适当的变换，以满足控制的需要；然后通过保持器再将脉冲控制器输出的离散控制信号转换成连续的控制信号去控制被控对象，如图 7-1 所示。

如图 7-1 中所示，$e(t)$ 是连续信号，采样开关将 $e(t)$ 离散化，变成一脉冲序列 $e^*(t)$

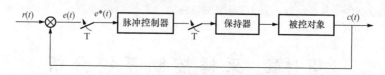

图 7-1 采样控制系统典型结构图

（上标符号 ＊ 表示离散化）。$e^*(t)$ 作为脉冲控制器的输入，控制器的输出为离散信号。显然，这种信号不能直接驱动受控对象，需要经过保持器使之变成相应的连续信号，从而来控制受控对象。

采样的要求首先是在工程上提出来的。例如，早年的落弓式调节器就是一种典型的采样调节器，其实质上是一种动圈式指示仪表，通过落弓的周期性下落而压住仪表指针来接通调节器，使加于执行机构的控制信号为离散的脉冲序列，而采样周期即等于落弓下落的周期。又如雷达跟踪系统，其任务是搜索和跟踪空中的运动目标，所接收和发射的信号均为脉冲序列。所以，雷达的扫描操作实际上是一种把方位和仰角的连续信息转换成采样数据的采样过程。在社会系统、经济系统和生物系统中，信息的收集往往也是以离散方式进行的，因此这类系统的建模一般也采用离散方法。此外，连续控制系统的数字仿真，系统的离散化也是必不可少的一个步骤。

采样控制系统的优点如下：

（1）精度高。

（2）灵敏度好。

（3）抑制噪声能力强。

（4）控制灵活。

因此，采样控制技术在自动控制领域得到了广泛的应用。

二、数字控制系统

数字控制系统是离散系统中一种重要的类型，是以数字计算机为控制器来控制具有连续工作状态的被控对象的闭环控制系统。数字控制系统包括工作于离散状态下的数字计算机和工作于连续状态下的被控对象两大部分。

数字控制系统除了包含信号的采样和复原外，还包含信号量化和复原的过程。把信号幅值变换为数字计算机可接受的数码，称为量化。相应的部件称为模数变换器，简称 A/D。使数码恢复为信号幅值的装置则称为数模变换器，简称 D/A。通常，数模变换器同时也具备保持器的功能。对信号进行量化的结果使得有可能采用数字计算机作校正装置，通过编制相应的程序，以实现按控制规律所要求的信号校正。数字控制系统的典型原理框图如图 7-2 所示。

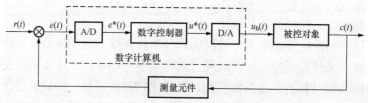

图 7-2 数字控制系统典型原理框图

数字计算机在对系统进行实时控制时，每隔 T 进行一次控制修正（T 为采样周期，单位：s）。在每个采样周期中，控制器要完成对连续信号的采样编码（即 A/D 过程）和按控制规律进行的数码运算，然后将计算结果由输出寄存器经解码网络将数码转换成连续信号（即 D/A 过程）。

数字控制系统的优点有以下几点：

（1）系统精度、灵敏度高，抗干扰能力强，可实现远距离传送。由于数字信号是以数码形式传送和计算的，因而信号传递和转换的精度可以做得很高，而且有效地抑制了噪声，致使系统精度和抗干扰能力得到提高。另外，数字计算机精度高，允许采用高灵敏度的元件来提高系统的灵敏度。

（2）系统结构简单，控制灵活。只要改变计算机的控制程序，就可以灵活地实现各种所需要的控制，从而大大提高系统的性能。

（3）可以采用分时控制，可实现复杂的控制目标，可实现控制与管理一体化，能实现多路控制，设备利用率高，经济性好。

（4）除了采用计算机进行控制外，还可以进行显示、报警等其他功能。

（5）易于实现远程或网络控制。

因此，数字控制系统在军事、航空及工业过程控制中，得到了广泛的应用。

第二节 采样过程与采样定理

一、采样过程及其数学描述

1. 采样过程

采样控制系统把连续信号转变为脉冲序列的过程称为采样过程，简称采样。实现采样过程的装置称为采样器或采样开关。研究采样过程的问题，实际上就是研究采样器的特性。

采样器可以简单地看作是一个采样开关，隔一段时间开关闭合一次再断开，如图 7-3 所示。采样过程可以看作是一个脉冲调制过程，连续信号经采样后变为断续信号 $e^*(t)$。

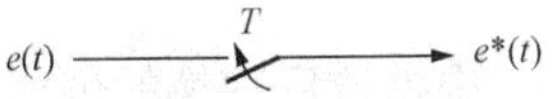

采样器相邻两次采样的时间间隔称为采样周期，用 T 表示，单位为 s。$f_s = \dfrac{1}{T}$ 表示采样频率，单位为 1/s；$\omega_s = 2\pi f_s = \dfrac{2\pi}{T}$ 表示采样角频率，单位为 rad/s。采样器每次闭合的时间为 t，称

图 7-3 采样开关

为采样时间或采样宽度。实际应用中，采样开关多为电子开关，闭合时间极短，通常为毫秒到微秒级，一般远小于采样周期 T。显然，一个实际采样器有两个特点：一是采样周期既可固定不变，也可随时变化；二是采样时间虽短，但总存在。因此，对实际的采样过程要进行准确的数学分析是非常困难的，且无此必要。

为了便于对采样过程进行数学描述，应该在可能的情况下对实际采样器进行适当地简化。为此，引入了理想采样器的概念。它主要基于以下几点假设：

（1）采样器是理想的采样器，即其开关动作应能立即完成。

（2）采样器闭合的时间 t 远远小于采样周期 T，且趋近于零。

（3）采样器具有固定的采样周期，即 T 为常数。

因此，连续信号 $e(t)$ 通过理想采样器后就可以得到一系列采样时间 t 为零的等采样周

期 T 的脉冲信号 $e^*(t)$。这样的采样过程就可以看成是一个幅值调制过程，称其为理想采样过程。虽然理想采样过程在实际上是不存在的，但就控制工程而言，很多实际采样过程和理想采样过程非常接近。本章仅讨论理想采样过程。

2. 采样过程的数学描述

理想的采样过程可以看成是单位理想脉冲序列发生器的脉冲对输入信号 $e(t)$ 的调制过程，理想的采样器就像一个载波为 $\delta_T(t)$ 的幅值调制器，如图 7-4 所示。其中 $\delta_T(t)$ 为理想单位脉冲系列函数。

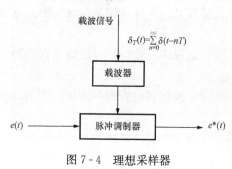

图 7-4　理想采样器

因此，理想采样过程可以看成是脉冲幅值的调制过程，描述为理想采样器的输出信号 $e^*(t)$ 可以认为是输入连续信号 $e(t)$ 调制在载波 $\delta_T(t)$ 上的结果，换句话说即理想采样器的输出信号 $e^*(t)$ 等于函数 $\delta_T(t)$ 和 $e(t)$ 的乘积。其中载波信号 $\delta_T(t)$ 决定采样时间，即输出函数存在的时间，而采样信号的幅值由输入信号 $e(t)$ 决定。

若单位脉冲系列函数描述为

$$\delta_T(t) = \sum_{n=0}^{\infty} \delta(t-nT) \tag{7-1}$$

则上述理想采样过程可以表示为如下数学形式

$$e^*(t) = e(t)\delta_T(t) = e(t)\sum_{n=0}^{\infty} \delta(t-nT) \tag{7-2}$$

由于 $e(t)$ 的数值仅在采样瞬时才有意义，所以上式又可表示为

$$e^*(t) = \sum_{n=0}^{\infty} e(nT)\delta(t-nT) \tag{7-3}$$

对采样信号 $e^*(t)$ 进行拉氏变换，有

$$E*(s) = \mathscr{L}[e^*(t)] = \mathscr{L}\Big[\sum_{n=0}^{\infty} e(nT)\delta(t-nT)\Big] \tag{7-4}$$

根据拉氏变换的位移定理

$$\mathscr{L}[\delta(t-nT)] = e^{-nTs}\int_0^{\infty}\delta(t)e^{-st}\,dt = e^{-nTs} \tag{7-5}$$

则采样信号的拉氏变换为

$$E^*(s) = \sum_{n=0}^{\infty} e(nT)e^{-nTs} \tag{7-6}$$

需要强调指出，由于采样信号 $e^*(t)$ 只描述了在采样瞬时 $e(t)$ 的数值，所以采样信号的拉氏变换 $E^*(s)$ 不能给出连续信号 $e(t)$ 在采样间隔之间的信息。由式（7-6）可见，只要已知连续信号 $e(t)$ 采样后的采样函数 $e(nT)$ 的值，即可求出 $e^*(t)$ 的拉氏变换 $E^*(s)$。如果 $e(t)$ 是一个理想函数，则无穷级数 $E^*(s)$ 也可表示成为 e^{Ts} 的有理函数形式。下面举例说明。

【例 7-1】　设 $e(t)=1(t)$，试求 $e^*(t)$ 的拉氏变换。

解　由式（7-6）有

$$E^*(s) = \sum_{n=0}^{\infty} e(nT) e^{-nTs} = 1 + e^{-Ts} + e^{-2Ts} + \cdots$$

这是一个无穷等比级数，公比为 e^{-Ts}，由等比级数求和公式可得

$$E^*(s) = \frac{1}{1 - e^{-Ts}} = \frac{e^{Ts}}{e^{Ts} - 1} \quad (\mid e^{-Ts} \mid < 1)$$

【例 7 - 2】 设 $e(t) = a^{\frac{t}{T}}$，试求 $e^*(t)$ 的拉氏变换。

解 因为 $e(t) = a^{\frac{t}{T}}$，则有

$$e(nT) = a^{\frac{nT}{T}} = a^n$$

$$E^*(s) = \sum_{n=0}^{\infty} e(nT) e^{-nTs} = \sum_{n=0}^{\infty} a^n e^{-nTs} = 1 + a e^{-Ts} + a^2 e^{-2Ts} + \cdots$$

这是一个无穷递减等比级数，公比为 $a e^{-Ts}$，由等比级数的求和公式可得

$$E^*(s) = \frac{1}{1 - a e^{-Ts}} = \frac{e^{Ts}}{e^{Ts} - a} \quad (\mid e^{-Ts} \mid < 1)$$

【例 7 - 3】 设 $e(t) = e^{-t} - e^{-2t}$，$t \geqslant 0$，试求采样拉氏变换 $E^*(s)$。

解 对于给定的 $e(t)$，显然有

$$E(s) = \frac{1}{(s+1)(s+2)}$$

而由式（7 - 6），可得

$$
\begin{aligned}
E^*(s) &= \sum_{n=0}^{\infty} (e^{-nT} - e^{-2nT}) e^{-nTs} \\
&= \frac{1}{1 - e^{-T(s+1)}} - \frac{1}{1 - e^{-T(s+2)}} \\
&= \frac{(e^{-T} - e^{-2T}) e^{Ts}}{(e^{Ts} - e^{-T})(e^{Ts} - e^{-2T})}
\end{aligned}
$$

上述分析表明，用拉氏变换来对离散信号进行变换时，得到的式子是有关 s 的超越函数，不利于用来分析离散系统。为了克服这一困难，通常采用 Z 变换研究离散系统。Z 变换可以把离散系统的 s 超越方程，变换为变量 z 的代数方程。有关 Z 变换理论将在下节介绍。

二、采样定理

一般，采样控制系统加到被控对象上的信号都是连续信号，那么如何将离散信号不失真地恢复到原来的连续信号，就涉及如何选择采样频率的问题。采样定理指出了离散信号完全恢复相应连续信号的必要条件。

由于理想单位脉冲序列 $\delta_T(t)$ 是周期函数，可以展开为复数形式的傅氏级数

$$\delta_T(t) = \sum_{n=-\infty}^{\infty} C_n e^{jn\omega_s t} \tag{7 - 7}$$

$$C_n = \frac{1}{T} \int_{-\frac{T}{2}}^{\frac{T}{2}} \delta_T(t) e^{-jn\omega_s t} \mathrm{d}t \tag{7 - 8}$$

式中：ω_s 为采样角频率；T 为采样周期；C_n 是傅氏级数系数。

式（7 - 8）在 $\left[-\frac{T}{2}, \frac{T}{2} \right]$ 区间中，仅在 $t = 0$ 时有值，且 $e^{-jn\omega_s t} \mid_{t=0} = 1$，所以

$$C_n = \frac{1}{T} \int_{0_-}^{0_+} \delta(t) \mathrm{d}t = \frac{1}{T} \tag{7 - 9}$$

将式（7-9）带入式（7-7），得

$$\delta_T(t) = \frac{1}{T} \sum_{n=-\infty}^{\infty} e^{jn\omega_s t} \qquad (7-10)$$

再把式（7-10）带入式（7-3），有

$$e^*(t) = e(t) \frac{1}{T} \sum_{n=-\infty}^{\infty} e^{jn\omega_s t} = \frac{1}{T} \sum_{n=-\infty}^{\infty} e(nT) e^{jn\omega_s t} \qquad (7-11)$$

这就是采样信号 $e^*(t)$ 的傅里叶级数表达式。对式（7-11）两边取拉氏变换，由拉氏变换复数位移定理得到

$$E^*(s) = \frac{1}{T} \sum_{n=-\infty}^{\infty} E(s + jn\omega_s) \qquad (7-12)$$

令 $s = j\omega$，得到采样信号 $e^*(t)$ 的傅氏变换

$$E*(j\omega) = \frac{1}{T} \sum_{n=-\infty}^{\infty} E[j(\omega + n\omega_s)] \qquad (7-13)$$

式中：$E(j\omega)$ 为原输入连续信号 $e(t)$ 的傅氏变换；$E^*(j\omega)$ 为采样信号 $e^*(t)$ 的傅氏变换。

$|E(j\omega)|$ 为原输入连续信号 $e(t)$ 的幅频特性，即频谱。$|E^*(j\omega)|$ 为采样信号 $e^*(t)$ 的频谱。假定 $|E(j\omega)|$ 为一孤立的频谱，它的最高角频率为 ω_{max}，则采样信号 $e^*(t)$ 的频谱 $|E^*(j\omega)|$ 为无限多个原信号 $e(t)$ 的频谱 $|E(j\omega)|$ 之和，且每两条频谱曲线的距离为 ω_s。其中，$n=0$ 时，就是原信号的频谱，只是幅值为原来的 $\frac{1}{T}$；而其余的是由采样产生的高频频谱。为了准确复现被采样的连续信号，必须使采样后的离散信号的主频谱和高频频谱不混叠，这样就可以用一个理想的低通滤波器滤掉全部附加的高频频谱分量，而保留主频谱。

采样定理（香农采样定理）是指对一个具有有限频谱 $-\omega_{max} \leqslant \omega \leqslant \omega_{max}$ 的连续信号 $e(t)$ 采样，若采样开关的角频率 $\omega_s \geqslant 2\omega_{max}$，即 $T \leqslant \frac{\pi}{\omega_{max}}$，则采样信号 $e^*(t)$ 就可以无失真地再恢复为原连续信号 $e(t)$。

这就是说，如果选择的采样角频率足够高，使得对连续信号所含的最高次谐波能做到在一个周期内采样两次以上，那么经采样后所得到的脉冲序列就包含了原连续信号的全部信息，就有可能通过理想滤波器把原信号毫无失真地恢复出来；否则，采样频率过低，信息损失很多，原信号就不能准确复现。

三、采样信号的复现

在采样控制系统中，为了不失真地复现采样器输入端的原信号，必须选择合适的采样周期（T 应满足采样定理），同时还应利用理想的低通滤波器来恢复相应的信号。这种采样信号的恢复过程就是采样信号的复现，所使用的低通滤波器就称为保持器。

保持器的作用有两方面：一是由于采样信号仅在采样开关闭合时才有输出，在其余时间输出均为零，故在两次采样开关闭合的间隔时间，应采取某种措施保持信号，即需解决两相邻采样时间的差值问题。二是保持器要对由于采样开关采样而产生的高频干扰分量进行滤波，以保证恢复信号的准确性。

保持器是一种在时域内的外推装置，具有常值、线性、二次函数型外推规律的保持器，分别称为零阶保持器、一阶保持器、二阶保持器。能够在物理上实现的保持器必须按现在时

刻和过去时刻的采样值实行外推，而不能按将来时刻的采样值实行外推。在采样控制系统中，最简单、应用最广泛的是零阶保持器，它在采样控制系统中的位置应处在采样开关之后，如图 7-5 所示。

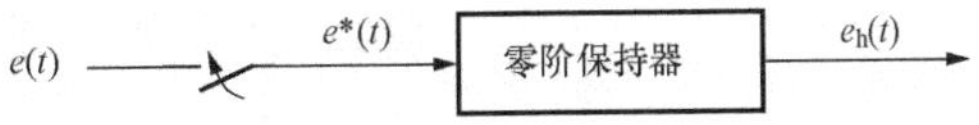

零阶保持器把前一时刻 nT 的采样值 $e(nT)$ 不增不减地保持到下一个采样时刻 $(n+1)T$，当下一个采样时刻 $(n+1)T$ 到来时，应换成新的采样值 $e[(n+1)T]$ 继续外推。零阶保持器的输出信号 $e_h(t)$ 是一个阶梯波，含有高次谐波，不同于连续信号 $e(t)$。如果将阶梯信号的各中点连接起来，就可以得到一条比连续信号滞后 $\frac{T}{2}$ 的曲线。这说明零阶保持器的相位具有滞后特性。

图 7-5 零阶保持器的位置

设在零阶保持器的输入端加上单位脉冲函数 $\delta(t)$，其输出 $g_h(t)$ 称为零阶保持器的单位脉冲响应。零阶保持器可单位脉冲响应是一个高度为 1、持续时间为 T 的矩形波，如图 7-6 (a) 所示。这个波可以分解成两个阶跃函数的叠加，如图 7-6 (b) 所示。

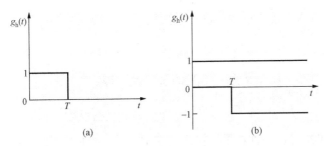

图 7-6 零阶保持器的单位脉冲响应
(a) 零阶保持单位脉冲响应波形；(b) 阶跃函数叠加波形

$g_h(t)$ 表达式为

$$g_h(t) = 1(t) - 1(t-T) \tag{7-14}$$

对式（7-14）求拉氏变换，得零阶保持器的传递函数为

$$G_h(s) = \frac{1}{s} - \frac{e^{-Ts}}{s} = \frac{1 - e^{-Ts}}{s} \tag{7-15}$$

零阶保持器的频率特性为

$$G_h(j\omega) = \frac{1 - e^{-j\omega T}}{j\omega} \tag{7-16}$$

利用欧拉公式，可求得

幅频特性

$$|G_h(j\omega)| = \frac{2}{\omega} \sin(\omega T/2) \tag{7-17}$$

相频特性

$$\angle G_h(j\omega) = -\frac{\omega T}{2} \tag{7-18}$$

通过以上分析可知，零阶保持器的幅频特性随频率的增加而衰减，具有低通滤波特性，但它不是理想的滤波器，高频分量仍有一部分可以通过。另外，它的相频特性具有滞后的相位移，因此降低了系统的稳定性。

零阶保持器具有结构简单、易于实现等特点，且相位滞后比一阶保持器小得多，因此被广泛采用，且常用于闭环离散系统中。步进电机、数控系统中的寄存器、数模转换器等都是零阶保持器的实例。

第三节　采样控制系统的数学基础

Z 变换是对离散序列进行的一种数学变换，常用以求线性差分方程的解。它在采样控制系统中的地位，如同拉氏变换在连续时间系统中的地位，即采样信号的 Z 变换已成为分析采样控制系统性能的重要工具，在数字信号处理、计算机控制系统等领域有广泛的应用。

一、Z 变换的定义

已知采样信号的拉氏变换为

$$E^*(s) = \sum_{n=0}^{\infty} e(nT) e^{-nTs}$$

式中含有指数因子 e^{-nTs}，为 s 的超越函数。为运算方便，进行变量代换

$$z = e^{sT} \tag{7-19}$$

将式（7-19）带入上述采样信号的拉氏变换式中，得到采样信号 $e^*(t)$ 的拉氏变换为

$$E^*(s)\big|_{s=\frac{1}{T}\ln z} = \sum_{n=0}^{\infty} e(nT) z^{-n} \tag{7-20}$$

通常，将式（7-20）就定义为 $e^*(t)$ 的 Z 变换，即

$$E(z) = \mathscr{Z}[e^*(t)] = E^*(s) = \sum_{n=0}^{\infty} e(nT) z^{-n} \tag{7-21}$$

应当指出，Z 变换仅是一种在采样拉氏变换中取 $z=e^{sT}$ 的变量进行代换的变换方法。通过这种代换可将 s 的超越函数转换为 z 的幂级数或 z 的有理分式。这就是 Z 变换的定义。

由上述定义，不难看出：

（1）$E(z)$ 实际上只是采样函数 $e^*(t)$ 的 Z 变换，而不是连续函数 $e(t)$ 的 Z 变换。习惯上说，$E(z)$ 是 $e(t)$ 的 Z 变换时，是指 $e(t)$ 采样的一系列脉冲的 Z 变换。一般说，只对采样点有效，不能反映采样点间的函数值。

（2）数学上讲 Z 变换只不过是改换了变量的拉氏变换，但不是积分，而是无穷级数求和。

（3）按定义展开为级数形式时，z^{-n} 前系数代表采样脉冲强度，z 的幂次代表脉冲出现时刻，说明 Z 变换本身包含着时间概念。因此由 Z 变换展开式，可以清楚地看出原函数采样脉冲分布的情况。

二、Z 变换的方法

用来求采样信号的 Z 变换的方法有很多，下面分别举例介绍常用的两种主要方法。

1. 级数求和法

级数求和法是直接根据变换的定义，将采样函数的变换写成展开式的形式，即

$$E(z) = \sum_{n=0}^{\infty} e(nT) z^{-n} = e(0) + e(T) z^{-1} + e(2T) z^{-2} + \cdots + e(nT) z^{-n} + \cdots$$

$$\tag{7-22}$$

只要知道连续函数 $e(t)$ 在各个采样时刻的值，然后便可按式（7-22）求其 Z 变换。用这种方法求出的 Z 变换，由于是级数展开式的形式，有无穷多项，如果不能写成闭合式，则很难应用。但是，对于常用连续函数 Z 变换的级数展开形式一般都可以写成闭合式。

【例 7 - 4】 求单位阶跃函数 $e(t)=1(t)$ 的 Z 变换。

解 单位阶跃函数在任何采样时刻的值均为 1，由 Z 变换定义得

$$e(nT)=1(n=0,1,2,\cdots)$$

所以

$$E(z)=\sum_{n=0}^{\infty}e(nT)z^{-n}=1+z^{-1}+z^{-2}+z^{-3}+\cdots+z^{-n}+\cdots$$

上式两端同乘以 z^{-1}，则有

$$z^{-1}E(z)=z^{-1}+z^{-2}+z^{-3}+\cdots+z^{-(n+1)}+\cdots$$

上两式两边相减，得

$$(1-z^{-1})E(z)=1$$

所以，得

$$E(z)=\frac{1}{1-z^{-1}}=\frac{z}{z-1}$$

【例 7 - 5】 求 $e(t)=a^{\frac{t}{T}}$ 的 Z 变换。

解 $e(t)$ 在所有的采样时刻的值为 $e(nT)=a^{\frac{nT}{T}}=a^n(n=0,1,2,\cdots)$，则

$$E(z)=\sum_{n=0}^{\infty}e(nT)z^{-n}=\sum_{n=0}^{\infty}a^nz^{-n}=1+az^{-1}+a^2z^{-2}+a^3z^{-3}+\cdots$$

$$=\frac{1}{1-az^{-1}}=\frac{z}{z-a}$$

【例 7 - 6】 求指数函数 $e(t)=e^{-at}$ 的 Z 变换。

解 $e(t)$ 在所有的采样时刻的值为 $e(nT)=e^{-anT}(n=0,1,2,\cdots)$，则

$$E(z)=\sum_{n=0}^{\infty}e(nT)z^{-n}=1+e^{-aT}z^{-1}+e^{-2aT}z^{-2}+e^{-3aT}z^{-3}+\cdots$$

$$=\frac{1}{1-e^{-aT}z^{-1}}=\frac{z}{z-e^{-aT}}$$

2. 部分分式法

设有连续函数 $e(t)$，求出拉氏变换 $E(s)$ 及全部极点 $s_i(i=0,1,2,\cdots,n)$。将 $E(s)$ 展开成部分分式的形式为

$$E(s)=\sum_{i=1}^{n}A_i\frac{1}{s+1} \tag{7-23}$$

式中：A_i 为各分式的系数。

其后利用 Z 变换表或利用拉式反变换求各项对应的时间函数，再求 Z 变换，最后对各式通分、化简、合并，求取 $E(z)$。$E(z)$ 的表达式可为

$$E(z)=\sum_{i=1}^{n}A_i\frac{z}{z-e^{-s_iT}} \tag{7-24}$$

【例 7-7】 试求 $E(s)=\dfrac{a}{s(s+a)}$ 的 Z 变换。

解 首先，将 $E(s)$ 用部分分式法展开得

$$E(s)=\frac{a}{s(s+a)}=\frac{1}{s}-\frac{1}{s+a}$$

其次，对上式逐项查 Z 变换表（见附录 1）即可得

$$E(z) = \frac{z}{z-1} - \frac{z}{z-\mathrm{e}^{-T}} = \frac{z(1-\mathrm{e}^{-aT})}{z^2-(1+\mathrm{e}^{-aT})z+\mathrm{e}^{-aT}}$$

【例 7 - 8】 试求 $E(s) = \dfrac{s+2}{s^2(s+1)}$ 的 Z 变换。

解　将 $E(s)$ 用部分分式法展开得

$$E(s) = \frac{2}{s^2} - \frac{1}{s} + \frac{1}{s+1}$$

对上式逐项查 Z 变换表（见附录 1）可得

$$E(z) = \frac{2Tz}{(z-1)^2} - \frac{z}{z-1} + \frac{z}{z-\mathrm{e}^{-T}} = \frac{(2T+\mathrm{e}^{-T}-1)z^2+[1-\mathrm{e}^{-T}(2T+1)]z}{(z-1)^2(z-\mathrm{e}^{-T})}$$

【例 7 - 9】 试求 $E(s) = \dfrac{s}{s^2+\omega^2}$ 的 Z 变换。

解　将 $E(s)$ 用部分分式法展开得

$$E(s) = \frac{s}{s^2+\omega^2} = \frac{s}{(s+\mathrm{j}\omega)(s-\mathrm{j}\omega)} = \frac{1}{2}\left(\frac{1}{s+\mathrm{j}\omega} + \frac{1}{s-\mathrm{j}\omega}\right)$$

由 Z 变换表（见附录 1）可知

$$E(z) = \frac{1}{2}\left[\frac{z}{z-\mathrm{e}^{\mathrm{j}\omega T}} + \frac{z}{z-\mathrm{e}^{-\mathrm{j}\omega T}}\right] = \frac{1}{2} \times \frac{z[2z-2\cos(\omega T)]}{z^2-2z\cos(\omega T)+1} = \frac{z[z-\cos(\omega T)]}{z^2-2z\cos(\omega T)+1}$$

三、Z 变换的基本定理

Z 变换与拉氏变换一样，也有一些基本定理，利用这些定理可以方便地求出 Z 变换。下面介绍几种常用的 Z 变换定理。

1. 线性定理

设连续函数 $e_1(t)$ 与 $e_2(t)$ 的 Z 变换分别为 $E_1(z)$ 和 $E_2(z)$，并设 a_1、a_2 为常数，则有

$$\mathscr{Z}[a_1e_1(t) \pm a_2e_2(t)] = a_1E_1(z) \pm a_2E_2(z) \tag{7 - 25}$$

此定理可以很容易地从 Z 变换的定义式得到证明。其表明，函数线性组合的 Z 变换等于各函数 Z 变换的线性组合。

2. 实数位移定理

实数位移是指整个采样序列 $e(nT)$ 在时间轴上左右平移若干采样周期，其中向左平移 $e(nT+kT)$ 为超前，向右平移 $e(nT-kT)$ 为滞后。实数位移定理表示如下：

如果函数 $e(t)$ 是可 Z 变换的，其 Z 变换为 $E(z)$，则有滞后定理

$$\mathscr{Z}[e(t-kT)] = z^{-k}E(z) \tag{7 - 26}$$

以及超前定理

$$\mathscr{Z}[e(t+kT)] = z^k\left[E(z) - \sum_{n=0}^{k-1} e(nT)z^{-n}\right] \tag{7 - 27}$$

实数位移定理的作用相当于拉氏变换中的微分或积分定理。应用实数位移定理，可将描述离散系统的差分方程转换为 z 平面的代数方程。

3. 复数位移定理

如果函数 $e(t)$ 是可 Z 变换的，其 Z 变换为 $E(z)$，则有

$$\mathscr{Z}[a^{\mp bt}e(t)] = E(za^{\pm bT}) \tag{7 - 28}$$

4. 初值定理

如果函数 $e(t)$ 的 Z 变换为 $E(z)$，并且 $\lim\limits_{n\to\infty}E(z)$ 存在，则有

$$\lim_{n\to 0}e(nT) = \lim_{z\to\infty}E(z) \tag{7-29}$$

5. 终值定理

如果函数 $e(t)$ 的 Z 变换为 $E(z)$，信号序列 $e(nT)$ 为有限值（$n=0，1，2\cdots$），且极限 $\lim\limits_{n\to\infty}e(nT)$ 存在，则信号序列的终值为

$$\lim_{n\to 0}e(nT) = \lim_{z\to 1}(z-1)E(z) \tag{7-30}$$

应当注意，Z 变换只能反映信号在采样点上的信息，而不能描述采样点间信号的状态。因此，Z 变换与采样序列对应，而不对应唯一的连续信号。不论怎样的连续信号，只要采样序列一样，其 Z 变换就一样。

四、Z 反变换

从函数 $E(z)$ 求出原函数 $e^*(t)$ 的过程，称为 Z 反变换，记为

$$\mathscr{Z}^{-1}\big[E(z)\big] = e^*(t) \tag{7-31}$$

由 Z 反变换后可以得到 $e^*(t)$，即为离散序列 $\sum\limits_{n=0}^{\infty}e(nT)\delta(t-nT)$ 的过程，但不能直接得出连续函数 $e(t)$，由 $e^*(t)$ 经过保持器后能否恢复原来的 $e(t)$，就要看是否满足采样定理的条件。下面介绍两种最常用的求 Z 反变换的方法：长除法和部分分式法。

1. 长除法

设 $E(z)$ 的一般表达式为

$$E(z) = \frac{b_0 z^m + b_1 z^{m-1}+\cdots+b_m}{a_0 z^n + a_1 z^{n-1}+\cdots+a_n} \quad (m\leqslant n) \tag{7-32}$$

将式（7-32）按 z^{-1} 升幂级数展开，即

$$E(z) = c_0 + c_1 z^{-1} + c_2 z^{-2} + \cdots$$

对照 Z 变换的定义式，可知 $e(0)=c_0$，$e(T)=c_1$，$e(2T)=c_2$，$\cdots$

根据实数位移定理中的滞后定理，对 $E(z)$ 求 Z 反变换，得采样后的离散信号

$$e^*(t) = c_0\delta(t) + c_1\delta(t-T) + c_2\delta(t-2T) + \cdots \tag{7-33}$$

【例 7-10】 设 $E(z)=\dfrac{z}{z-1}$，试用长除法求 $e^*(t)$。

解 用 $E(z)$ 的分子除以分母，得

$$E(z) = \frac{z}{z-1} = 1 + z^{-1} + z^{-2} + z^{-3} + \cdots$$

从而

$$e^*(t) = \delta(t) + \delta(t-T) + \delta(t-2T) + \cdots$$

【例 7-11】 设 $E(z) = \dfrac{10z}{(z-1)(z-2)}$，试用长除法求 $e^*(t)$。

解 对于

$$E(z) = \frac{10z}{(z-1)(z-2)} = \frac{10z}{z^2-3z+2}$$

运用长除法，求得

$$E(z) = 10z^{-1} + 30z^{-2} + 70z^{-3} + 150z^{-4} + \cdots$$

与 $E(z)$ 的无穷级数展开式相比较，可得

$$e(0) = 0, e(T) = 10, e(2T) = 30, e(3T) = 70, e(4T) = 150, \cdots$$

则

$$e^*(t) = 10\delta(t-T) + 30\delta(t-2T) + 70\delta(t-3T) + 150\delta(t-4T) + \cdots$$

【例 7 - 12】 设 $E(z) = \dfrac{0.6z}{z^2 - 1.4z + 0.4}$，试用长除法求 $e^*(t)$。

解 运用长除法，可得

$$E(z) = 0.6z^{-1} + 0.84z^{-2} + 0.936z^{-3} + 0.974z^{-4} + 0.991z^{-5} + \cdots$$

与 $E(z)$ 的无穷级数展开式相比较，可得

$$e(0) = 0, e(T) = 0.6, e(2T) = 0.84, e(3T) = 0.936, e(4T) = 0.974, e(5T) = 0.991, \cdots$$

则

$$e^*(t) = 0.6\delta(t-T) + 0.84\delta(t-2T) + 0.936\delta(t-3T)$$
$$+ 0.974\delta(t-4T) + 0.991\delta(t-5T)\cdots$$

长除法使用方便，但一般只能求取出脉冲序列的前若干项，不容易得到 $e^*(t)$ 的数学表达式，且当 $E(z)$ 的分子分母多项式的项数较多时，用此法运算就比较麻烦、费时、容易出错，精度也有限。这时，可采用计算机辅助计算。

2. 部分分式法

在用部分分式法求 Z 反变换时，为了能够利用 Z 变换表来查出 Z 反变换，应先将 $E(z)$ 除以 z，再将其展开成部分分式，然后将所得结果的每一项都乘以 z，即得 $E(z)$ 的部分分式展开式，最后把部分分式中的每一项与 Z 变换表对照，得各项的 Z 反变换。那么，部分分式各项的 Z 反变换之和就是 $E(z)$ 的 Z 反变换。

【例 7 - 13】 设 $E(z) = \dfrac{0.5z}{z^2 - 1.5z + 0.5}$，试用部分分式法求 $e^*(t)$。

解 首先将 $\dfrac{E(z)}{z}$ 的部分分式展开为

$$\frac{E(z)}{z} = \frac{0.5}{z^2 - 1.5z + 0.5} = \frac{0.5}{(z-1)(z-0.5)} = \frac{1}{z-1} - \frac{1}{z-0.5}$$

然后将上式中每一项都乘以因子 z 得

$$E(z) = \frac{z}{z-1} - \frac{z}{z-0.5}$$

从 Z 变换表（见附录 1）查得

$$\mathscr{Z}^{-1}\left[\frac{z}{z-1}\right] = 1, \ \mathscr{Z}^{-1}\left[\frac{z}{z-0.5}\right] = 0.5^n$$

则得

$$e(nT) = 1 - 0.5^n \quad (n = 0,1,2,3,\cdots)$$

所以

$$e^*(t) = e(0)\delta(t) + e(T)\delta(t-T) + e(2T)\delta(t-2T) + \cdots$$
$$= 0 + 0.5\delta(t-T) + 0.75\delta(t-2T) + \cdots$$

【例 7 - 14】 设 $E(z) = \dfrac{0.6z}{z^2 - 1.4z + 0.4}$，试用部分分式法求 $e^*(t)$。

解 $\dfrac{E(z)}{z}$ 的部分分式展开为

$$\frac{E(z)}{z} = \frac{0.6}{(z-1)(z-0.4)} = \frac{1}{z-1} - \frac{1}{z-0.4}$$

则

$$E(z) = \frac{z}{z-1} - \frac{z}{z-0.4}$$

查 Z 变换表（见附录 1）得

$$e(nT) = 1 - 0.4^n \quad (n = 0,1,2,3,\cdots)$$

所以

$$e^*(t) = \sum_{n=0}^{\infty} 1(nT)\delta(t-nT) - \sum_{n=0}^{\infty} 0.4^{nT}\delta(t-nT)$$

【例 7 - 15】 $E(z) = \dfrac{(1-\mathrm{e}^{-aT})z}{(z-1)(z-\mathrm{e}^{-aT})}$，试用部分分式法求 $e^*(t)$。

解 因为

$$\frac{E(z)}{z} = \frac{1-\mathrm{e}^{-aT}}{(z-1)(z-\mathrm{e}^{-aT})} = \frac{1}{z-1} - \frac{1}{z-\mathrm{e}^{-aT}}$$

即可得

$$E(z) = \frac{z}{z-1} - \frac{z}{z-\mathrm{e}^{-aT}}$$

查 Z 变换表（见附录 1）得

$$e(nT) = 1 - \mathrm{e}^{-anT} \quad (n = 0,1,2,3,\cdots)$$

所以

$$e^*(t) = \sum_{n=0}^{\infty} (1-\mathrm{e}^{-anT})\delta(t-nT)$$

除以上两种方法之外，还有留数计算法。这里就不一一做介绍了，有兴趣的读者可以参阅有关书籍进行了解。

五、关于 Z 变换的说明

与拉氏变换相比，Z 变换在定义、性质和计算方法等方面，有许多相似的地方，但也有其特殊规律。

1. Z 变换的唯一性

Z 变换是对连续信号的采样序列进行变换，因此 Z 变换与其原连续时间函数并非一一对应，而只是与采样序列相对应。与此类似，对于任一给定的 Z 变换函数 $E(z)$，由于采样信号 $e^*(t)$ 可以代表在采样瞬时具有相同数值的任何连续时间函数 $e(t)$，所以求出的 $E(z)$ 反变换也不可能是唯一的。于是，对于连续时间函数而言，Z 变换和 Z 反变换都不是惟一的。

2. Z 变换的收敛区间

对于拉氏变换，其存在性条件是下列绝对积分收敛

$$\int_0^{\infty} |e(t)\mathrm{e}^{-\sigma t}| \, \mathrm{d}t < \infty$$

相应地，Z 变换也有存在性。为此，需要研究 Z 变换的收敛区间。

通常，若 Z 变换定义

$$E(z) = \sum_{n=-\infty}^{\infty} e(nT)z^{-n}$$

为双边 Z 变换。由于 $z = e^{sT}$，令 $s = \sigma + j\omega$，则 $z = e^{\sigma T} e^{j\omega T}$。若令 $r = |z| = e^{\sigma T}$，则有 $z = re^{j\omega T}$。于是，双边 Z 变换可以写为

$$E(z) = \sum_{n=-\infty}^{\infty} e(nT)r^{-n}e^{-jn\omega T}$$

显然，上述无穷级数收敛的条件为

$$\sum_{n=-\infty}^{\infty} |e(nT)r^{-n}| < \infty$$

若上式满足，则双边 Z 变换一致收敛，即 $e(nT)$ 的 Z 变换存在。

由于大多数工程问题中的 Z 变换都存在，因此今后对 Z 变换的收敛区间不再特别指出。

第四节　脉 冲 传 递 函 数

脉冲传递函数是离散系统的复域数学模型，相当于连续系统的传递函数。使用脉冲传递函数来进行采样控制系统的性能分析及设计，具有十分重要的意义。

一、脉冲传递函数的定义

图 7-7 所示的线性采样系统，在零初始条件下，输出采样信号的 Z 变换与输入采样信号的 Z 变换之比，称为该系统的脉冲传递函数，用公式表示为

$$G(z) = \frac{C(z)}{R(z)} = \frac{\sum_{n=0}^{\infty} c(nT)z^{-n}}{\sum_{n=0}^{\infty} r(nT)z^{-n}} \tag{7-34}$$

式中：$r(t)$ 为系统输入信号；$R(z)$ 为采样后 $r^*(t)$ 的 Z 变换函数；$c(t)$ 为系统输出信号；$C(z)$ 为采样后 $c^*(t)$ 的 Z 变换函数。

所谓零初始条件是指在 $t < 0$ 时，输入脉冲序列各采样值 $r(-T)$，$r(-2T)$，$r(-3T)$，…以及输出脉冲序列各采样值 $c(-T)$，$c(-2T)$，$c(-3T)$，…均为零。

然而，对于多数实际系统来说，输出往往是连续信号 $c(t)$，而不是采样信号 $c^*(t)$，如图 7-8 所示。此时，可以在系统输出端设置一个理想采样开关，如图中虚线所示，它与输入采样开关同步工作，并具有相同的采样周期。在实际系统中，虚设的采样开关是不存在的，只表明了脉冲传递函数所能描述的输出连续函数 $c(t)$ 在采样时刻的离散值 $c^*(t)$。

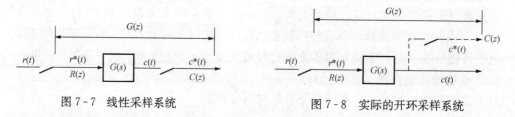

图 7-7　线性采样系统　　　　　　　　　图 7-8　实际的开环采样系统

二、脉冲传递函数求法

求取采样控制系统的脉冲传递函数 $G(z)$，有两种方法：一种是从脉冲响应函数 $g(t)$ 出发，已知系统的传递函数 $G(s)$，根据 $g(t) = \mathscr{L}^{-1}[G(s)]$ 来求取系统的脉冲响应 $g(t)$，然后

对其进行采样，得到采样表达式 $g^*(t)$ 或离散化表达式 $g(nT)$，再由 Z 变换的定义式 $G(z) = \sum_{n=0}^{\infty} g(nT) z^{-n}$ 求出脉冲传递函数 $G(z)$；另一种方法是从系统传递函数 $G(s)$ 出发，将 $G(s)$ 展开成部分分式形式，然后再查 Z 变换表求得系统的脉冲传递函数 $G(z)$。下面举例进行说明。

【例 7 - 16】 已知 $G(s) = \dfrac{1}{s(s+1)}$，求相应的脉冲传递函数 $G(z)$。

解 方法一：从脉冲响应函数 $g(t)$ 出发。

首先，求出系统的脉冲响应为

$$g(t) = \mathscr{L}^{-1}[G(s)] = \mathscr{L}^{-1}\left[\frac{1}{s(s+1)}\right] = \mathscr{L}^{-1}\left[\frac{1}{s} - \frac{1}{s+1}\right] = 1 - e^{-t}$$

然后，对系统脉冲响应 $g(t)$ 进行采样，得到离散化表达式为

$$g(nT) = 1 - e^{-nT}$$

最后，对系统脉冲响应的离散化表达式 $g(nT)$ 进行 Z 变换，求得脉冲传递函数为

$$G(z) = \sum_{n=0}^{\infty} g(nT) z^{-n} = \sum_{n=0}^{\infty} (1 - e^{-nT}) z^{-n} = \sum_{n=0}^{\infty} 1 \times z^{-n} - \sum_{n=0}^{\infty} e^{-nT} z^{-n}$$

$$= \frac{z}{z-1} - \frac{z}{z-e^{-T}} = \frac{z(1-e^{-T})}{(z-1)(z-e^{-T})}$$

方法二：从系统传递函数 $G(s)$ 出发。

将 $G(s)$ 展开成部分分式

$$G(s) = \frac{1}{s(s+1)} = \frac{1}{s} - \frac{1}{s+1}$$

查 Z 变换表（见附录 1）得到

$$G(z) = \frac{z}{z-1} - \frac{z}{z-e^{-T}} = \frac{z(1-e^{-T})}{(z-1)(z-e^{-T})}$$

【例 7 - 17】 已知 $G(s) = \dfrac{2}{(3s+1)(s+1)}$，求相应的脉冲传递函数 $G(z)$。

解 方法一：从脉冲响应函数 $g(t)$ 出发。

首先，求出系统的脉冲响应为

$$g(t) = \mathscr{L}^{-1}[G(s)] = \mathscr{L}^{-1}\left[\frac{2}{(3s+1)(s+1)}\right] = \mathscr{L}^{-1}\left[\frac{1}{s+\frac{1}{3}} - \frac{1}{s+1}\right] = e^{-\frac{1}{3}t} - e^{-t}$$

然后，对系统脉冲响应 $g(t)$ 进行采样，得到离散化表达式为

$$g(nT) = e^{-\frac{1}{3}nT} - e^{-nT}$$

最后，对系统脉冲响应的离散化表达式 $g(nT)$ 进行 Z 变换，求得脉冲传递函数为

$$G(z) = \sum_{n=0}^{\infty} g(nT) z^{-n} = \sum_{n=0}^{\infty} (e^{-\frac{1}{3}nT} - e^{-nT}) z^{-n} = \sum_{n=0}^{\infty} e^{-\frac{1}{3}nT} z^{-n} - \sum_{n=0}^{\infty} e^{-nT} z^{-n}$$

$$= \frac{1}{1 - e^{-\frac{1}{3}T} z^{-1}} - \frac{1}{1 - e^{-T} z^{-1}} = \frac{z(e^{-\frac{1}{3}T} - e^{-T})}{(z - e^{-\frac{1}{3}T})(z - e^{-T})}$$

方法二：从系统传递函数 $G(s)$ 出发。

将 $G(s)$ 展开成部分分式

$$G(s) = \frac{2}{(3s+1)(s+1)} = \frac{1}{s+\frac{1}{3}} - \frac{1}{s+1}$$

查 Z 变换表（见附录 1）得到

$$G(z) = \frac{z}{z - e^{-\frac{1}{3}T}} - \frac{z}{z - e^{-T}} = \frac{z(e^{-\frac{1}{3}T} - e^{-T})}{(z - e^{-\frac{1}{3}T})(z - e^{-T})}$$

由上述例题中可以发现，以上两种求解脉冲传递函数的方法中，所得计算结果完全相同，只是第一种方法求取脉冲传递函数过程比较复杂，而采用第二种方法计算量相对较小。

三、开环脉冲传递函数

当采样系统中由几个环节串联组成时，根据串联环节之间有无采样开关，所求得的开环脉冲传递函数是不同的。

1. 串联环节之间无采样开关

设采样控制系统的传递函数为 $G_1(s)$ 和 $G_2(s)$ 两个环节的串联，如图 7-9 所示。

由图可知

$$G(s) = \frac{C(s)}{R(s)} = \Phi_1(s)\Phi_2(s)$$

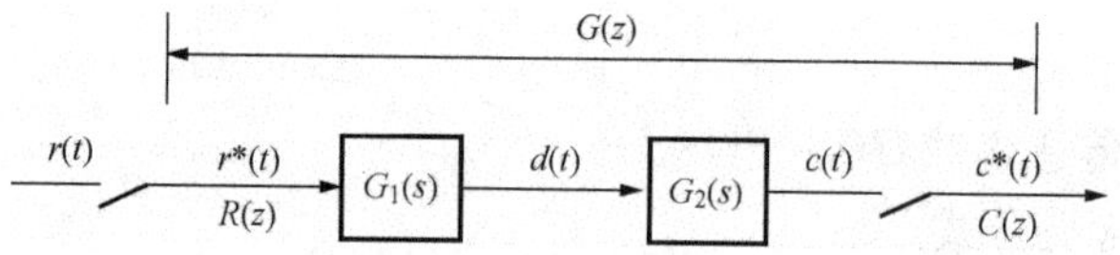

图 7-9　串联环节间无采样开关的开环采样系统

对上式取 Z 变换，可得脉冲传递函数

$$G(z) = \frac{C(z)}{R(z)} = \mathscr{Z}[G_1(s)G_2(s)] = G_1G_2(z) \tag{7-35}$$

式（7-35）表明，两个相串联环节间无采样开关时，其脉冲传递函数等于这两个环节传递函数乘积后的相应 Z 变换。这一结论可以推广到 n 个环节相串联时的情形。

【例 7-18】　设采样系统如图 7-9 所示，其中 $G_1(s) = \frac{1}{s}$，$G_2(s) = \frac{a}{s+a}$，求脉冲传递函数 $G(z)$。

解　对于图 7-9 所示系统，有

$$G_1(s)G_2(s) = \frac{a}{s(s+a)}$$

所以

$$G(z) = G_1G_2(z) = \mathscr{Z}\left[\frac{a}{s(s+a)}\right] = \frac{z(1-e^{-aT})}{(z-1)(z-e^{-aT})}$$

2. 串联环节之间有采样开关

当两串联环节间有采样开关时，如图 7-10 所示。由图 7-10 所示可知

$$D(s) = G_1(s)R*(s), C(s) = G_2(s)D*(s)$$

分别对上两式取 Z 变换，得

$$D(z) = G_1(z)R(z), \quad C(z) = G_2(z)D(z)$$

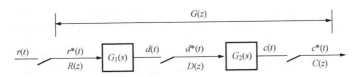

图 7-10 串联环节间有采样开关的开环采样系统

因而有

$$C(z) = G_1(z)G_2(z)R(z)$$

因此，开环系统脉冲传递函数为

$$G(z) = \frac{C(z)}{R(z)} = G_1(z)G_2(z) \tag{7-36}$$

式（7-36）表明，两个相串联环节间有采样开关时，其脉冲传递函数等于这两个环节各自脉冲传递函数的乘积。这一结论可以推广到 n 个环节相串联时的情形。

显然，式（7-36）与式（7-35）不等，即

$$G_1(z)G_2(z) \neq G_1G_2(z)$$

【**例 7-19**】 设采样系统如图 7-10 所示，其中 $G_1(s) = \dfrac{1}{s}$，$G_2(s) = \dfrac{a}{s+a}$，求脉冲传递函数 $G(z)$。

解 对于图 7-10 所示系统，有

$$G_1(z) = \mathscr{Z}\left[\frac{1}{s}\right] = \frac{z}{z-1}$$

$$G_2(z) = \mathscr{Z}\left[\frac{a}{s+a}\right] = \frac{az}{z-\mathrm{e}^{-aT}}$$

所以

$$G(z) = G_1(z)G_2(z) = \frac{az^2}{(z-1)(z-\mathrm{e}^{-aT})}$$

【**例 7-20**】 设采样系统如图 7-9、图 7-10 所示，其中 $G_1(s) = \dfrac{1}{s+1}$，$G_2(s) = \dfrac{1}{s+2}$，试求两种系统的脉冲传递函数 $G(z)$。

解 对如图 7-9 所示采样系统，有

$$G_1(s)G_2(s) = \frac{1}{(s+1)(s+2)}$$

$$G(z) = G_1G_2(z) = \mathscr{Z}\left[\frac{1}{(s+1)(s+2)}\right] = \frac{z(\mathrm{e}^{-T}-\mathrm{e}^{-2T})}{(z-\mathrm{e}^{-T})(z-\mathrm{e}^{-2T})}$$

对如图 7-10 所示采样系统，有

$$G_1(z) = \mathscr{Z}\left[\frac{1}{s+1}\right] = \frac{z}{z-\mathrm{e}^{-T}}$$

$$G_2(z) = \mathscr{Z}\left[\frac{1}{s+2}\right] = \frac{z}{z-\mathrm{e}^{-2T}}$$

$$G(z) = G_1(z)G_2(z) = \frac{z^2}{(z-\mathrm{e}^{-T})(z-\mathrm{e}^{-2T})}$$

显然，在串联环节之间有无采样开关隔离，其总的脉冲传递函数是不同的。但仅在其开

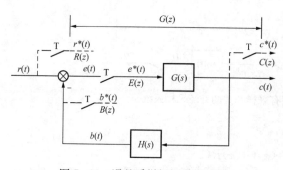

图 7-11　误差采样闭环采样系统

环零点不同，极点仍然相同。

四、闭环脉冲传递函数

由于采样器在闭环系统中可以有多种配置，因此闭环采样系统结构图形式并不唯一。图 7-11 所示是一种比较常见的误差采样闭环采样系统。图中，虚线表示的理想采样开关是为了便于分析而设计的，所有理想采样开关都同步工作，采样周期为 T。

由图 7-11 可得

$$E(s) = R(s) - B(s), \quad B(s) = G(s)H(s)E*(s)$$

对以上两式分别取 Z 变换得

$$E(z) = R(z) - B(z), \quad B(z) = GH(z)E(z)$$

所以，有

$$E(z) = R(z) - GH(z)E(z)$$

即得

$$E(z) = \frac{R(z)}{1 + GH(z)} \tag{7-37}$$

系统输出

$$C(s) = G(s)E*(s)$$

取 Z 变换后，得

$$C(z) = G(z)E(z) \tag{7-38}$$

将式（7-37）代入式（7-38），得

$$C(z) = \frac{G(z)}{1 + GH(z)}R(z) \tag{7-39}$$

闭环采样系统脉冲传递函数为

$$\Phi(z) = \frac{C(z)}{R(z)} = \frac{G(z)}{1 + GH(z)} \tag{7-40}$$

同理，可求出闭环采样系统的误差脉冲传递函数为

$$\Phi_e(z) = \frac{E(z)}{R(z)} = \frac{1}{1 + \Phi H(z)} \tag{7-41}$$

式（7-40）和式（7-41）是研究闭环采样系统时经常用到的两个闭环脉冲传递函数。

需要指出，闭环采样系统脉冲传递函数不能从 $\Phi(s)$ 和 $\Phi_e(s)$ 求 Z 变换得来，即

$$\Phi(z) \neq \mathscr{Z}[\Phi(s)], \quad \Phi_e(z) \neq \mathscr{Z}[\Phi_e(s)]$$

这是由于采样器在闭环系统中有多种配置的缘故。

运用与上面类似的方法，还可以推导出采样器为不同配置形式的其他闭环系统的脉冲传递函数的结论。但是，只要误差信号 $e(t)$ 处没有采样开关，输入信号 $r*(t)$ ［包括虚构的 $r*(t)$］ 便不存在，此时，不可能求出闭环采样系统的脉冲传递函数，而只能求出输出采样信号的 Z 变换表达式 $C(z)$。

【例 7-21】 设闭环采样系统结构如图 7-12 所示，试求其输出采样信号的 Z 变换表达

式 $C(z)$。

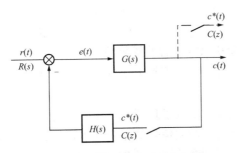

图 7-12 ［例 7-21］闭环采样系统

解 由图 7-12 可知

$$C(s) = G(s)E(s)$$
$$E(s) = R(s) - H(s)C^*(s)$$

所以

$$C(s) = G(s)E(s) = G(s)[R(s) - H(s)C^*(s)] = G(s)R(s) - G(s)H(s)C^*(s)$$

对上式离散化，有

$$C^*(s) = GR*(s) - HG*(s)C^*(s)$$

对上式取 Z 变换，有

$$C(z) = GR(z) - HG(z)C(z)$$

即可得

$$C(z) = \frac{GR(z)}{1 + HG(z)}$$

【例 7-22】 设闭环采样系统结构如图 7-13 所示，试求系统的闭环脉冲传递函数。

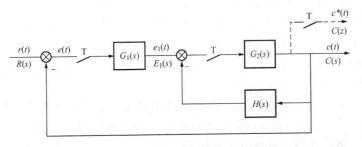

图 7-13 ［例 7-22］闭环采样系统

解 不考虑采样开关时，系统内环的传递函数为

$$G(s) = \frac{G_2(s)}{1 + G_2(s)H(s)}$$

系统输出的拉氏变换为

$$C(s) = \frac{G_1(s)G_2(s)R(s)}{1 + G_2(s)H(s) + G_1(s)G_2(s)}$$

根据图 7-13 所示采样开关的位置，对上式取 Z 变换得

$$C(z) = \frac{G_1(z)G_2(z)R(z)}{1 + G_2H(z) + G_1(z)G_2(z)}$$

即闭环脉冲传递函数为

$$\frac{C(z)}{R(z)} = \frac{G_1(z)G_2(z)}{1 + G_2 H(z) + G_1(z)G_2(z)}$$

五、利用 Z 变换方法分析采样系统的局限性

如任何一种分析方法一样，用 Z 变换方法分析采样系统也存在一些局限性，主要有以下几个方面：

（1）由于在分析采样系统时引入了理想采样开关的概念，使得采样序列的脉冲强度等于被采样信号的瞬时值，这就要求载波信号的宽度（也可以理解为采样开关的接通持续时间）远远小于采样周期 T 和系统连续部分的最小时间常数。

（2）输出 Z 变换函数 $C(z)$，只确定了时间函数 $c(t)$ 在采样瞬时上的数值，不能反映 $c(t)$ 在采样间隔中的信息。因此对于任何 $C(z)$，Z 反变换 $c(nT)$ 只能代表 $c(t)$ 在采样瞬时 $t = nT$（$n = 0, 1, 2, \cdots$）时的数值。

（3）系统中连续部分的传递函数 $G(s)$ 的极点数应多于其零点数两个以上，否则当 $G(s)$ 的输入为脉冲序列时，其输出 $c(t)$ 在 $t = kT$ 时刻会发生跳变（利用拉普拉斯变换的初值定理可以很容易地得到这个结论），即

$$\lim_{t \to kT^+} c(t) \neq \lim_{t \to kT^-} c(t)$$

若此时仍用瞬时值 $c(kT)$ 来描述 $c(t)$ 便不再是合理的了。

第五节　采样控制系统的稳定性分析

稳定性是系统正常工作的前提和首要条件。在线性连续系统中，稳定性的判别是在 s 域中进行的，即系统稳定的充要条件是系统特征根均位于 s 左半平面内。对于采样控制系统，经过 Z 变换后，其特征方程式中的复变量是 z，稳定性的判别就是在 z 域进行。因此，只要弄清楚 s 平面和 z 平面的映射关系，采样控制系统的稳定性分析的问题就会迎刃而解。

一、s 平面和 z 平面的映射关系

根据 Z 变换的定义，复变量 s 与 z 之间的关系是 $z = e^{Ts}$，s 平面的任何一点都可以表示为 $s = \sigma + j\omega$，故

$$z = e^{Ts} = e^{T(\sigma + j\omega)} = e^{T\sigma} e^{j\omega T} = |z| e^{j\omega T} \tag{7-42}$$

式中：z 的模 $|z| = e^{T\sigma}$，z 的相角 $\angle z = \omega T$（其中 T 为采样周期）。

s 平面和 z 平面的映射关系如图 7-14 所示。

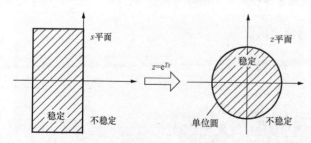

图 7-14　s 平面和 z 平面的映射关系

（1）当 $\sigma = 0$ 时，$s = j\omega$，相当于取 s 平面的虚轴，$|z| = e^{T\sigma} = 1$，表示 s 平面上的虚轴映射到 z 平面上，是以原点为圆心的单位圆。对应系统是临界稳定的。

（2）当 $\sigma < 0$ 时，$s = \sigma + j\omega$，即 s 平面的左半部分，$|z| = e^{T\sigma} < 1$，表示 s 平面的左半平面映射到 z 平面上，

是以原点为圆心的单位圆的内部区域。对应系统是稳定的。

（3）当 $\sigma>0$ 时，$s=\sigma+j\omega$，即 s 平面的右半部分，$|z|=e^{T\sigma}>1$，表示 s 平面的右半平面映射到 z 平面上，是以原点为圆心的单位圆的外部区域。对应系统是不稳定的。

二、采样系统稳定的充要条件

由 s 平面和 z 平面的映射关系可得，采样控制系统稳定的充要条件是：系统特征方程式的根全部位于 z 平面的单位圆之内。换句话说，所有特征根的模 $|z_i|<1$（$i=1,2,3,\cdots,n$），则系统是稳定的，否则系统是不稳定的。可见，在采样控制系统中，z 平面上的单位圆是稳定区域的边界。

【例 7 - 23】 设某采样系统闭环特征方程为 $z^3-1.5z^2-5.5z+3=0$，试判断该系统的稳定性。

解 根据采样控制系统稳定性的充要条件可知，当且仅当系统的闭环特征根均分布在 z 平面以原点为圆心的单位圆内时，系统是稳定的。

对上特征方程式分析可得

$$(z-0.5)(z^2-z-6)=0$$
$$(z-0.5)(z-3)(z+2)=0$$

三个特征根为 $\qquad z_1=0.5, z_2=3, z_3=-2$

由于 $|z_2|=3>1$，$|z_3|=2>1$，位于 z 平面单位圆之外，所以系统不稳定。

【例 7 - 24】 如图 7 - 15 所示的采样系统中，设采样周期 $T=1s$，试分析系统的稳定性。

解 系统连续部分的传递函数为

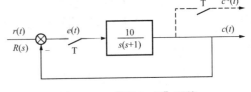

图 7 - 15 ［例 7 - 24］系统

$$G(s)=\frac{10}{s(s+1)}$$

则有

$$G(z)=\mathscr{Z}\left[\frac{10}{s(s+1)}\right]=\frac{10z(1-e^{-T})}{(z-1)(z-e^{-T})}$$

所以，系统的闭环脉冲传递函数为

$$\Phi(z)=\frac{G(z)}{1+G(z)}=\frac{10z(1-e^{-T})}{(z-1)(z-e^{-T})+10z(1-e^{-T})}$$

系统的闭环特征方程为

$$(z-1)(z-e^{-T})+10z(1-e^{-T})=0$$

将 $T=1s$ 带入方程，得

$$z^2+4.952z+0.368=0$$

解出特征方程的根为

$$z_1=-0.076, z_2=-4.876$$

由于 $|z_2|=4.876>1$，位于 z 平面单位圆之外，所以该采样系统不稳定。

当采样系统阶数较高时，求解系统闭环特征方程的根总是不方便的，希望有间接的稳定判据可供应用，来判别系统的稳定性。而这对于研究采样系统结构、参数、采样周期等对稳定性的影响问题，也是必要的。

三、采样系统稳定的判据

线性连续系统中，使用劳斯判据通过判断系统特征方程的根是否都在左半 s 平面的方式来判定系统的稳定性，而在采样系统中则需要通过判断系统特征方程的根是否都在 z 平面的单位圆内来判定系统的稳定性。因此，在 z 平面不能直接套用劳斯判据，必须寻求一种线性变换，这种变换称为 w 变换，即将 z 平面上单位圆的圆周映射为另一复平面 w 上的虚轴，单位圆的内域映射为 w 左半平面，单位圆的外部映射为 w 右半平面，然后再应用劳斯判据来判定系统的稳定性。

如果令
$$z = \frac{w+1}{w-1} \tag{7-43}$$

则有
$$w = \frac{z+1}{z-1} \tag{7-44}$$

式（7-43）和式（7-44）表明，复变量 z 与 w 互为线性变换，所以 w 变换又称为双线性变换。

令 $z=x+y\mathrm{j}$，$w=u+v\mathrm{j}$，则由式（7-44）得

$$w = u + v\mathrm{j} = \frac{x^2+y^2-1}{(x-1)^2+y^2} - \frac{2y}{(x-1)^2+y^2}\mathrm{j} \tag{7-45}$$

由（7-45）可见，w 平面内 $u=0$（虚轴），对应着 z 平面内 $|z|=x^2+y^2=1$（单位圆的圆周）；$u<0$（w 左半平面），对应于 $|z|=x^2+y^2<1$（单位圆内部）；$u>0$（w 右半平面），对应于 $|z|=x^2+y^2>1$（单位圆外部）。z 平面与 w 平面的对应关系如图 7-16 所示。

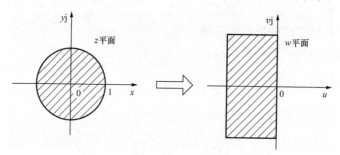

图 7-16　z 平面与 w 平面的对应关系

这样，只要将 z 平面上的特征方程式经过 $z \to w$ 的变换，就可以在 w 平面上直接应用劳斯判据来判断采样系统的稳定性了。

下面举例说明。

【例 7-25】 设某采样系统闭环特征方程为 $z^3+7z^2-3z+4=0$，试判断系统的稳定性。

解　将式（7-43）代入系统特征方程式，得

$$\left(\frac{w+1}{w-1}\right)^3 + 7\left(\frac{w+1}{w-1}\right)^2 - 3\left(\frac{w+1}{w-1}\right) + 4 = 0$$

经整理，得

$$9w^3 + w^2 + 11w - 13 = 0$$

列出劳斯行列表

| w^3 | 9 | 11 |

$$
\begin{array}{c|cc}
w^2 & 1 & -13 \\
w & 128 & \\
w^0 & -13 &
\end{array}
$$

由于劳斯行列表中第一列有一次符号改变，故系统有一个闭环特征根位于 w 平面的右半平面，即有一个采样系统特征根位于 z 平面的单位圆外，所以系统不稳定。

【例 7-26】 设某采样系统闭环特征方程为 $z^2+(0.632K-1.368)z+0.368=0$，试求系统稳定性稳定时 K 的临界值。

解 令 $z=\dfrac{w+1}{w-1}$，得系统闭环特征方程为

$$
\left(\frac{w+1}{w-1}\right)^2+(0.632K-1.368)\left(\frac{w+1}{w-1}\right)+0.368=0
$$

化简后，得 w 平面特征方程为

$$
0.632Kw^2+1.264w+(2.736-0.632K)=0
$$

列出劳斯行列表

$$
\begin{array}{ccc}
w^2 & 0.632K & 2.736-0.632K \\
w & 1.264 & 0 \\
w^0 & 2.736-0.632K &
\end{array}
$$

从劳斯行列表第一列系数可以看出，为保证系统稳定，必须使 $K>0$ 且 $2.736-0.632K>0$，即 $0<K<4.33$。所以系统稳定时，K 的临界值为 4.33。

四、采样周期与开环增益对系统稳定性的影响

设单位反馈控制系统如图 7-17 所示。

系统开环脉冲传递函数为

$$
G(z)=\mathscr{Z}\left[\frac{K}{s(s+1)}\right]=\frac{Kz(1-\mathrm{e}^{-T})}{(z-1)(z-\mathrm{e}^{-T})}
$$

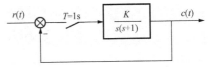

其闭环脉冲传递函数为

$$
\Phi(z)=\frac{G(z)}{1+G(z)}=\frac{Kz(1-\mathrm{e}^{-T})}{(z-1)(z-\mathrm{e}^{-T})+Kz(1-\mathrm{e}^{-T})}
$$

图 7-17 单位反馈控制系统

系统的闭环特征方程为

$$
(z-1)(z-\mathrm{e}^{-T})+Kz(1-\mathrm{e}^{-T})=0
$$

即

$$
z^2+[K(1-\mathrm{e}^{-T})-(1+\mathrm{e}^{-T})]z+\mathrm{e}^{-T}=0
$$

（1）取 $K=10$，则系统闭环特征方程为

$$
z^2+(9-11\mathrm{e}^{-T})z+\mathrm{e}^{-T}=0
$$

进行 w 变换，得

$$
10(1-\mathrm{e}^{-T})w^2+2(1-\mathrm{e}^{-T})w+(-8+12\mathrm{e}^{-T})=0
$$

由劳斯判据，得

$$
1-\mathrm{e}^{-T}>0
$$
$$
-8+12\mathrm{e}^{-T}>0
$$

解之，得

$$0 < T < 0.405\mathrm{s}$$

可以看出，减小采样周期 T 有利于系统稳定。

（2）取 $T=1\mathrm{s}$，则系统闭环特征方程为

$$z^2 + (0.368K - 1.368)z + 0.368 = 0$$

进行 w 变换，得

$$0.368Kw^2 + 1.246w + (-0.368K + 2.736) = 0$$

由劳斯判据，得

$$0 < K < 7.435$$

由此可以看出，减小开环增益 K 也有利于系统的稳定。

（3）反馈控制系统的闭环特征方程为

$$z^2 + [K(1 - \mathrm{e}^{-T}) - (1 + \mathrm{e}^{-T})]z + \mathrm{e}^{-T} = 0$$

进行 w 变换，得

$$K(1 - \mathrm{e}^{-T})w^2 + 2(1 - \mathrm{e}^{-T})w + [-K(1 - \mathrm{e}^{-T}) + 2(1 + \mathrm{e}^{-T})] = 0$$

由劳斯判据，得

$$\begin{cases} 0 < K < 2\dfrac{1 + \mathrm{e}^{-T}}{1 - \mathrm{e}^{-T}} \\ T > 0 \end{cases}$$

由以上分析可见，采样周期与开环增益对采样系统稳定性的影响如下：

（1）采样周期一定时，加大开环增益会使采样系统的稳定性变差，甚至有可能会使系统变得不稳定。

（2）当开环增益一定时，采样周期越长，丢失的信息越多，对采样系统的稳定性及动态性能均不利，甚至可使系统失去稳定。

第六节　动　态　分　析

工程上不仅要求系统是稳定的，还希望其具有良好的动态品质。对于采样系统，闭环脉冲传递函数的极点在 z 平面上单位圆内或圆外的位置，与系统输出的动态响应有着密切的关系，而明确它们之间的关系，对采样系统的分析和设计都具有指导意义。

设采样系统的闭环脉冲传递函数为两个有理多项式之比，即

$$\Phi(z) = \frac{M(z)}{D(z)} = \frac{b_m z^m + b_{m-1}z^{m-1} + \cdots + b_0}{a_n z^n + a_{n-1}z^{n-1} + \cdots + a_0} = \frac{b_m \prod\limits_{i=1}^{m}(z - z_i)}{a_n \prod\limits_{k=1}^{n}(z - p_k)} \quad (m \leqslant n)$$

式中：z_i（$i = 1, 2, \cdots, m$）表示 $\Phi(z)$ 的零点；p_k（$k = 1, 2, \cdots, n$）表示 $\Phi(z)$ 的极点。

为了不失一般性，且方便讨论，假设 $\Phi(z)$ 无重极点，且系统的输入为单位阶跃信号，此时 $r(t) = 1(t)$，则采样系统输出的 Z 变换为

$$C(z) = \Phi(z)R(z) = \frac{M(z)}{D(z)}\frac{z}{z - 1}$$

将 $\dfrac{C(z)}{z}$ 展开成部分分式，得

$$\frac{C(z)}{z} = \frac{M(1)}{D(1)} \frac{1}{z-1} + \sum_{k=1}^{n} \frac{c_k}{z-p_k}$$

$$c_k = \frac{M(p_k)}{(p_k-1)D'(p_k)}, D'(p_k) = \frac{dD(z)}{dz}\big|_{z=p_k}$$

于是

$$C(z) = \frac{M(1)}{D(1)} \frac{z}{z-1} + \sum_{k=1}^{n} \frac{c_k z}{z-p_k} \qquad (7-46)$$

对式 (7-46) 进行 Z 反变换，得

$$c(nT) = \frac{M(1)}{D(1)} + \sum_{k=1}^{n} c_k p_k^n \qquad (7-47)$$

式 (7-47) 等号右端第一项 $\dfrac{M(1)}{D(1)}$ 为 $c^*(t)$ 的稳态分量；第二项为 $c^*(t)$ 的瞬态分量。根据 p_k 在 z 平面单位圆内的位置不同，它所对应的瞬态分量的形式也不同。下面分几种情况来讨论。

1. p_k 为正实数

p_k 对应的瞬态分量

$$c_k(nT) = c_k p_k^n \quad (k=1,2,\cdots,n) \qquad (7-48)$$

由式 (7-48) 可知，当 n 为偶数时，p_k^n 为正实数。若令 $a=\dfrac{1}{T}\ln p_k$，则式 (7-48) 可写成

$$c_k(nT) = c_k e^{anT} \quad (k=1,2,\cdots,n) \qquad (7-49)$$

所以，当 p_k 为正实数时，正实轴上的闭环极点对应指数规律变换的动态过程形式，动态响应有如下变化规律：

(1) 若 $p_k>1$，闭环单极点位于 z 平面上单位圆外的正实轴上，有 $a>0$，故动态响应 $c_k(nT) = c_k e^{anT}$ 为按指数规律发散的脉冲序列。

(2) 若 $p_k=1$，闭环单极点位于 z 平面上的单位圆周上，有 $a=0$，故动态响应 $c_k(nT) = c_k$ 为等幅脉冲序列。

(3) 若 $0<p_k<1$，闭环单极点位于 z 平面上单位圆内的正实轴上，有 $a<0$，故动态响应 $c_k(nT) = c_k e^{anT}$ 为按指数规律衰减的脉冲序列，且 p_k 越接近原点，$|a|$ 越大，$c_k(nT)$ 衰减越快。

2. p_k 为负实数

由式 (7-48) 可知，当 n 为奇数时，p_k^n 为负实数。因此，负实数极点对应的动态响应 $c_k(nT) = c_k p_k^n$ 为交替变号的双向脉冲序列，动态响应有如下变化规律：

(1) 若 $p_k<-1$，闭环单极点位于 z 平面上单位圆外的负实轴上，则动态响应 $c_k(nT)$ 为交替变号的发散脉冲序列。

(2) 若 $p_k=-1$，闭环单极点位于 z 左半平面的单位圆周上，则动态响应 $c_k(nT) = c_k(-1)^n$ 为交替变号的等幅脉冲序列。

(3) 若 $-1<p_k<0$，闭环单极点位于 z 平面上单位圆内的负实轴上，则动态响应 $c_k(nT)$ 为交替变号的衰减脉冲序列，且 p_k 越接近原点，$c_k(nT)$ 衰减越快。

3. p_k 为复数

设 p_k 和 $\bar{p}_k$ 为一对共轭复数极点，即

$$p_k = |p_k|e^{j\theta_k}, \bar{p}_k = |p_k|e^{-j\theta_k}$$

式中：$|p_k|$ 和 θ_k 分别表示极点的模和相角。

另外，设待定系数

$$c_k = |c_k|e^{j\varphi_k}, \quad \bar{c}_k = |c_k|e^{-j\varphi_k}$$

式中：$|c_k|$ 和 φ_k 分别为复数系数 c_k 的模和相角。

由式（7-48）知，这对复数极点对应的瞬态分量为

$$c_{k,\bar{k}}(nT) = c_kp_k^n + \bar{c}_k\bar{p}_k^n = |c_k||p_k|^ne^{j(\varphi_k+n\theta_k)} + |c_k||p_k|^ne^{-j(\varphi_k+n\theta_k)}$$
$$= 2|c_k||p_k|^n\cos(n\theta_k + \varphi_k) \tag{7-50}$$

式（7-50）表明，一对共轭复数极点所对应的系统瞬态分量是按指数振荡规律变化的，且相角 θ_k 越大，$c_{k,\bar{k}}(nT)$ 振荡的角频率 $\omega = \dfrac{\theta_k}{T}$ 也越高，动态响应有如下变化规律：

（1）若 $|p_k| > 1$，闭环复数极点位于 z 平面上的单位圆外，则动态响应 $c_{k,\bar{k}}(nT)$ 为振荡发散脉冲序列。

（2）若 $|p_k| = 1$，闭环复数极点位于 z 平面上的单位圆周上，则动态响应 $c_{k,\bar{k}}(nT)$ 为等幅振荡脉冲序列。

（3）若 $|p_k| < 1$，闭环复数极点位于 z 平面上的单位圆内，则动态响应 $c_{k,\bar{k}}(nT)$ 为振荡衰减脉冲序列，且 $|p_k|$ 越小，即负极点越靠近原点，振荡衰减越快。

综上所述，为了得到较为满意的采样系统的瞬态过程，闭环极点应尽量避免位于左半单位圆内，尤其不要靠近负实轴的边界处；闭环极点最好位于右半单位圆内，特别是靠近原点的地方，此时 $|p_k|$ 值较小，瞬态分量衰减很快，系统的快速性较好。

第七节　MATLAB 基础简介

在自动控制领域中，存在有大量复杂、繁琐的计算与仿真任务，随着计算机的广泛应用，这些重复、繁琐的工作就可以由计算机完成，但需要编制应用程序。MATLAB 及其工具箱和 Simulink 仿真工具的出现为控制系统的设计与仿真提供了强有力的帮助，使控制系统分析设计的方法发生了革命性的变化。目前，MATLAB 已经成为国际、国内控制领域最流行的软件之一。

MATLAB 是矩阵实验室（Matrix Laboratory）的简称，是美国 MathWorks 公司出品主要面对科学计算、可视化以及交互式程序设计的高科技计算环境的商业数学软件。它将数值分析、矩阵计算、科学数据可视化以及非线性动态系统的建模和仿真等诸多强大功能集成在一个易于使用的视窗环境中，为科学研究、工程设计以及必须进行有效数值计算的众多科学领域提供了一种全面的解决方案，并在很大程度上摆脱了传统非交互式程序设计语言（如 C、Fortran 语言）的编辑模式，代表了当今国际科学计算软件的先进水平。

MATLAB 的基本数据单位是矩阵，它的指令表达式与数学、工程中常用的形式十分相似。MATLAB 的应用范围非常广，包括信号和图像处理、通信、控制系统设计、测试和测量、财务建模和分析以及计算生物学等众多应用领域。

MATLAB产品族可以用来进行以下各种工作：

（1）数值分析；

（2）数值和符号计算；

（3）工程与科学绘图；

（4）控制系统的设计与仿真；

（5）数字图像处理技术；

（6）数字信号处理技术；

（7）通讯系统设计与仿真；

（8）财务与金融工程；

（9）管理与调度优化计算。

本节简要介绍下 MATLAB 软件的基础知识，有兴趣的读者可以参阅其他 MATLAB 相关书籍进行学习。

一、MATLAB 的安装

首先，用压缩软件解压安装包，解压到一个容易找的地方。双击 matlab.exe，就得到图 7-18 的画面；选择第二个选项：Install without using the Internet，然后单击 Next＞。

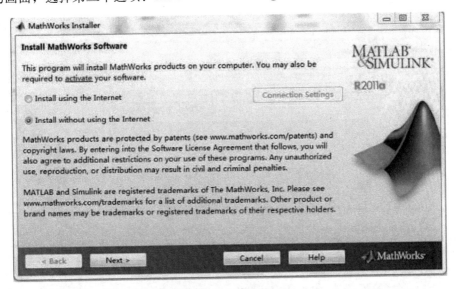

图 7-18 MATLAB 安装界面（一）

出现协议确认的界面，直接选择 Yes，点击 Next＞。

如图 7-19 所示，接下来要输入一个 Key，选择第一个，然后把你解压后的文件夹中的 crack 文件夹打开，打开里面的 install.txt 文件，复制 standalone 下的那一串数字，再粘贴到安装界面的框里面，再单击 Next＞。

选择第二个选项：Custom，单击 Next＞。

如图 7-20 所示，输入或选择你准备安装 MATLAB 的地址，单击 Next＞。出现要安装的列表，一般无需改变，直接点击 Next＞。

到此，就会显示你安装 MATLAB 的所有设置，检查没问题的话点击 Install＞。接下来你就等待安装了。

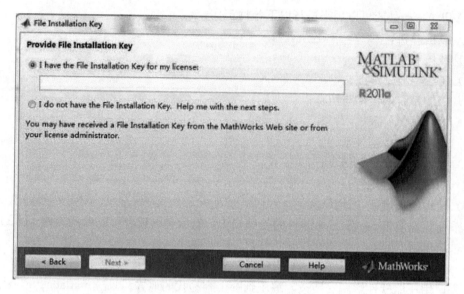

图 7 - 19　MATLAB 安装界面（二）

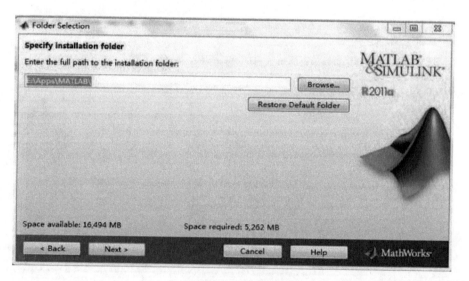

图 7 - 20　MATLAB 安装界面（三）

安装完成后，选择 Restart your computer now，最后单击 Finish，计算机重新启动，MATLAB 安装完成。

二、MATLAB 的工作界面

MATLAB 的工作界面主要包括 6 个窗口，分别为主窗口、命令窗口、工作空间窗口、当前目录窗口、历史记录窗口和工作台及工具箱窗口，如图 7 - 21 所示。

（1）主窗口：主窗口兼容其他 6 个子窗口，用户可以在主窗口选择打开或关闭某个窗口。主窗口本身还包含 6 个菜单操作及一个具有 10 个按钮控件的工具条。

（2）命令窗口：命令窗口是主要工作窗口，用户的输入和结果运算，一般都在此窗口进行。当 MATLAB 启动完成，命令窗口显示以后，窗口处于准备编辑状态。

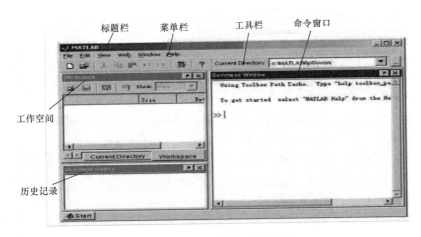

图 7 - 21　MATLAB 工作界面

（3）工作空间窗口：工作空间窗口是 MATLAB 用于存储各种变量和结果的内存空间。该窗口用来显示工作空间中所有变量的名称、大小、字节数和变量类型说明，可对变量进行观察、编辑、保存和删除。

（4）当前目录窗口：当前目录是指 MATLAB 运行文件时的工作目录，只有在当前目录或搜索路径下的文件、函数才可以被运行或调用。

（5）历史目录窗口：在默认设置下，历史记录窗口会自动保留自安装起所有用过的命令和变量的历史记录，并且还注明了使用时间，从而方便了用户查询。

（6）工作台及工具箱窗口：在 MATLAB 的工作台及工具箱窗口中，可以看到已经安装的各种工具箱，双击选中的工具箱或单击前面的"＋"号，就能看到工具箱中的各项功能。

三、MATLAB 的基本操作指令

MATLAB 提供了一些基本的操作指令，如查看、保存或删除当前工作空间中的变量等。熟悉和掌握这些基本操作指令，对学习 MATLAB 后续知识会有很大帮助。这些基本操作指令有：

（1）clc：擦去一页命令窗口，光标回屏幕左上角。

（2）clear：从工作空间清除所有变量。

（3）clf：清除图形窗口内容。

（4）who：列出当前工作空间中的变量。

（5）whos：列出当前工作空间中的变量及信息。

（6）delete＜文件名＞：从磁盘删除指定文件。

（7）which＜文件名＞：查找指定文件的路径。

（8）lear all：从工作空间清除所有变量和函数。

（9）help＜命令名＞：查询所列命令的帮助信息。

（10）save name：保存工作空间变量到 name. mat 文件。

（11）save name x y：保存工作空间变量 x、y 到 name. mat 文件。

（12）load name：下载 name 文件中的所有变量到工作空间。

（13）load name x y：下载 name 文件中的变量 x、y 到工作空间。

(14) diary name1. m：保存工作空间一段文本到文件 name1. m 文件。

(15) type name. m：在工作空间查看 name. m 文件内容。

四、MATLAB 帮助系统

（1）帮助系统：单击主窗口中的 Help 菜单，再单击"MATLAB help"子菜单，可进入 MATLAB 的联机帮助系统。

（2）演示系统：单击主窗口中的 Help 菜单，再单击"Demos"子菜单，然后在其中选择相应的演示模块，或者在命令窗口中输入 Demos，可打开演示系统。

（3）远程帮助系统：单击主窗口中的 Help 菜单，选择"Web Resources"中的"The Mathworks Web Site"子菜单，在 Mathworks 公司的主页上可以找到很多有用的信息，国内的一些网站也有丰富的信息资源。

小　　结

（1）离散控制系统包括了采样控制系统和数字控制系统。随着数字技术、计算机技术的迅速发展，采样控制系统在控制工程中得到了广泛的应用。

（2）采样控制系统把连续信号转变为脉冲序列的过程称为采样过程，简称采样。理想的采样过程可以看成是单位理想脉冲序列发生器的脉冲对输入信号 $e(t)$ 的调制过程，可以表示为 $e^*(t)=e(t)\delta_T(t)=e(t)\sum_{n=0}^{\infty}\delta(t-nT)$。采样信号不失真地完全恢复为连续信号的过程称为采样信号的复现。采样定理指出了离散信号完全恢复相应连续信号的必要条件：$\omega_s \geqslant 2\omega_{max}$。

（3）Z 变换是采样控制系统的数学基础。它在采样控制系统中的地位，如同拉氏变换在连续时间系统中的地位。这一方法已成为分析采样控制系统性能的重要工具。介绍了 Z 变换的定义、方法、基本原理和 Z 反变换。

（4）脉冲传递函数是离散系统的复域数学模型，相当于连续系统的传递函数。使用脉冲传递函数来进行采样控制系统的性能分析及设计，具有十分重要的意义。但注意，有时可能求不出系统的脉冲传递函数，而只能求出输出采样信号的 Z 变换表达式。

（5）稳定性是系统能正常工作的前提和首要条件。采样控制系统稳定的充要条件是：系统特征方程式的根全部位于 z 平面的单位圆之内，即所有特征根的模 $|z_i|<1$（$i=1,2,3,\cdots,n$）。通过双线性变换，把 Z 变量变换为 w 变量后，就可应用劳斯判据来判定采样控制系统的稳定性。

（6）分析采样控制系统的动态性能所应用的基本方法，与线性连续系统所应用的方法在原理上是相通的，只是采样控制系统的动态性能定义在采样点上。此外，应当注意：采样控制系统的稳定性和动态性能都与采样周期 T 有关。

（7）MATLAB 软件的基本介绍。

习　　题

7-1　试述采样过程和采样定理。

7-2　简述 Z 变换及其定理。

7-3　已知 $e(t)=t$，求其 Z 变换 $E(z)$。

7-4　已知 $e(t)=t\times1(t)$，求其 Z 变换 $E(z)$。

7-5　已知 $E(s)=\dfrac{1}{(s+a)(s+b)}$，求 $E(z)$。

7-6　已知 $E(s)=\dfrac{1-e^{-Ts}}{s^2(s+1)}$，求 $E(z)$。

7-7　求下列函数的 Z 变换。

(1) $E(s)=\dfrac{a}{s^2+a^2}$；　　　　　　　　(2) $E(s)=\dfrac{1}{s(s+3)^2}$；

(3) $E(s)=\dfrac{s+1}{s^2}$；　　　　　　　　　(4) $E(s)=\dfrac{s+3}{s(s+1)(s+2)}$。

7-8　试用长除法或部分分式展开法求系列函数的反变换。

(1) $E(z)=\dfrac{z}{z+a}$；　　　　　　　　　(2) $E(z)=\dfrac{z}{3z^2-4z+1}$；

(3) $E(z)=\dfrac{3z^2+2z+1}{z^2-3z+2}$；　　　　(4) $E(z)=\dfrac{-3+z^{-1}}{1-2z^{-1}+z^{-2}}$；

(5) $E(z)=\dfrac{z^2}{(z-0.8)(z-0.1)}$；　　　(6) $E(z)=\dfrac{2z(z^2-1)}{(z^2+1)^2}$。

7-9　求如图 7-22 所示系统的脉冲传递函数。

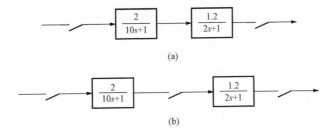

图 7-22　习题 7-9 图

7-10　求图 7-23 所示系统的脉冲传递函数。

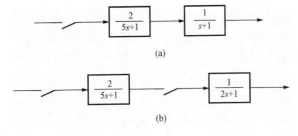

图 7-23　习题 7-10 图

7-11　求图 7-24 所示系统的脉冲传递函数。

7-12　如何判断采样控制系统的稳定性?

7-13　已知系统闭环特征方程为

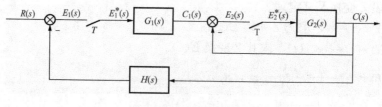

图 7 - 24　习题 7 - 11 图

$$D(z) = 45z^3 - 117z^2 + 119z - 39 = 0$$

试判断系统的稳定性。

7 - 14　检验下列特征方程式的根是否在单位圆内：

(1) $5z^2 - 2z + 2 = 0$；

(2) $z^3 - 0.2z^2 - 0.25z + 0.05 = 0$。

7 - 15　已知采样系统的闭环特征方程式为 $z^3 + (0.233K - 1.053)z^2 + 0.533z - 0.05 = 0$，试求系统稳定时 K 的取值范围。

7 - 16　如何对采样系控制系统进行动态性能分析？

附录 1　常用函数的拉氏变换与 Z 变换对照表

序号	拉氏变换 $E(s)$	时间函数 $e(t)$	Z 变换 $E(z)$
1	e^{-nsT}	$\delta(t-nT)$	z^{-n}
2	1	$\delta(t)$	1
3	$\dfrac{1}{s}$	$1(t)$	$\dfrac{z}{z-1}$
4	$\dfrac{1}{s^2}$	t	$\dfrac{Tz}{(z-1)^2}$
5	$\dfrac{1}{s^3}$	$\dfrac{t^2}{2}$	$\dfrac{T^2z(z+1)}{2(z-1)^3}$
6	$\dfrac{1}{s^4}$	$\dfrac{t^3}{6}$	$\dfrac{T^3z(z^2+4z+1)}{6(z-1)^4}$
7	$\dfrac{1}{s-\left(\dfrac{1}{T}\right)\ln a}$	$a^{\frac{t}{T}}$	$\dfrac{z}{z-a}$
8	$\dfrac{1}{s+a}$	e^{-at}	$\dfrac{z}{z-e^{-aT}}$
9	$\dfrac{1}{(s+a)^2}$	te^{-at}	$\dfrac{Tze^{-aT}}{(z-e^{-aT})^2}$
10	$\dfrac{1}{(s+a)^3}$	$\dfrac{1}{2}t^2e^{-at}$	$\dfrac{T^2ze^{-aT}}{2(z-e^{-aT})^2}+\dfrac{T^2ze^{-2aT}}{(z-e^{-aT})^3}$
11	$\dfrac{a}{s(s+a)}$	$1-e^{-at}$	$\dfrac{z(1-e^{-aT})}{(z-1)(z-e^{-aT})}$
12	$\dfrac{a}{s^2(s+a)}$	$t-\dfrac{1}{a}(1-e^{-at})$	$\dfrac{Tz}{(z-1)^2}-\dfrac{z(1-e^{-aT})}{a(z-1)(z-e^{-aT})}$
13	$\dfrac{\omega}{s^2+\omega^2}$	$\sin\omega t$	$\dfrac{z\sin\omega T}{z^2-2z\cos\omega T+1}$
14	$\dfrac{s}{s^2+\omega^2}$	$\cos\omega t$	$\dfrac{z(z-\cos\omega T)}{z^2-2z\cos\omega T+1}$
15	$\dfrac{\omega}{s^2-\omega^2}$	$\sinh\omega t$	$\dfrac{z\sinh\omega T}{z^2-2z\cosh\omega T+1}$
16	$\dfrac{s}{s^2-\omega^2}$	$\cosh\omega t$	$\dfrac{z(z-\cosh\omega T)}{z^2-2z\cosh\omega T+1}$
17	$\dfrac{\omega^2}{s(s^2+\omega^2)}$	$1-\cos\omega t$	$\dfrac{z}{z-1}-\dfrac{z(z-\cos\omega T)}{z^2-2z\cos\omega T+1}$
18	$\dfrac{\omega}{(s+a)^2+\omega^2}$	$e^{-at}\sin\omega t$	$\dfrac{ze^{-aT}\sin\omega T}{z^2-2ze^{-aT}\cos\omega T+e^{-2aT}}$
19	$\dfrac{s+a}{(s+a)^2+\omega^2}$	$e^{-at}\cos\omega t$	$\dfrac{z^2-ze^{-aT}\cos\omega T}{z^2-2ze^{-aT}\cos\omega T+e^{-2aT}}$

序号	拉氏变换 $E(s)$	时间函数 $e(t)$	Z变换 $E(z)$
20	$\dfrac{b-a}{(s+a)(s+b)}$	$e^{-at}-e^{-bt}$	$\dfrac{z}{z-e^{-aT}}-\dfrac{z}{z-e^{-bT}}$
21	$\dfrac{1}{(s+a)(s+b)(s+c)}$	$\dfrac{e^{-at}}{(b-a)(c-a)}$ $+\dfrac{e^{-bt}}{(a-b)(c-b)}$ $+\dfrac{e^{-ct}}{(a-c)(b-c)}$	$\dfrac{z}{(b-a)(c-a)(z-e^{-aT})}$ $+\dfrac{z}{(a-b)(c-b)(z-e^{-bT})}$ $+\dfrac{z}{(a-c)(b-c)(z-e^{-cT})}$
22	$\dfrac{s+d}{(s+a)(s+b)(s+c)}$	$\dfrac{(d-a)e^{-at}}{(b-a)(c-a)}$ $+\dfrac{(d-b)e^{-bt}}{(a-b)(c-b)}$ $+\dfrac{(d+c)e^{-ct}}{(a-c)(b-c)}$	$\dfrac{(d-a)z}{(b-a)(c-a)(z-e^{-aT})}$ $+\dfrac{(d-b)z}{(a-b)(c-d)(z-e^{-bT})}$ $+\dfrac{(d+c)z}{(a-c)(b-c)(z-e^{-cT})}$
23	$\dfrac{abc}{s(s+a)(s+b)(s+c)}$	$1-\dfrac{bce^{-at}}{(b-a)(c-a)}$ $-\dfrac{cae^{-bt}}{(a-b)(c-d)}$ $-\dfrac{abe^{-ct}}{(a-c)(b-c)}$	$\dfrac{z}{z-1}-\dfrac{bcz}{(b-a)(c-a)(z-e^{-aT})}$ $-\dfrac{caz}{(a-b)(c-d)(z-e^{-bT})}$ $-\dfrac{abz}{(a-c)(b-c)(z-e^{-cT})}$
24	$\dfrac{a^2b^2}{s^2(s+a)(s+b)}$	$abt-(a+b)$ $-\dfrac{b^2}{a-b}e^{-at}$ $+\dfrac{a^2}{a-b}e^{-bt}$	$\dfrac{abTz}{(z-1)^2}-\dfrac{(a+b)z}{z-1}$ $-\dfrac{b^2z}{(a-b)(z-e^{-aT})}$ $+\dfrac{a^2z}{(a-b)(z-e^{-bT})}$

附录 2　常用的 MATLAB 函数表

序号	函数名	功　能　说　明	序号	函数名	功　能　说　明
1	abs	计算绝对值	33	sprintf	按格式在屏幕上显示字符串
2	sqrt	计算平方根	34	clear	删除内存中的变量和函数
3	sin	计算正弦	35	load	从文件中读入变量
4	cos	计算余弦	36	linspace	构造线性分布的向量
5	tan	计算正切	37	logspace	构造等对数分布的向量
6	asin	计算反正弦	38	acker	根据极点计算反馈增益阵
7	acos	计算反余弦	39	place	根据闭环极点计算状态反馈增益阵
8	atan	计算反正切	40	eye	生成单位矩阵
9	max	求向量中的最大元素	41	ones	产生元素全部为 1 的矩阵
10	min	求向量中的最小元素	42	zeros	产生全零矩阵
11	exp	以 e 为底的指数函数	43	size	查询矩阵的维数
12	expm	计算矩阵指数	44	nargin	函数中实际输入变量的个数
13	log	求自然对数	45	poly	求矩阵特征多项式
14	log10	求常用对数	46	roots	求多项式的根
15	sum	对向量中各元素求和	47	inv	矩阵求逆
16	imag	计算复数的虚部	48	eig	计算矩阵的特殊值
17	real	计算复数的实部	49	ctrb	计算可控性矩阵
18	pi	圆周率	50	ctrbf	对系统进行可控性分解
19	fopen	打开数据文件	51	ode23	微分方程低阶数值解法
20	flose	关闭文件	52	ode45	微分方程高阶数值解法
21	feval	执行字符串指定的文件	53	nichols	绘制 Nichols 频率响应图
22	feof	测试文件是否结束	54	bode	Bode 频率响应
23	fprintf	按格式向文件中写入数据	55	locus	计算根轨迹
24	fscanf	按格式向文件中读入数据	56	rlocfind	由根轨迹的一组根确定相应的增益
25	global	定义全局变量	57	series	两个系统串联计算
26	if	条件转移语句	58	parallel	两个系统并联计算
27	else	与 if 一起使用的转移语句	59	feedback	两个系统反馈连接计算
28	elseif	条件转移语句	60	step	计算系统的单位阶跃响应
29	for	循环控制语句	61	impulse	计算系统的脉冲响应
30	break	中断循环执行的语句	62	lsim	计算系统在任意输入及初始条件下的响应
31	while	循环语句			
32	end	结束控制语句	63	dstep	计算离散系统的阶跃响应

序号	函数名	功　能　说　明	序号	函数名	功　能　说　明
64	margin	从频率响应中求增益裕度、相角裕度和其对应的频率	72	semilogx	绘制 x 轴半对数坐标图形
			73	semilogy	绘制 y 轴半对数坐标图形
65	minreal	求系统的最小阶实现或对削零、极点后的传递函数	74	xlabel	给图形加 x 坐标说明
			75	ylabel	给图形加 y 坐标说明
66	tf2ss	由传递函数转化为状态空间形式	76	grid	在图形上加网格线
67	conv	求卷积计算	77	subplot	将图形窗口分成若干区域
68	plot	绘制线性坐标图形	78	text	在图形上加文字
69	loglog	全对数坐标图形绘制	79	title	在图形上加标题
70	mesh	三维网格图形绘制	80	help	打开帮助主题的清单说明
71	axis	坐标轴的刻度设定			

参 考 文 献

[1] 姜春瑞．自动控制原理与系统．北京：北京大学出版社，2005.

[2] 高金玉．自动控制原理与应用．西安：西安电子科技大学出版社，2009.

[3] 邹伯敏．自动控制理论．北京：机械工业出版社，2007.

[4] 姜春瑞，刘丽，槐春晶．自动控制原理与系统．北京：北京大学出版社，2011.

[5] 王积伟，吴振顺．控制工程基础．北京：高等教育出版社，2001.

[6] 陈铁牛．自动控制原理．北京：机械工业出版社，2009.

[7] 叶明超．自动控制原理与系统．北京：北京理工大学出版社，2008.

[8] 王恩荣．自动控制原理．北京：化学工业出版社，2007.

[9] 张志刚．自动控制原理．北京：中国电力出版社，2010.

[10] 王艳华．自动控制原理．北京：中国电力出版社，2007.

[11] 黄坚．自动控制原理及其应用．2 版．北京：高等教育出版社，2009.

[12] 胡涛松．自动控制原理．北京：科学出版社，2007.

[13] 温希东．自动控制原理及其应用．西安：西安电子科技大学出版社，2004.

[14] 孟华．自动控制原理．北京：机械工业出版社，2011.

[15] 翁思义，杨平．自动控制原理．北京：中国电力出版社，2001.

[16] 厉玉鸣，马召坤，王晶．自动控制原理．化学工业出版社，2005.

[17] 张建民，曹艳．自动控制原理．北京：中国电力出版社，2004.

[18] 高飞，袁运能，杨晨阳．自动控制原理．北京：北京航空航天大学出版社，2009.

[19] 卢京潮．自动控制原理．西安：西北工业大学出版社，2009.

[20] 陈祥光，黄聪明，何恩智．自动控制原理．北京：高等教育出版社，2009.

[21] 刘保录．自动控制原理．北京：中国电力出版社，2007.

[22] 程鹏．自动控制原理．北京：高等教育出版社，2011.

[23] 张冬妍，周修理．自动控制原理．北京：机械工业出版社，2011.

[24] 孔德宝，王永骥，王金成．自动控制原理．北京：化学工业出版社，2005.